JN064450

改訂によせて

2016 年2月本書が発刊してから、早くも7年が経過しました。

その間、近隣騒音など身近な住環境トラブルに関する事件に関心がよせられています。

今回、住環境トラブルに関心のある弁護士及び執筆者が、本書の内容に新たなテーマを追加して、改訂の運びとなりました。

騒音など住環境トラブルに悩んでいる方を始め、案件を担当する公共機関の職員、関係する企業、弁護士など、多くの方に貢献し、お役に立つことを期待しております。

2023 年3月

東京弁護士会会長　**伊井　和彦**
第一東京弁護士会会長　**松村眞理子**
第二東京弁護士会会長　**菅沼　友子**

東京弁護士会公害・環境特別委員会委員長　**丸山　高人**
第一東京弁護士会環境保全対策委員会委員長　**高橋　大祐**
第二東京弁護士会環境保全委員会委員長　**花澤　俊之**

発刊によせて

東京に所在する三つの弁護士会、すなわち東京弁護士会、第一東京弁護士会および第二東京弁護士会（以下「東京三会」という。）は、公害・環境問題に関する共通問題に対処するため、東京三弁護士会環境保全協議会を設置し、日々の課題に当たっています。その活動の一つが、1997年から実施している、電話による法律相談およびその後の面接相談からなる「公害・環境何でも110番」です。同法律相談はこれまで東京を始め全国各地で生じた公害・環境にまつわるトラブルについて、会員弁護士が助言等を行ない、お陰様で堅調な利用および支持を得てまいりました。

高度成長期の経験を経て、市民や企業、社会全体の環境保全意識は確かに高まりましたが、制定から約45年が経過した公害紛争処理制度自体には大きな変化は見られません。法律上の「公害」の定義はいわゆる典型7公害のままであり、公害・環境分野のトラブル解決に向けた国や自治体の仕組みは、特定の救済事例を除きほぼ制定当時のままです。そのため、科学技術の進展や地域社会の変容に伴い新たな類型の環境トラブルが次々に生じると、それらの課題に適した解決手法は、当事者と彼らを支援する専門家らのたゆまぬ奮闘によって、その都度模索されてきました。環境利益を守り尊重する社会制度は未だ成熟しておらず、現在進行形で育成され続けており、そのための不断の努力が欠かせません。

そこで東京三会は、この度、これまでの法律相談における蓄積や各会員弁護士が日々研鑽を重ねた結果習熟した知恵等を、論点ごとに整理して問題の解決手法を解説し、もってその成果を世に還元すべく、本書『住環境トラブル解決実務マニュアル』として冊子にまとめ発刊する運びといたしました。この執筆には日々、公害・環境に関するトラブルに接し解決に向けて取り組んでいる精鋭弁護士が参加し、東京三会の粋を結集した内容となっています。そのため、実用性に富み、環境分野のトラブルに直面する実務家にとって必ずや助力となり得ることを自負しております。

実務家の多くの皆様が本書を手に取り、世の中にあまた存在する公害・環境トラブルの解決に向け邁進されることで、良好な環境の維持、ひいては将来世代への社会的資本の継承が実現されます。そして環境保全の実績が集積されれば、我が国の環境法令の発展にも寄与することは疑いのないところです。全国の皆様に本書をご高覧いただき、変化の激しい環境分野における問題解決の最新の指針としてお役立ていただけることを、心より祈念いたします。

2016年2月

東京弁護士会会長　伊藤　茂昭
第一東京弁護士会会長　岡　正晶
第二東京弁護士会会長　三宅　弘

はしがき

本書『住環境トラブル解決実務マニュアル』は、東京に所在する三つの弁護士会、すなわち東京弁護士会、第一東京弁護士会および第二東京弁護士会（以下「東京三会」という。）が共同で実施している法律相談の「公害・環境何でも110番」の経験をきっかけに作成した書籍です。同法律相談では月に2回の無料電話相談を実施しており、全国から様々な環境に関するトラブル相談が寄せられます。これらの相談を受ける弁護士が、相談者の方々からまず何を聴き取り、どのようなアドバイスをするとよいか等について、役立つ知識、情報、ノウハウを一冊のハンドブックにまとめることを目的に、この執筆が始まりました。

そのため本書をご活用いただきたい読者としては、まず、「公害・環境に関するトラブルの法律相談を受ける可能性のある法律専門家」、を想定しています。法律相談時に本書を手元に置いて参照することで、適切な法的アドバイスを容易に行なえることを目標としました。と同時に、環境に関するトラブル相談の多くは地方自治体に寄せられているのが実態です。そこで、地方自治体の担当者にとっても本書が良きハンドブックとして用いられることを目指しました。さらに、日常生活において近隣の事業者や隣人などとの環境トラブルに悩まされている一般の方にとっても、本書を頼りに法律専門家や自治体窓口に相談いただく手がかりとして利用いただきたいと考えています。

本書の上梓あたっては、東京三会の環境に係る委員会から約10名が執筆に携わりました。総論では、環境問題の最近の傾向や各分野に共通する論点について紹介し、後半の各論では、各分野に精通した担当者が分野ごとに調査すべき要点、トラブル解決の選択肢等について詳しく説明しています。各論のテーマ選定にあたっては、典型7公害からは特に相談件数の多い騒音、振動および悪臭を取り上げてトラブル解決の基礎から応用までが一貫して学べる記述となっています。他方、狭義の「公害」ではないものの近時トラブルが多発している日照・建築問題、タバコの煙の被害、空き家問題等を取り上げ、注目度の高い最新の事例についても解決指針を示しています。

各章とも、実務で直面する法律論や証拠収集の仕方、解決方針の選び方等の悩みを想定して、トラブルの始めから解決に至るまでの道筋を具体的に分かりやすく説明する実践的な書籍となっています。そのため、引用裁判例、用語索引を掲載しているのも本書の特徴です。

本書が、環境分野のトラブルを予防し解決するのに役立つことを期待してやみません。

2016年2月

東京弁護士会公害・環境特別委員会委員長　**西島　和**

第一東京弁護士会環境保全対策委員会委員長　**伊達　雄介**

第二東京弁護士会環境保全委員会委員長　**藤田　城治**

第3部 巻末資料

第1部
公害・環境事件の概要

第１章

環境紛争の近年の傾向と身近な環境紛争について

弁護士　　高橋　美和

第１　公害問題と立法と行政

日本の公害運動の原点とも言われる有名な公害問題として足尾銅山鉱毒事件がある。明治時代から長期にわたって続いた公害問題であるが、土壌汚染、水質汚濁、大気汚染などによる被害が生じた。

その後も日本では公害問題が断続的に発生していたところ、法制としては、四日市ぜんそくやイタイイタイ病など甚大な被害をもたらした公害問題が発生した後の昭和42年に、公害・環境に関する基本法となる公害対策基本法が制定された。同法は、「公害対策の総合的推進を図り、もって国民の健康を保護するとともに、生活環境を保全すること」を目的とした法律である（平成５年、環境基本法への統合にともなって廃止)。翌43年には大気汚染防止法、騒音規制法が、その後も悪臭防止法、自然環境保全法など公害・環境に関連する法律が制定されていった。

そして、行政組織として、昭和46年には環境庁（現・環境省）が、翌年には公害等調整委員会（土地調整委員会と中央公害審査委員会とを統合。中央公害審査会は昭和45年発足。）がそれぞれ設置されている。公害等調整委員会については、本書第１部第２章において、詳述されているので、ご参照いただきたい。

第２　公害苦情の状況（令和２年度について）

１　公害等調整委員会による公表資料

公害等調整委員会は、地方公共団体の「公害苦情相談窓口」にて受け付けられた公害苦情受付件数やその性質別の内訳数、それらに対する処理状況などをまとめた年度ごとの公害苦情調査にかかる結果を「公害苦情調査結果報告書」にまとめ、総務省ウェブサイト内の公害等調整委員会ウェブサイト上で公表している。また、同調査に基づく統計は、政府統計の総合窓口（ｅ－Ｓｔａｔ）ウェブサイト内にも公表されている。

以下、本章で引用する統計データは、特にことわりのない限り、これらの公表資料により開示されている「令和２年度公害苦情調査結果報告書」の情報を引用・利用している。なお、パーセントなどの数値については小数第１位または第２位を四捨五入している。

２　全国の地方公共団体の公害苦情相談窓口への苦情受付件数の推移

公害苦情について、環境基本法の規定するいわゆる典型７公害とそれ以外に分けて件数及び前年比の推移をグラフにすると下記表Ⅰのとおりとなる（令和２年度公害苦情調査結果報告書34頁「第１表　公害の種類別苦情件数の推移」）。

【表Ⅰ　平成８年度以降の苦情受付件数及び前年比の推移】

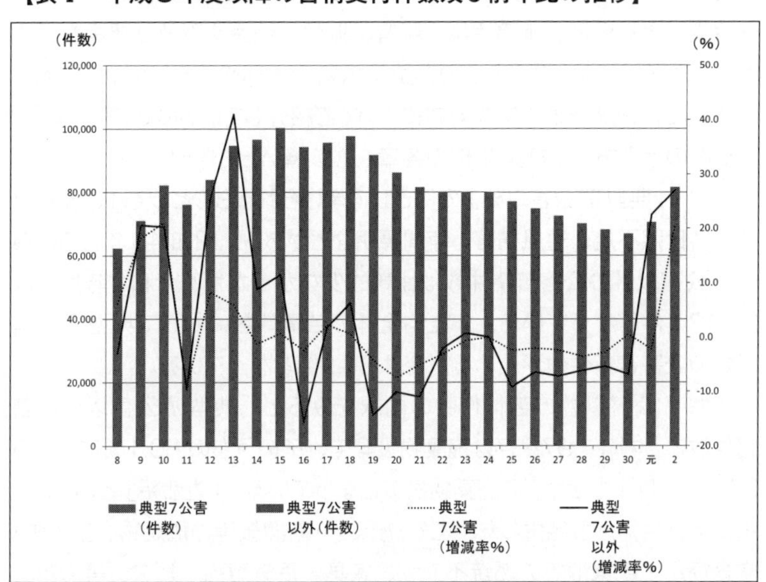

公害苦情件数は、近年、減少傾向にあるが、直近２年は件数が増加している。令和２年度は、全国の苦情受付件数が81,557件で年間８万件を超える苦情があった。この増加に有意な関連性があるかは不明であるが、令和２年度公害苦情調査結果報告書 の12頁では【参考】として新型コロナウィルス感染症拡大に伴う影響についてのアンケート結果を公表しており、その「影響があった」と回答した自治体のうち176自治体が「受付件数が増加した」と回答し、公害の種類としては「騒音」と回答した自治体が85自治体あったことが示されている。

また、被害の４割弱は「住居地域」で発生していて最も多い（令和

２年度公害苦情調査結果報告書 17 頁）。

公害・環境トラブルが他人ごとではない問題であることがお分かりいただけるように思われる。

3　典型７公害とそれ以外の公害

環境基本法上、「公害」とは、環境の保全上の支障のうち、事業活動その他の人の活動に伴って生ずる相当範囲にわたる大気の汚染、水質の汚濁、土壌の汚染、騒音、振動、地盤の沈下及び悪臭によって、人の健康又は生活環境に係る被害が生ずることをいう（環境基本法２条３項参照）。よく聞かれる典型７公害という言葉は、具体的には、大気汚染、水質汚濁、土壌汚染、騒音、振動、地盤沈下及び悪臭を指す。本書でも各論においてこれらの典型７公害の一部やその他について個別に章を設け、それぞれの実務対応についてご紹介しているので、第３章「受忍限度の考え方」及び第２部の各章をご参照いただきたい。

一方、「典型７公害以外」の例として挙げられるものとしては、廃棄物投棄、日照不足、通風妨害、夜間照明などがある。昭和 45 年ころは典型７公害以外の公害苦情件数は比較的少なかったが、令和２年度には、25,434 件となっている。また、全体の苦情件数に対して典型７公害以外の公害苦情件数が占める割合は 31.2％となっている。

典型７公害以外の苦情件数の内訳をみると、典型７公害以外の苦情件数のうち 11,978 件は廃棄物投棄で、そのうちの 80.1％にあたる 9,600 件は「生活系」の廃棄物投棄となっている。「生活系」というのは、主に家庭生活から発生した生ごみ・紙くず・新聞紙等の燃焼物、空き缶・空きびん・乾電池等の燃焼不適物、家具・電気製品・ピアノ等の粗大ごみ等の「一般廃棄物」の投棄を意味する（令和２年度公害苦情調査結果報告書７頁）。

4　公害苦情と法令違反の関係

下記表Ⅱは、棒グラフで被害の種類ごとの公害苦情の件数及び防止対策の割合を、折れ線グラフで公害苦情のうち公害規制法令に「違反していた」に分類された件数の割合をそれぞれ示したものである[1]。

公害苦情は、必ずしも法的な検討を加えたときに、何らかの違法が認められるもののみではない。例えば、令和２年度の公害苦情のうちの多くは、法令違反があるとの認識がなされていない（令和２年度公害苦情調査結果報告書 144 頁「第 32 表　公害規制法令との関係別典型７公害の苦情処理件数」参照)。もっとも、法令違反の有無は必ずしも、損害賠償その他の法的請求の可否に直結しない。また、法令違反があるとしても、公害苦情に伴う申告者による要求が必ずしも法的に認められうるものとも限られない。この点の詳細は本書次章以下をご参照いただきたい。

【表Ⅱ　被害の種類別典型７公害の防止対策と違反の割合】

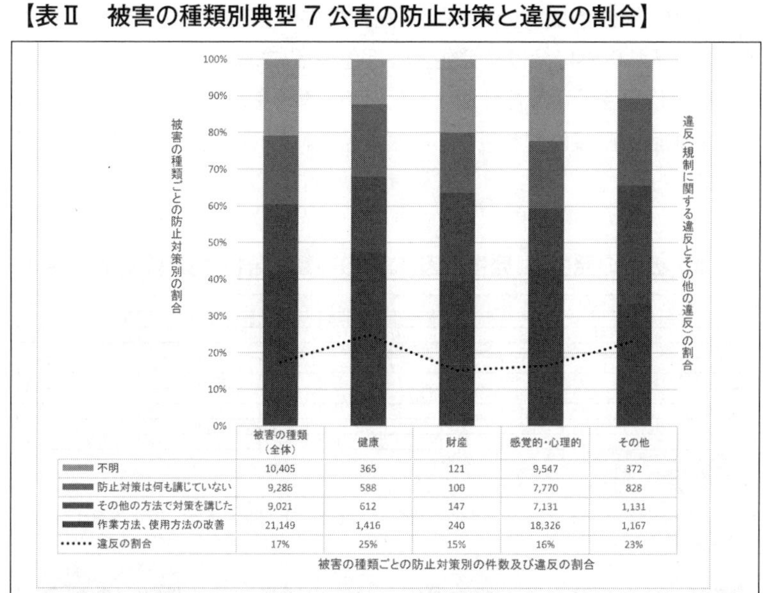

	被害の種類（全体）	健康	財産	感覚的・心理的	その他
不明	10,405	365	121	9,547	372
防止対策は何も講じていない	9,286	588	100	7,770	828
その他の方法で対策を講じた	9,021	612	147	7,131	1,131
作業方法、使用方法の改善	21,149	1,416	240	18,326	1,167
…… 違反の割合	17%	25%	15%	16%	23%

被害の種類ごとの防止対策別の件数及び違反の割合

被害の種類に関しては、公害苦情処理件数のうち７割超は感覚的・心理的被害に分類されており、全体に対する割合が突出して高い（令和

1　令和２年度公害苦情調査結果報告書 138 頁「第 27 表 被害の種類別苦情処理件数」及び同報告書 144 頁「第 32 表 公害規制法令との関係別典型７公害の苦情処理件数」の一部を利用して作成した。同報告書では、直接処理（他へ移送や翌年度への繰越その他に分類された苦情処理件数を含まない。）の対象となった計 49,861 件を被害の種類（その内訳は「健康」「財産」「感覚的・心理的」「その他」で構成されている。）ごとに「規制に違反する違反」、「その他の違反」、「違反なし」、「不明」に分類して統計が採られている。表Ⅱの折れ線グラフはそのうち「規制に違反する違反」と「その他の違反」に分類された公害苦情の割合を示すものである。なお、ここで「違反していた」などといったの分類はあくまで公害苦情調査の結果であり、公害苦情にかかる事実関係の実態につき裁判所による判断等と必ずしも一致するものではないと考えられる。

２年度公害苦情調査結果報告書 19 頁）。

第３　個人が発生源となるトラブル（令和2年度）

１　身近な発生源や発生原因

公害・環境問題は、誰しもが被害者にも加害者にもなる可能性がある。ここでは身近な発生源や発生原因について紹介したい。

令和２年度公害苦情調査結果報告書 58 － 59 頁の「第８表　公害の発生源、発生原因、公害の種類別苦情件数」では、公害苦情を典型７公害とそれ以外に分け、発生源と発生原因について統計を採っている。下記表Ⅲは発生源のうち「個人」[2] 及び公害の主な発生原因のうち個人の日常生活と密接に関わりがあると考えられる「家庭生活」の部分を参照している。

【表Ⅲ　公害の発生源、発生原因、公害の種類別苦情件数(典型７公害)】

公害ごとの主な産業及び発生原因	総計(件)	典型７公害								
		合計	大気汚染	水質汚濁	土壌汚染	騒音	低周波音	振動	地盤沈下	悪臭
全体の件数	81557	56123	17099	5631	194	19769	313	2174	20	11236
公害等発生源の主な産業										
個人	26435	16167	9077	990	67	2111	72	60	6	3856
全体への個人の割合	32%	29%	53%	18%	35%	11%	23%	3%	30%	34%
公害等の主な発生原因										
家庭生活(機器)	814	735	38	12	2	542	57	9	－	132
家庭生活(ペット)	714	355	－	－	2	238	－	－	－	115
家庭生活(その他)	3859	2603	169	296	16	860	13	6	2	1254

※総計は典型７公害及び典型７公害外の合計を意味する。
※低周波音は典型７公害のうち騒音に属する。
※個人は、会社・事業所以外であってその他・不明を除いたもの。

＊ 騒音の件数は、低周波音の件数を含む。なお、低周波音については、本書にコラムを設けているためご参照いただきたい。

【表Ⅳ　公害の発生源、発生原因、公害の種類別苦情件数（典型７公害以外）】

公害ごとの主な産業及び発生原因	典型７公害以外						
	合計	廃棄物投棄					その他
		計	生活系	農業系	建設系	産業系	
全体の件数	25434	11978	9600	334	1125	919	13456
公害等発生源の主な産業							
個人	10268	2572	2253	96	122	101	7696
全体への個人の割合	40%	21%	23%	29%	11%	11%	57%
公害等の主な発生原因							
家庭生活(機器)	79	49	47	－	－	2	30
家庭生活(ペット)	359	5	5	－	－	－	354
家庭生活(その他)	1256	560	552	1	4	3	696

2　令和２年度公害苦情調査結果報告書では公害の主な発生源を「会社・事業所」「会社・事業所以外」に区分し、会社・事業所以外に「個人」「その他」「不明」がある。「個人経営の会社や商店」は、「会社・事業者」に分類される（同報告書 16 頁参照）。

2　全体の件数に対する「個人」の占める公害苦情の割合について

表Ⅲ及びⅣから、全体の件数に対する個人の占める割合が典型７公害では16,167件(全体の29%)、典型７公害以外では10,268件(全体の40%）となっていることが分かる。

典型７公害とそれ以外を併せた全体でも81,557件中26,435件については、「個人」が公害等発生源となっており、全体の32%を占めている（令和２年度公害苦情調査結果報告書58頁「第８表　公害の発生源、発生原因、公害の種類別苦情件数」参照)。

3　主な発生原因を「家庭生活」とする公害苦情について

⑴　「家庭生活」を主な発生原因とする公害苦情の件数

前述「第８表　公害の発生源、発生原因、公害の種類別苦情件数」には、「公害等の主な発生原因」という項目がある。これは発生原因別にどのような公害苦情があったかを示している。その中には「家庭生活」という項目があり、さらに「機器」「ペット」「その他」の３つに細分化されている。典型７公害では主な発生原因を家庭生活とする苦情件数は3,693件（全体（典型７公害）に対して7%）となる。また、典型７公害以外での主な発生原因を家庭生活とする苦情件数は1,694件（全体（典型７公害以外）に対して7%）で、これらを合計した件数は5,387件（全体の件数の合計に対して7%）となっている。

⑵　「家庭生活」を主な発生原因とする公害苦情の公害の種類（典型７公害）

上記表Ⅲについてみてみると、「家庭生活」中「機器」の項目では、騒音に分類される公害苦情の件数が最も多くなっている。このことは「ペット」の項目でも同様であり、「その他」の項目では悪臭に次いで騒音に分類される公害苦情の件数が多い。「騒音」トラブルは、もっとも典型的な家庭生活上のトラブルの一つと言える（騒音トラブルに関しては、本書第５章参照)。

また、「家庭生活」中の公害苦情件数が「騒音」に次いで多いのが「悪臭」である。悪臭に分類される公害苦情は全部で 1,501 件、「家庭生活」全体の合計件数 5,387 件の 28%にもなる。悪臭は、発生原因が「家庭生活（その他）」に分類されている苦情件数が多い。近年紛争事例が増えているタバコの煙害（本書第８章）などもケースにより、悪臭として公害苦情がなされている可能性がある。

また、「ペット」が「家庭生活」中の一つの項目として挙げられている。令和３年度の全国の推計飼育頭数は犬が 710 万 6 千頭で猫が 894 万 6 千頭、飼育率はそれぞれ 9.8%と 8.9%となっており（一般社団法人 ペットフード協会「令和３年 全国犬猫飼育実態調」）、相当数のペットが飼育されている状況である。今後もペットにまつわる公害・環境問題を含むトラブルは継続して発生していくと予想される。

4　処理状況（典型 7 公害）

下記表Ⅴは、令和２年度公害苦情調査結果報告書 134 － 135 頁「第 26 表　公害の発生源、発生原因別公害の苦情処理件数」の一部を利用し、作成している。処理状況をみると、全国の地方公共団体の公害苦情相談窓口等で年度内に直接処理が完了した直接処理件数は、70,872 件となっている（令和２年度公害苦情調査結果報告書 21 頁）。

公害苦情件数発生源が個人となる公害苦情であって直接処理された 14,343 件のうち 85%が 1 週間以内に直接処理されている。

公害苦情に関しての満足度なども公表されているので、ご興味のある方は公害等調整委員会ないし政府統計の総合窓口（ｅ－Ｓｔａｔ）のウェブサイトをご覧いただきたい。

【表Ⅴ　公害の発生源と処理件数及び処理状況（典型７公害）】

典型７公害							
区分	全体	全体（割合）	発生源		公害等の主な発生原因		
			個人	個人（割合）	家庭生活（機器）	家庭生活（ペット）	家庭生活（その他）
計	60446	–	16559	27%	779	362	2690
苦情申立てから処理までの期間							
直接処理	49861	82%	14343	24%	626	300	2127
１週間以内	33861	56%	12210	20%	396	218	1513
１か月以内	4102	7%	860	1%	102	47	287
３か月以内	2733	5%	340	1%	45	21	114
６か月以内	5548	9%	649	1%	52	7	137
１年以内	2413	4%	196	0%	20	5	49
１年超	1204	2%	88	0%	11	2	27
他へ移送	1572	3%	617	1%	14	14	93
翌年度へ繰越	4858	8%	627	1%	82	10	199
その他	4155	7%	972	2%	57	38	271
処理方法							
発生源側に対する行政指導が中心	32931	54%	10383	17%	275	172	981
当事者間の話合いが中心	952	2%	223	0%	47	4	90
申立人に対する説得が中心	1979	3%	548	1%	73	28	210
原因の調査が中心	10827	18%	2086	3%	192	56	631
その他	3172	5%	1103	2%	39	40	215
行政上の措置							
改善勧告	496	1%	277	0%	5	6	21
改善命令	44	0%	23	0%	–	1	–
行政指導	24665	41%	7139	12%	218	116	727
条例に基づく措置	2617	4%	784	1%	34	10	79
なし	22039	36%	6120	10%	369	167	1300
講じた防止対策							
作業方法、使用方法の改善	21149	35%	6162	10%	207	92	605
その他の方法で対策を講じた	9021	15%	3751	6%	110	82	487
防止対策は何も講じていない	9286	15%	2591	4%	161	80	560
不明	10405	17%	1839	3%	148	46	475
関係の公害規制法令の違反							
規制に関する違反	6244	10%	3111	5%	20	8	81
その他の違反	2437	4%	1219	2%	36	2	107
違反なし	22952	38%	6938	11%	414	239	1348
不明	18228	30%	3075	5%	156	51	591

＊個人は、公害等発生源の主な産業（会社・事業所以外）のうちその他、不明を除くもの。

5　弁護士会の110番への相談実績

次章（公害・環境問題の特徴と紛争解決機関等）にて、紛争解決機関等の一つとしてご紹介しているところであるが、東京三会（東京弁護士会、第一東京弁護士会及び第二東京弁護士会）では、環境に関して弁護士による無料法律相談である「公害・環境何でも110番」電話相談を実施している。

下記表Ⅵは、各弁護士会の2018年度から2020年度の相談実績を一覧化したものである。Ⅴ（大気・悪臭・化学物質過敏症）やⅥ（騒音・振動・低周波音）に関する相談の割合が多く、前述の公害苦情の傾向とおおむね一致している。

なお、この無料法律相談は、令和４年10月現在、原則として第二及び第四水曜日午前10時から12時まで、３名の弁護士が常駐して、無料の環境に関する電話法律相談を受け付けていて、平均して１日（１回）に４件程度の相談がある。東京三会が主催しているが、東京都内の環境に関する問題でなければいけないということは全くなく、全国からのご相談を受け付けている。まだまだご活用いただける余地があるため、環境に関するトラブルがあったときには、ぜひご利用いただきたい。

【表Ⅵ　東京三会「公害・環境何でも110番」電話相談実績（2018年度から2020年度）】

内容	2018年度	2019年度	2020年度	各年度計	割合
1. 日照・景観	5	3	2	10	2%
2. 開発による自然破壊	3	1	0	4	1%
3. 廃棄物(ごみ処分場建設を含む)	3	1	2	6	1%
4. 土壌汚染	1	0	0	1	0%
5. 水質汚濁	1	3	2	6	1%
6. 食品・医薬品	0	1	0	1	0%
7. 大気・悪臭・化学物質過敏症	44	42	38	124	29%
8. 騒音・振動・低周波音	88	64	55	207	48%
9. アスベスト	0	1	0	1	0%
10. その他	31	25	18	74	17%
計	176	141	117	434	-

※1件の相談が複数の内容に該当することがあるので，全体の相談件数よりも数が多くなる。

以上

第2章

公害・環境問題の特徴と紛争解決機関等

弁護士　　高橋　邦明

第1　公害・環境問題の特徴

1　公害・環境問題の解決手法

公害・環境問題は訴訟に馴染みにくいと言われる。

その根拠は様々であるが、以下のような公害・環境問題の特徴・性質が関係すると思われる。

公害・環境問題を解決する過程として、一般に以下のものが考えられている。

(1)　事実関係の調査と客観的に把握するための測定

どのような公害・環境問題が発生しているのか事実関係を客観的に把握する。

現場を訪問し、直に体験することや関係者への聴取りを行う。

また、被害の程度には個人差・主観的な相違がある。

例えば、人によって大きな音と感じる場合もあれば、小さく感じる場合もある。

そのため、事実関係を客観的に把握するために測定が肝要である。

測定するうえでの問題点としては、

ア　精度の問題

相談者や弁護士が測定する場合があるが、精度に欠ける場合がある。

厳密に立証するのであれば、測定の専門業者に依頼すべきである。

イ　費用の問題

アと関連して、測定するのにどれくらいの費用を拠出できるかという問題がある。

原因を特定しなければならない場合など相応の費用を拠出しなければならないこともある。

ウ　法律上の問題

測定方法が、住居不法侵入にならないか、他の刑事罰に該当したり、条例等の違反にならないか慎重に検討することが必要である。

エ　必要性の問題

測定にこだわりすぎると、測定合戦が始まってしまい時間と労力、費用がかなりかかる場合がある。

どこまで精緻な測定を行うかについても検討が必要である。

なお、当事者からの聴き取りの結果、紛争の原因が公害・環境問題になく別のトラブルに起因したり、すでに感情的に鋭い対立がある場合がある。

そのような場合は、騒音等の原因を排除・軽減しても、当事者間の紛争の解決にはならないことが多いことを留意すべきである。

(2) 原因の特定とメカニズムの解明

事実関係を調査し原因を検討する。

原因を特定するうえで、その原因から何故問題となる結果が発生するのか、そのメカニズムを解明する。

原因の特定・メカニズムの解明については、原因から結果までの科学的仮説の設定、それを根拠づける実験結果、シミュレーション結果など客観的に合理的に説明できる理論を検討する。

原因の特定・メカニズムの解明については、物理的考察、化学的考察、医学的考察などが必要で、複雑度が高い場合は、専門的知見を要する。

(3) 効果的な対策の検討

原因が特定されれば、原因を除去・排除すれば、問題となる結果は消滅するはずである。

また、原因から結果までのメカニズムが明らかになれば、結果発生の過程において効果的な対策を講じることによって、結果の発生を防ぐことができる可能性がある。

対策の検討についても、原因を除去・排除するための方策、被害を減少させるための方策につき、原因とメカニズムを踏まえた効果的な検討が必要となり、科学的仮説の設定、実験、シミュレーションが必要である。

そのため(2)と同様に、効果的な対策の検討について、物理的考察、化学的考察、医学的考察などが必要で、複雑度が高い場合は、専門的知見を要する。

⑷　効果的な対策の実行

⑶で検討した原因とメカニズムを踏まえた効果的な対策を実行する。

実行のためには、

ア　果たして実行が可能なのかという技術的な問題

イ　その対策を実行するについてどれくらいの費用が発生し、それを誰が負担すべきなのかという費用の金額・負担の問題

ウ　実行にどれくらいの時間がかかるのか時間の問題

エ　建物内、敷地内に誰がいつ入ってよいのか、建物のどこを破損してもよいのかという法的な問題

オ　対策を実行した後の効果の検証の問題

カ　対策が不奏功の場合の対処の問題
　　別の対策も並行して実行するか否か

などの解決すべき問題がある。

これらの問題点を踏まえて、効果的な対策を実行するための段取り・計画を立案して合意し実行する。

⑸　効果の検証

⑷で実行した対策が、問題となる事象を解消したのか、軽減させたのかなどその具体的な効果を実証する必要がある。

効果の実証についても、客観的な判断を可能とするため測定を行う。

⑹　対策が不奏功の場合

測定を行い、効果的と思われる対策を講じても、問題となる事象が解消しなかったり、軽減しない場合がある。

その場合に、再度、⑴の測定からやり直したり、⑵の原因の特定やメカニズムの解明からやり直したり、⑶の効果的な対策についてやり直すかなど検討する。

当初から、不奏功の場合に備えて、2，3種類の対策を検討しておき、並行して実行する場合もある。

2　当事者間の関係と解決に向けた協力

(1)　協調型

１で述べた(1)から(6)のステップによる公害・環境問題の解決を検討すると、被害者、加害者及び行政などが協力して解決するほうが、問題の解決により効果的である。

すなわち、加害者と思われる相手方から許可をもらい、相手方の敷地内や建物内での測定を行えば、原因の有無、程度が明らかになりやすい。

そして、対策を講じるにせよ、相手方から同意を得て、相手方建物内や敷地内で実行することは非常に効果的である。

また、費用負担の問題にしても、原因が特定すれば、加害者が負担するのか、双方が協力して費用を出し合うのか、被害者が負担するのかにつき合意が可能である。

加えて、行政が間に入り適切な指導を行うことで、公害・環境問題の原因を除去したり軽減することができる場合がある。

マンションの管理組合が適切な規約を設けて、住民間のトラブルを調整することも可能である。

公害・環境問題について、すべての関係者自らが、何故そのような問題が発生したのかを真剣に検討することが重要である。

・設備・規約等で公害・環境対策に不備がなかったか甘さはなかったか
・原因を除去することができるのに感情的になっていないか
・有効な対策を講じることができるのに感情的になっていないか
・経済重視に偏っていないか
・自分たちの快適な生活を優先しすぎていないか
・他人任せにしていたのではないか
・地域の連携が不足していたのではないか
・良好な近隣関係を構築してこなかったのではないか
・過去のトラブルを引きずっているのではないか
・トラブルの解決を諦めているのではないか

例えば、住民間で地域のコミュニケーションをより密にし地域で解決するという体制を整えること、事業者はより高度の公害・環境対策を構築し被害の除去軽減と住民の理解を得るよう努力すること、行政は当事者の間で法令に則り適切な行政指導を行って相当な解決を図ることなどそれぞれが従前の行動を振り返って、将来の良好な住環境、住民相互・地域・事業者等との間の良好な関係の構築のために解決にあたることが肝要である。

被害が解消・軽減すれば、被害者は従前の生活を回復でき、加害者も良好な近隣関係を保ちながら生活できるのであって、双方にとってよい結論となる。

(2) 対立型

協調型に対し、被害者と加害者と思われる相手方が対立関係にあると、相手方の協力を得られず、どこに原因があるのかを特定するのが困難な場合もでてくる。

特に大都市の住宅密集地域では、狭い範囲に多くの建物と設備があるため、どこに原因があるのか測定するのが困難な場合もある。

また、効果的な対策を検討しても、被害者側からの相手方が協力しない一方的な提案となる場合が多く、実効性を欠く場合もある。

そして、訴訟になれば、損害賠償や差止めという請求になりがちで、仮に被害者が損害賠償について勝訴しても、問題となる結果の解消・軽減とは直接は関係がないため、被害は発生し続けることになり、被害者の生活環境は悪化したままである。

しかも、当事者が隣人であった場合などでは、勝訴・敗訴の白黒がつくことにより将来近隣で生活をするうえで禍根を残しかねない。

なお、当事者がすでに対立関係にあった場合、前述のとおり、公害・環境問題に起因するトラブルではなく、別のトラブルに起因する場合がある。

そのような場合は、公害・環境問題だけでなく、別のトラブルについても法的な処理を検討すべきか否か検討し、並行して対処していくことになる。

第2　紛争解決機関等

1　当事者同士の話し合い

当事者間の話し合いで解決することは望ましい解決方法のひとつである。

公害・環境問題の原因を特定し、これを除去・排除する対策を講じ、これによって被害が解消すれば、紛争は解決に至る。

そのために、当事者が、測定方法や費用の負担、講じる対策等について話し合いをし取決める。

その際、建築士、ハウスメーカー、設備業者、リフォーム会社、弁護士等の専門家からアドバイスを得ることも必要である。

前述のとおり、訴訟による白黒をつけた解決よりも、当事者間での解決の方が、将来的な禍根は残さないことが多い。

当事者間での解決が困難な場合には、以下述べる第三者の関与を入れての解決方法もある。

裁判所のほか、裁判外紛争解決手続（以下、「ADR」という。）といわれるものがあり、環境紛争におけるADRとしては、大きく民事調停法に基づく司法型と公害紛争処理法に基づく行政型がある。

ADRと裁判による紛争解決と比較した際のメリットとしては事案にもよるが、一般論としては、コストの低減、手続の簡便さ、解決までのスピード、解決方法の柔軟性などが挙げられる。

公害紛争には、近隣住宅からの騒音被害など訴額（訴訟上の請求の価額）にすれば比較的小さなトラブルも多く含まれる。低コストで迅速に解決できる可能性があれば以下のような裁判外紛争解決手段の利用についても検討することが有用と考えられる。以下、概要を紹介する。

2 市区町村の窓口

当事者間での解決がなかなか進展しなかったり、期待できない場合などは、第三者が中に入って解決する方法がある。

その第三者として、都道府県、市区町村の地方公共団体がある。

法律や条例に基づいて、公害・環境について規制基準や規制の対象となる施設等が定められており、測定値が規制基準を超えている場合は、法律違反、条例違反になる場合がある。

地方自治体によっては、測定器の貸出しや騒音等の測定をしてもらえる。

かような測定値を添えて地方公共団体の担当窓口に苦情を申し立てると、違反している事業者に訪問や電話による行政指導が入ることもある。

全国の地方自治体には公害苦情相談窓口が設置されており、「令和2年度公害苦情調査結果公表資料」によれば、典型7公害について、51,395件弱、それ以外で22,344件弱と多数の相談が寄せられている。

ただし、個々の地方公共団体によって条例や規制基準等が異なるため、地方公共団体の対応も異なることになるので、条例等の調査、地方公共団体の窓口での相談等が必要である（第1章参照）。

3 公害・環境何でも110番電話相談

紛争解決のための第三者として弁護士があげられる。

公害・環境問題の当事者は隣地や近隣であることが多く、当事者間の感情問題に発展する可能性がある。

そのため、紛争解決の専門家である弁護士を間に挟んで話し合いで妥協点を見出して、原因の特定、有効な対策を講じる方が、被害を解消・軽減し妥当な解決につながる場合がある。

東京三会（東京弁護士会、第一東京弁護士会、第二東京弁護士会）では、「公害・環境何でも110番電話相談」を原則として毎月第2、第

4水曜日、午前10時から12時まで共同で開催している（電話番号03-3581-5379、但し、令和4年12月現在）。

本相談では、公害・環境問題に関心のある弁護士が対応することにより、より適切な紛争解決を図るべく尽力し、場合によっては現地調査、面接相談（初回無料）を実施している。

なお、本相談は、前記各弁護士会のホームページに掲載されているので、相談される場合は、事前に曜日・時間等を確認されたい。

本相談の外、全国各地の弁護士会の法律相談や法テラスでも相談が可能である。

ただ、本相談を含めて、弁護士が受任するか否かは相談者との協議の結果によることがある。

4　各弁護士会の紛争解決センター・仲裁センター

訴訟はしたくないが、第三者をいれて解決したい場合のひとつの方法として弁護士会の紛争解決センターがある。

仲裁センター、示談あっせんセンターなど名称が異なるが、弁護士会による紛争解決機関である。手続きについては、訴訟や調停と類似したものとなっているが、設置していない弁護士会もある。

最新の情報については日本弁護士連合会（日弁連）のウェブサイト上に全国の「紛争解決センター」一覧

（http://www.nichibenren.or.jp/legal_advice/search/other/conflict.html）がありそちらを参照されたい。

紛争解決センターへの申立てによっては、当然には時効の完成猶予等の効果は生じない点に留意を要する。ただし、裁判外紛争解決手続の利用の促進に関する法律（以下、「ADR法」という。）に基づく認証紛争解決事業者である場合については同法に基づく特例による時効の完成猶予等（ADR法25条1項）があり、仲裁法の適用を受ける仲裁手続における請求には、時効の完成猶予等の効力が付与されている(仲裁法29条2)。

弁護士会の紛争解決センターでは、弁護士等が、当事者の話を聞いて紛争解決にあたる。

弁護士のほか建築士など専門家が担当者になる場合もあり、申請人が仲裁人等を選択できるものもある。

当事者は、中立公正な第三者的な立場にある専門家からの意見を聴き、紛争解決にあたることができる。

手続きとしては、裁判所における調停手続きと類似しており、当事者が主張を展開し証拠を提出することができ、場合によっては現地を調査することもある。

紛争解決センターでの手続きにおいて、専門家の意見を聴きながら、第１で述べた公害・環境問題の解決に向けた、原因の特定、有効な対策の構築、その実施、原因の排除に向けた解決について話し合うことができる場合がある。

ただし、相手方が欠席した場合は訴訟のような申立人勝訴の欠席判決はなく、手続きが進まないことになる。

また、話し合いをしても物別れになって解決に至らないこともある。

なお、具体的な申請方法、審理手続き等詳細については、各センターに問い合わせて確認する。

5　弁護士会以外のADR法に基づく認証を受けた団体

法務省のADR法に基づく認証を受けた団体（認証紛争解決事業者）による手続きを利用する方法がある（http://www.moj.go.jp/KANBOU/ADR/）。

一部例外はあるが、手続実施者が弁護士でない場合、同法では、法令の解釈適用に関し専門的知識を必要とするときに、弁護士の助言を受けることができるようにするための措置を定めていることを認証要件の一つとしており（ADR法６条５号）、制度的に一定程度の法的な適正さが担保されている。

同法に基づく認証紛争解決事業者は取り扱う紛争の範囲がそれぞれ異なるが、「民事に関する紛争」（全般）を取り扱う紛争の範囲としている場合には、公害・環境問題に付随する紛争も対象となる場合がある。

なお、全国の地方司法書士会では「民事に関する紛争」をその対象としていても、「紛争の価額が140万円以下のものに限る」としている場合がある点に留意を要する。

時効の完成猶予等の効果については、認証紛争解決手続によっては紛争の当事者間に和解が成立する見込みがないことを理由に手続実施者が当該認証紛争解決手続を終了した場合において、当該認証紛争解決手続の実施の依頼をした当該紛争の当事者がその旨の通知を受けた日から１月以内に当該認証紛争解決手続の目的となった請求について訴えを提起したときは、当該認証紛争解決手続における請求の時に訴えの提起があったものとみなされる（ADR 法 25 条 1 項）。

その他の特例としては、調停前置主義が採られている場合に、ADR を利用した場合、その後訴えを提起できること（ADR 法 27 条）、ADR に申し立てた場合に一定の条件下で訴訟が中断し、ADR の判断を優先的に得られること（ADR 法 26 条）がある。

ただし、相手方が欠席した場合は訴訟のような申立人勝訴の欠席判決はなく手続きが進まないことになる。

また、話し合いをしても物別れになって解決に至らないこともある。

なお、具体的な申請方法、審理手続き等詳細については、各認証紛争解決事業者に問い合わせて確認する。

6　公害等調整委員会

訴えの提起まではしたくないが、第三者を挟んで紛争を解決する方法の一つである。

公害等調整委員会は、行政型 ADR のひとつであり、紛争解決処理法等に基づく公害紛争処理機関のひとつである（http://www.soumu.go.jp/kouchoi/）。

公害等調整委員会では、現に人の健康又は生活環境（人の生活に密接な関係のある財産、人の生活に密接な関係のある動植物及びその生育環境を含む。）に公害（大気汚染・水質汚濁・土壌汚染・騒音・振動・地盤沈下・悪臭）に係る著しい被害が生じ、かつ、当該被害が相当多数の者に及び、又は及ぶおそれのある場合の案件のほか、大気汚染又は水質汚濁による気管支炎・喘息等、水俣病・イタイイタイ病による人の死亡等の案件である（公害紛争処理法24条、環境基準法2条3項、公害紛争処理法施行令1条）。

そのため、問題となっている公害・環境問題が、公害等のいずれに該当するのか検討することが必要である。

例えば、化学物質の飛散の問題について、大気汚染や水質汚濁、土壌汚染、悪臭などの典型7公害のいずれに該当する可能性があるかなど各案件の公害の原因に関する分析が必要である。

公害等調整委員会の委員は、元裁判官や弁護士など法律の専門家、大学教授など専門家から構成される。

(1)　公害等調整委員会の特徴

公害等調整委員会の特徴は以下のとおりである。

ア　専門家が関与すること

事件の解決につき専門家が関与するため、専門家のアドバイスや鑑定等によって事件を適格に解決することが可能である。

イ　現地調査、資料収集

公害等調整委員会が現地調査を行うことによって、紛争に関わる事実関係を調査し、資料の収集が可能となり、原因の特定、対策等の立案に資する可能性がある。

ウ　職権による調査、申請以外の事項に関する裁定など柔軟性があること

公害等調整委員会での手続きには、職権による調査等が規定され、当事者の主張等に原則拘束される訴訟の手続と比較して、紛争解決のためより柔軟な対応をすることができる。

また、裁定を申請しても、申請以外の事項に関する裁定ができたり、調停になって調停案受諾勧告による解決が図られる場合や、継続している訴訟が中断し、先に公害等調整委員会の判断を優先的に求めることができる。

エ　迅速な解決

公害等調整委員会においては、裁判所における訴訟よりも処理機関が短いとされており、より迅速な解決が図られる。

オ　経済的負担の軽減

事件の申請手数料が訴訟に比べて低いほか、現地調査にかかる費用や特に鑑定に関する費用につき、当事者ではなく公害等調整委員

会が負担する場合がある。

そのため訴訟と比較し、被害者の主張立証に向けた経済的負担が軽くなる場合がある。

カ　公害防止対策への反映

公害等調整委員会は、原因裁定を関係行政機関の長に対し通知するなどし、当該事案を公害防止対策に反映させることができる。

キ　後見的な関与

公害等調整委員会は、紛争を解決するため専門機関として立場から、職権で調査したり、申請事項以外についても裁定ができたり、調停等で定められた義務に不履行があるときは、当該義務の履行に関する勧告をすることができる。

また、当該義務の履行状況について当事者に報告を求めることができ、事件が終了した後も後見的な関与を期待できる。

ク　嘱託や時効の完成猶予等

裁判所に訴えを提起した場合であっても、公害等調整委員会に原因裁定につき嘱託を行うことが可能である。

時効の完成猶予等についても規定があり、訴訟の前に申請を行うなど訴訟手続きとの連携を図ることも可能である。

ケ　強制執行はできないこと

公害等調整委員会、公害審査会での裁定、調停等での和解については、債務名義とはならず、裁判所による民事調停、訴訟と異なり、強制執行はできない。

(2)　公害等調整委員会の制度

制度としては、裁定（責任裁定・原因裁定）、調停、あっせん、仲裁がある。

手続きについては、公害紛争処理手続き等に関する法律によって、通常の訴訟や調停の手続きと類似したものとなっている。

答弁書、準備書面等の提出のほか、審問期日の設定などがあり、手続きの進行度合いに応じて、現地調査や鑑定などを申請し、実体の解明、紛争の解決に向けた主張・立証ができる。

ア　調停、あっせん、仲裁

調停、あっせん、仲裁事件については、原則として都道府県の公害審査会に管轄があるが、以下の要件をみたす場合は、公害等調整委員会に申請ができる（公害紛争処理法第24条、同施行令1条）。

㈠	重大事件	大気汚染等により生ずる著しい被害に係る事件 人の健康に係る被害に関する紛争であつて、大気の汚染又は水質の汚濁による慢性気管支炎、気管支ぜん息、ぜん息性気管支炎若しくは肺気しゅ若しくはこれらの続発症又は水俣病若しくはイタイイタイ病に起因して、人が死亡し、又は日常生活に介護を要する程度の身体上の障害が人に生じた場合における公害に係るもの 大気の汚染又は水質の汚濁による動植物（環境基本法　2条3項 に規定する動植物をいう。）又はその生育環境に係る被害に関する紛争であつて、法26条1項の申請に係る当該被害の総額が5億円以上であるもの
㈡	広域処理事件	航空機や新幹線による騒音事件
㈢	県際事件	複数の都道府県にまたがる重大事件

については、公害等調整委員会に管轄がある。

イ　裁定

裁定事件は以下の2種類がある。裁定は、公害等調整委員会に管轄がある。

㈠	責任裁定	公害に係る被害についての損害賠償責任の有無及び賠償額に係る事件
㈡	原因裁定	公害に係る被害が発生した場合の因果関係の解明に係る事件

調停・あっせん・仲裁は、厳格な要件があるため公害等調整委員会に申請することは難しい場合が多いが、責任裁定・原因裁定はそのような要件がないので申請が比較的容易である。

例えば、すでに因果関係が認められているが損害額の算定について争いがある場合は、責任裁定を申請できる。

また、当事者間で原因と結果との間の因果関係について争いがある場合は、原因裁定を申請できる。

公害等調整委員会に調停と裁定の申請が可能な場合は、当事者間の対立がどの程度激しいか、後日訴訟の提起を行うかどうか、公害等の発生からどのくらい時間が経ち、早期解決の要望がどの程度強いか、話し合いで進めるのか、損害賠償額の判断もしくは因果関係の判断という事実認定まで求めるか等諸要素の判断による。

以下、利用されやすい調停と裁定について述べる。

⑶ 調停の概要

調停は、当事者双方譲り合って話し合いをすることで、紛争を柔軟に解決しようとする制度である。

訴訟のように、判決で白黒をつけたり、損害賠償を認め金銭で解決を図るのではなく、双方の話し合いを重ね、専門家の意見を聞きながら、原因がどこにあるのか、その排除・軽減のための対策は何なのかなどを話し合い合意して、紛争の解決を図る制度である。

ただし、相手方が欠席した場合は訴訟のような申請者勝訴の欠席判決はなく手続きが進まないことになる。

また、話し合いになっても物別れになる場合があり、調停案受諾勧告が出されても当事者は受諾しない旨の回答を行うことができるため解決に至らないこともある。

調停案が受諾されたとしても、公害審査会や公害等調整委員会の調停には、裁判所の行う民事調停や家事調停のような強制執行を行える債務名義とはならない。

義務履行の勧告制度があるものの、場合によっては手続後の実効性の確保に向けた交渉その他の対応も重要となる。

調停が成立する以外でも事案によっては、手続きを通じて当事者間での協定書の締結に至り、申請人から申請が取り下げられて解決に至った例などもある。

裁定事件ではあるが、土地利用調整制度に基づく事案（長崎県岩石採掘計画認可処分取り消し裁定申請事件（平成７年㈶第１号・第４号、平成８年㈶第１号・第２号。）での同協定書においては、地方自治体が当事者の一を構成し、手続上の各当事者の主張を前提としたであろう多数の条項が盛り込まれている（判例タイムズNO.935　宇野裕「長崎県岩井市採取計画認可処分取り消し裁定申請事件について－土地利用調整制度の現代的意義－」。）。

公害等調整委員会での手続きを利用して、紛争につき柔軟な解決が図られたことがうかがわれる。

調停制度の概要は、以下のものである。

ア　調停前の措置（公害紛争処理法33条の2）

調停委員会は、調停前に、当事者に対し、調停の内容たる事項の実現を不能にし、又は著しく困難にする行為の制限その他調停のために必要と認める措置を採ることを勧告することができる。

イ　文書・物件の提出（同法33条1項）

調停では、必要に応じて文書や物件を提出できる。

例えば、準備書面や証拠などを提出できるようになっている。

ウ　現地調査（同法33条2項、3項）

調停委員会は、重大事件については、紛争の原因を明確化するため、必要な場合は、当事者の工場等に立ち入って検査をすることができ、専門委員を補助させることができる。

公害等調整委員会が、直接現地で測定するなど調査することによって、事案の解明が期待できる。

エ　調停案の受諾勧告（同法34条）

調停委員会は、当事者間に合意が成立することが困難であると認める場合において、相当であると認めるときは、一切の事情を考慮して調停案を作成し、当事者に対し、30日以上の期間を定めて、その受諾を勧告することができる。

当事者が調停委員会に対し指定された期間内に受諾しない旨の申出をしなかったときは、当該当事者間に調停案と同一の内容の合意が成立したものとみなされる。

公害審査会等による調停案の受諾勧告に従うことによって、紛争解決が図られる。

オ　義務履行の勧告（同法43条の2）

公害審査会等は、必要がある場合は、調停、あっせん、仲裁、責任裁定に定められた義務の履行を勧告できる。

この規定によって、調停成立後も、公害審査会等の関与を受けて履行を促すことができる。

カ　時効の完成猶予等（同法 36 条の 2）

調停の打ち切り等の通知を受けた日から 30 日以内に責任裁定の申請、訴えの提起をしたときは、調停の申請の時に責任裁定の申請又は訴えの提起があったものとみなされる。

⑷　責任裁定の概要

責任裁定とは、因果関係は存在するが損害額に争いがある場合に申請し、公害等調整委員会の裁決によって解決を図る制度である。

裁定の手続き中に相手方が欠席するなどしても、公害等調整委員会は法的判断をくだす場合がある。

責任裁定の制度には以下のものがある。

ア　裁定前の措置（公害紛争処理法 42 条の 26 の 2、33 条の 2）

裁定委員会は、裁定前に、当事者に対し、裁定の内容たる事項の実現を不能にし、又は著しく困難にする行為の制限その他裁定のために必要と認める措置を採ることを勧告することができる。

イ　証拠保全（同法 42 条の 17）

公害等調整委員会は、責任裁定の申請前において、あらかじめ証拠調べをしなければその証拠を使用するのに困難な事情があると認めるときは、責任裁定の申請をしようとする者の申立てにより、証拠保全をすることができる。

ウ　鑑定等証拠調べ（同法 42 条の 16）

裁定委員会は、当事者や参考人に陳述させたり、文書、物件を提出させることができる。

また、鑑定人を選任し、事実関係につき鑑定をさせることもできる（1 項 2 号）。

エ　現地調査（同法 42 条の 16、1 項 4 号、6 項、42 条の 18）

公害等調整委員会は、事件に関係のある場所に立ち入って、文書又は物件を検査することができ、専門委員に補助させることができる。

裁定委員会は、証拠調べ（同法 42 条の 16）につき、当事者の申立のほか、職権でも調査することができるため、当事者の意見等に拘束されずに、後見的な見地から事実関係を調査できる。

オ　職権調停（同法 42 条の 24）、職権による原因裁定（同法 42

条の29）

裁定委員会は、相当な場合は、職権で責任裁定から調停に付すことができる。

調停手続きでは、当事者の話し合いによって、原因の特定、対策等が合意され解決する場合がある。

また、公害等調整委員会は、職権で原因裁定に付すこともできる。

ただし、この場合は、当事者の申請外の事項に関する職権による裁定事項の判断等（同法42条の30）の規定は適用されない。

カ　合意成立のみなし規定（同法42条の20）

責任裁定があった場合において、裁定書の正本が当事者に送達された日から30日以内に当該責任裁定に係る損害賠償に関する訴えが提起されないとき、又はその訴えが取り下げられたときは、その損害賠償に関し、当事者間に当該責任裁定と同一の内容の合意が成立したものとみなされる。

キ　義務履行の勧告（同法43条の2）

責任裁定によって判断が下されても履行されない場合が想定される。

公害等調整委員会は、必要がある場合は、責任裁定に定められた義務の履行を勧告できる。

この規定によって、手続きが終了後も、当事者は、公害等調整委員会の関与を受けて履行を促すことができる。

ク　行政事件訴訟の制限（同法42条の21）

責任裁定及びその手続に関してされた処分については、行政事件訴訟法による訴えを提起することができない。

ケ　仮差押え等における担保提供の原則免除（同法42条の22）

申請の全部又は一部を認容する責任裁定がされた場合において、裁判所が当該責任裁定に係る債権の全部若しくは一部につき仮差押えを命じ、又は仮処分をもってその全部若しくは一部を支払うべきことを命ずるときは、原則として担保を立てさせないものとされる。

本規定によって、高額の賠償金につき仮差押え等を申立てる場合は、高額の保証金を裁判所に積まなくてよい可能性がある。

コ　訴訟事件との関係（同法42条の26）

責任裁定の申請があった事件について訴訟が係属するときは、受訴裁判所は、責任裁定があるまで訴訟手続を中止することができる。

訴訟手続が中止されないときは、裁定委員会は、責任裁定の手続を中止することができる。

本規定により、当事者は、優先的に公害等調整委員会の判断を求めることができる。

サ　時効の完成猶予等（同法 42 条の 25）

責任裁定の申請は、時効の完成猶予等及び出訴期間の遵守に関しては、裁判上の請求とみなされる。責任裁定の申請が受理されなかった場合は、その旨の通知を受けた日から 30 日以内に申請の目的となった請求について訴えを提起したときは、時効の完成猶予等及び出訴期間の遵守に関しては、責任裁定の申請の時に、訴えの提起があったものとみなされる。

(5) 原因裁定

原因裁定とは、原因と結果との間の因果関係に争いがある場合に申請し、公害等調整委員会の裁決によって解決を図る制度である。

ア　相手方特定の留保（公害紛争処理法 42 条の 28）

相手方を特定しないことについてやむを得ない理由があるときは、その被害を主張する者は、相手方の特定を留保して原因裁定を申請することができる。

ただし、公害等調整委員会は、相当な場合は相手方を特定することを命令することができ、申請者が特定できない場合は、取下げられたものとみなされる。

イ　証拠保全（同法 42 条の 33、42 条の 17）

公害等調整委員会は、原因裁定の申請前において、あらかじめ証拠調べをしなければその証拠を使用するのに困難な事情があると認めるときは、原因裁定の申請をしようとする者の申立てにより、証拠保全をすることができる。

ウ　申請事項以外の職権による裁定等（同法 42 条の 30）

裁定委員会は、被害の原因を明らかにするため特に必要があると認めるときは、原因裁定において、原因裁定の申請をした者が裁定を求めた事項以外の事項についても、裁定することができる。

裁定の結果について利害関係を有する第三者があるときは、裁定委員会は、その第三者若しくは当事者の申立てにより、又は職権で、決定をもって、相手方としてその第三者を原因裁定の手続に参加させることができる。

裁定委員会は職権で後見的に、かつ柔軟に因果関係につき調査し、判断をすることができる。

　そのため、当事者間に調査能力・専門的知識等に差があっても、裁定委員会の職権による後見的判断により差をある程度是正されることが期待できる。

エ　鑑定等証拠調べ（同法42条の33、同法42条の16）

　裁定委員会は、当事者や参考人に陳述させたり、文書、物件を提出させることができる。

　また、鑑定人を選任し、事実関係につき鑑定をさせることもできる（1項2号）。

オ　現地調査(同法42条の33、同法42条の16、1項4号、6項、42条の18)

　裁定委員会は、事件に関係のある場所に立ち入って、文書又は物件を検査することができ、専門委員に補助させることができる。

　裁定委員会は、証拠調べ（同法42条の16）につき、当事者の申立のほか、職権でも調査することができるため、当事者の意見等に拘束されずに、後見的な見地から事実関係を調査できる。

カ　職権調停（同法42条の33、同法42条の24）

　裁定委員会は、相当な場合は、職権で原因裁定から調停に付すことができる。

　調停手続きでは、当事者の話し合いによって、原因の特定、対策等が合意され解決する場合がある。

キ　通知及び意見の申出（同法42条の31）

　公害等調整委員会は、原因裁定があったときは、遅滞なく、その内容を関係行政機関の長又は関係地方公共団体の長に通知するものとする。

　また、公害等調整委員会は、公害の拡大の防止等に資するため、関係行政機関の長又は関係地方公共団体の長に対し、必要な措置についての意見を述べることができる。

　この通知及び意見によって、問題となった公害について関係行政機関等による解決が促される。

ク　行政事件訴訟の制限（同法42条の33、同法42条の21）

　原因裁定及びその手続に関してされた処分については、行政事件訴訟法による訴えを提起することができない。

ケ　受訴裁判所からの原因裁定の嘱託（同法42条の32）

　公害に係る被害に関する民事訴訟において、受訴裁判所は、必要があると認めるときは、公害等調整委員会に対し、その意見をきいたうえ、原因裁定をすることを嘱託することができる。

例としては、公害等調整委員会平成16年(下)第3号などがある。

受訴裁判所からの嘱託に基づいて原因裁定がされた場合において、受訴裁判所は、必要があると認めるときは、公害等調整委員会が指定した者に原因裁定の説明をさせることができる。

ただし、嘱託の場合は、申請事項以外の職権による裁定（同法42条の30）の適用はない。

コ　訴訟事件との関係（同法42条の33、同法42条の26）

原因裁定の申請があった事件について訴訟が係属するときは、受訴裁判所は、原因裁定があるまで訴訟手続を中止することができる。

訴訟手続が中止されないときは、裁定委員会は、原因裁定の手続を中止することができる。

本規定により、当事者は、優先的に公害等調整委員会の判断を求めることができる

⑹　制度の利用状況

公害等調整委員会では、公害紛争処理白書による年次報告や機関誌（ちょうせい（https://www.soumu.go.jp/kochoi/substance/chosei/main.html））その他の令和3年ウェブサイト上での情報公開を行っている。同年次報告によれば、新たに受け付けた事件の件数は、24件である。

7　都道府県の公害審査会

訴えまで提起したくないが、第三者を挟んで紛争を解決する方法の一つとして、都道府県が設置する公害審査会がある。

公害審査会は、行政型ＡＤＲのひとつであり、公害等調整委員会と同様に公害紛争処理法に基づく公害紛争処理機関のひとつである。

公害審査会では、公害等調整委員会にて説明した公害等のうち、公害等調整委員会が扱わない案件を扱う。

制度としては、調停のほかあっせん・仲裁を行っており、裁定は行っていない。

調停・あっせん・仲裁の管轄は原則として公害審査会である（公害

紛争処理法24条2項）。

手続きについても、公害紛争処理手続きに関する法律の適用があり、通常の調停での手続きと類似である。

答弁書、準備書面等を提出し、紛争の解決に向けた主張·立証ができる。

公害審査会は全国にあり、担当者が専門家であるか否か、現地調査の実施状況など実際の運営については、個々問い合わせて確認する。

調停の概要は、6⑶で述べたとおりである。

8　簡易裁判所の民事調停

訴えまで提起したくないが、第三者を挟んで紛争を解決する方法の一つとして、簡易裁判所の公害等調停（民事調停法33条の3）、一般調停を申し立てる方法がある（http://www.courts.go.jp/saiban/syurui_minzi/minzi_04_02_10/）。

⑴　公害等調停（同法33条の3）

公害等調停は、公害又は日照、通風等の生活上の利益の侵害により生ずる被害に係る紛争に関する事件を対象とする。

また、管轄について、相手方の住所地、合意管轄（同法3条）のほか、損害の発生地又は損害が発生するおそれのある地も含まれる。

⑵　申立の趣旨をさほど特定しない申立等

民事調停の申立てについては、例えば、相当な金額を求める、相当な方法による解決を求めるなど金額や方法をさほど特定せずに申立てをすることができ、具体的な解決方法につき、話し合いを進めながら適宜検討し合意していくことが可能となる。

また、例えば、相手方は、申立人の生活に留意し、ステレオの音量をボリュームのレベル2まで下げて使用するなどといった判決では対応できないような合意を成立させることも可能である。

⑶　互譲による話合いでの解決（同法1条）

民事調停は、当事者の互譲により、条理にかない実情に即した解決を図ることを目的とするもので（同法１条）、話し合いで解決することを原則とする。

調停委員会は、裁判官もしくは調停官と調停委員から構成され、調停委員は、弁護士や建築士などが就任する場合がある。

調停手続きにおいては、訴訟のような証拠によって認定された事実にとらわれず、当事者の話を入念に聴き、法律家の意見や一般通念等に照らし合理的な解決を目指す。

加えて、様々な紛争やトラブルの解決にあたってきた裁判官・調停官、調停委員から、紛争解決のためのアドバイスをもらったり、意見調整をしながら紛争解決に向けた意思決定、行動をすることができる。

⑷　非公開手続きによる秘密の確保

調停での話し合いの内容等に関する事項は非公開で秘密である。

そのため、大企業間の紛争、大企業と個人間の紛争等であっても、秘密を確保した状況下で、話し合いによる解決が可能となる。

⑸　白黒をつけない状況下での話合い

訴訟での話し合いでは、主張立証責任を原告が負い、判決という白黒をはっきりさせる手続きの中で、ある程度判決の結論が予想される状況下での話し合いになることが多く、勝訴が見込まれる当事者がなかなか譲歩しないという事情がある。

調停の手続きであれば、判決はなく、白黒の判別も訴訟よりは少なく、秘密が確保されている状況下での話し合いのため、双方が譲歩しより柔軟な解決を図ることが可能である。

⑹　強制執行が可能であること（同法 16 条）

話し合いの結果、和解が成立した場合は、裁判上の和解と同一の効力を有することとなり（同法 16 条）、強制執行が可能となる。

但し、合意する調停条項につき強制執行が可能なものを作成するよう注意する。

⑺　調停に代わる決定（同法 17 条）

調停が成立する見込みがない場合においても、相当であると認めるときは、調停委員会は、当事者双方のために衡平に考慮し、一切の事情を見て、職権で、当事者双方の申立ての趣旨に反しない限度で、事件の解決のために必要な決定をすることができる（同法17条）。

当事者が、決定書を受領してから2週間以内に異議をださない場合は、裁判上の和解と同一の効力を有することになる（同法18条）。

(8) 時効の完成猶予等（民法147条）

不成立となった場合でも、調停の申立時に時効が中断するが、不成立となったときから1か月以内に訴えを提起しなければ時効の中断効は発生しない（民法147条）。

(9) 貼用印紙に関する規定（民事調停法19条）

簡易裁判所に納付した貼用印紙については、不成立となったときから2週間以内に訴えを提起した場合は、調停申立時に訴え提起があったものとみなされ（民事調停法19条）、調停申立の際に納付した印紙相当額につき既に納付したものとみなされるため（民事訴訟費用等に関する法律5条1項）、調停・訴え提起と重ねて印紙を納める必要はない。

ただし調停は話し合いの場であるので、欠席判決はなく、相手方が欠席したり、話し合いに応じない場合は不成立となる。

また、調停に代わる決定についても異議を申立てることができるため、解決に至らないこともある。

9　行政に対する不服申立等

行政庁の違法又は不当な処分その他公権力の行使に当たる行為に関しては、行政不服審査法に基づく不服申立ができる場合がある。

どのような場合に、どの行政庁に不服を申立てることができるのか、裁判所への訴えの提起の前に行政庁に不服申立てをしなければならないのかなど事案ごとに検討する必要がある。

10 仮差押え、仮処分の申立

訴えを提起した場合、判決が確定するまで長期間かかる場合がある。

その間に、加害者の資産が散逸する場合があるため、加害者の資産に対し、仮の差押えや、加害者が財産を処分するのを仮に禁止するなどの処分を裁判所に申立てることができる。

仮差押え、仮処分の要件としては、保全の必要性、緊急性などであるが、証拠も提出しなければならない。

また、相手方を審尋した場合、相手方の反論も予想される。

ただ、仮差押え等の申立てによって、裁判所が関与する審尋や裁判外で和解が成立するときもあり、話し合いによる解決の場となる可能性がある。

なお、仮差押え、仮処分が認められた場合、裁判所に保証金を積まなければ保全処分は認められないため、その金額と金銭の確保が問題となる。

11 裁判所への提訴

当事者の話し合いによる解決がなされない場合など裁判所に訴えを提起し、裁判所の判決による解決を図ろうとする場合である

（http://www.courts.go.jp/saiban/syurui_minzi/index.html）。

民事訴訟の他、行政訴訟を提起したり、両方を提起する場合がある。

被害者が原告となって、不法行為又は債務不履行、被害、因果関係、損害額などを主張立証する責任を負うため、提訴にあたっては証拠を揃えることが重要である。

さらに、加害者の不法行為が規制基準を超えていても受忍限度論によって違法性が認められないことも多い。

請求内容も、損害賠償や差止めを請求することが多く、仮に勝訴しても金銭的な解決に過ぎなかったり、具体的手段を伴わない差止め請求では、具体的な被害解消・軽減のための対策を講じるものではないので、被害が継続する可能性がある。

ただ、加害者に賠償義務、差止義務を負わせることで、間接的に加害者に被害の不発生を強制し得る。

訴訟は、公開される法廷・判決を前提とし、時間と費用がかかる場合が多く、原被告にとって精神的及び経済的な負担が比較的大きい場合

が多い。

特に鑑定等を行う場合は、当事者が多額の費用を負担しなければならない場合がある。

また、訴えを提起しても、和解を中心とした手続きが進行したり、受訴裁判所が調停に付す場合があり（付調停、民事調停法20条）、話合いの中での解決を模索し解決する場合もある。

ただ、訴訟では、主張立証責任を原告が負い、調停とは異なり判決という白黒をはっきりさせる手続きのなかで、ある程度判決の結論が予想されるもとでの話し合いのため、勝訴が見込まれる当事者からの譲歩がでにくいという事情がある。

裁判所への訴え提起によって、最終的には最高裁判所の決定・判決等による解決となる。

判決によって勝訴者・敗訴者が明確になるため、隣人同士の紛争などで将来的に一定の関係にたつ当事者同士、近隣住民に精神的な禍根を残す場合もある。

また、前述のとおり、金銭的解決に至っても、賠償額が少額であったり、被害が継続する場合もあり、公害・環境問題の抜本的な解決に至らない場合もある。

以　上

≪参考文献≫

- 日本弁護士連合会　WEBページ「紛争解決センター（ADR）」
  http://www.nichibenren.or.jp/legal_adovice/search/other/conflict.html
- 法務省「かいけつサポート」
  http://www.moj.go.jp/KANBOU/ADR/index.html
- 公害等調整委員会　WEBページ
- 裁判所　民事調停手続　WEBページ
  http://www.courts.go.jp/saiban/syurui_minzi/minzi_04_02_10/
- 裁判所　民事事件　WEBページ
  http://www.courts.go.jp/saiban/syurui_minzi/index.html

第3章

受忍限度の考え方

弁護士　佐藤　穂貴
弁護士　丸山　高人

第1　受忍限度に関する考察

1　受忍限度とは

(1)「受忍限度」とは何か

ア　はじめに

環境・公害紛争でしばしば争点となるのが、加害行為による被害が社会生活上一般に受忍すべき限度を超えているか否かという「受忍限度」の論点であり、この成否が訴訟の勝敗を決することが多々ある。

したがって、受忍限度に関する理解を深めることが、環境紛争に取り組むうえでの要といえる。

そこで以下、受忍限度論の理論上の位置づけを概観し、その考慮要素および主張立証上の要点を解説する。

イ　不法行為等の要件における位置づけ

環境・公害紛争において、損害賠償請求をする際の法律上の根拠は、典型的には民法709条の不法行為である。その要件の1つは「違法性」であるが、受忍限度はこの違法性の判断で用いられ、受忍限度を超えていれば違法性が認められる。つまり、受忍限度を超えていることが請求原因事実である。受忍限度を超えることで違法性の要件が満たされ、他の不法行為の要件も満たすならば不法行為が成立する。言い換えれば、環境・公害紛争においては、違法性を導く前提要件として、「受忍限度」の壁が存在するともいえる。

これは、人格権等の侵害に基づく差止請求をする場合も基本的には同様である（なお、受忍限度の判断枠組みを用いない類型、国家賠償法に基づく請求については、後述する）。

「受忍限度」が争点になるのは、程度問題として出現する環境被害の特徴に由来している。すなわち、騒音にせよ日影にせよ、人々の活動は環境に対し様々な影響をもたらす。とりわけ都市部においては、人々が近接して生活、事業活動をしているため、互いに干渉し合うことは避けられない。この「干渉」が、耐え得る程度かどうかが問題となる。

つまり、干渉の程度がわずかであれば、「お互い様」のこととして割り切るべきとされ、他方、明らかに健康被害等が生じている事案では、侵害行為は容易に違法と判断できる。ところが多くの環境問題では、その中間の様相を呈する。環境被害が生じた場合に、それは受ける側が我慢すべきなのか、それとも加害側に法的責任が生じるのか、主張が対立する事案では、この「程度問題」を司法判断する枠組みが要求される。そこで、個々の公害・環境紛争を多面的な視点で考慮する判断基準として「受忍限度」が用いられる。

ウ　行政基準との関係

受忍限度の存否は多面的な検討により判断されるため、環境法令で定められた規制基準（本稿においては、騒音規制法または悪臭防止法の「規制基準」の外、大気汚染防止法の「排出基準」、水質汚濁防止法の「排水基準」等の行政規則も含め、以下「規制基準」と呼称する。）や環境基準（「人の健康を保護し、及び生活環境を保全する上で維持されることが望ましい基準」（環境基本法16条1項））を超えたとしても、ただちに「受忍限度を超えた」と認定されるわけではない。それはあくまで重要な考慮要素の一つと扱われる。

逆もしかりで、環境基準を超えない被害実態にもかかわらず、その他の考慮要素と総合的に判断した結果、「受忍限度を超えている」と判断されることもある。

したがって、行政規則に対する違反と、民事上の違法性は、多くの場合一致するものの、必ずしも一致するわけではない点に留意されたい。「数値だけで短絡的に考えず、さりとて数値を軽視せず」という姿勢が望まれる。

エ　一般人基準か、個別基準か

被害者が「受忍すべき限度」とは、通常の一般人を基準にして考えるのか、事案ごとの被害者を基準に考えるのか、問題となる。現に被害を訴えている被害者に特有の事情も考慮して受忍限度を判断できれば、被害救済の範囲は広がる。

しかしながら裁判実務の傾向としては、受忍限度は一般人の基準に照らして判断されることが多いといえる。「受忍限度」は違法性の要件であり客観的に認められる機序や評価に馴染むこと、仮に個別事情を考慮して違法性を認めたとしても加害者にその被害の予見可能性・結果回避可能性が無ければ結局は過失が認定されないこと等から、一般人基準が採用されるものと考えられる。

そこで、「一般人」という物差しを前提としつつも、その「一般人」

の範囲を狭く解し過ぎず、ある程度の個性を許容する幅のあるものと捉えることが有益である。たとえば年少者や喘息持ちという人々は、世の中に一定割合存在する。このような稀有とはいえない特質を持つ者に被害が生じたり拡大したりすることは客観的に理解できることであるため、「一般人」の範疇で違法性を認めるべきである。

その結果、一定の割合で被害が発生すると考えられる事案の場合は（たとえばシックハウス症候群）、受忍限度を超えるとの認定が得られる可能性がある。他方、理論上そもそも被害が発生しえないと現在の知見において考えられている事案の場合は、受忍限度を超えるとの認定を得難い。

⑵ 受忍限度に関する主要な判例、学説

ア 受忍限度の判断基準 ～大阪国際空港事件（最高裁判昭和56年12月16日）

「（受忍限度を超えるものかどうか）を決するについては、侵害行為の態様と程度、被侵害利益の性質と内容、侵害行為の公共性の内容と程度、被害の防止又は軽減のため加害者が講じた措置の内容と程度についての全体的な総合考察を必要とする」

イ 違法性段階説 ～ 国道43号線最高裁判決（最高裁判平成7年7月7日）

「施設の供用の差止めと金銭による賠償という請求内容の相違に対応して、違法性の判断において各要素の重要性をどの程度のものとして考慮するかにはおのずから相違があるから、右両場合の違法性の有無の判断に差異が生じることがあっても不合理とはいえない。」

本事案で被害者は損害賠償請求と差止請求を提起し、前者だけが認められた。差止請求に対しては、このように損害賠償請求の場合に比してより厳しい判断基準を用いるのが実務上の通説であり、「違法性段階説」と呼ばれる。

それに対し、請求の違いによって考慮要素が違うに過ぎないと考える有力説（大塚直、潮見佳男）もある。

実務において、行為の差止めも求める場合には、要求水準が高いことを念頭に置いて、主張や証拠収集にあたることが肝要である。

(3) 受忍限度論が適用されない例

ア　健康被害

公害・環境紛争ではあっても、違法性の判断に際し受忍限度の基準が用いられない類型が存在する。その代表例が、人の生命・身体等という絶対的な権利が侵害される類型の事案である（典型例としては水俣病）（不法行為二分論）[1]。

受忍限度という考え方は、上記のとおり、干渉の程度問題を処理するための判断枠組みである。被害の程度が問題となる事案では、多面的な考察に基づいて結論が導かれるため、適した判断手法といえる。

しかし、深刻な法益侵害が生じている事案で、誰の目からも被害を「受忍」すべきでないことが明白な事案では、受忍限度の議論は迂遠であり不必要である。そのため、人への深刻な健康被害が生じている事案では、因果関係の問題は別途あり得るとしても、被害を生じさせた加害行為の違法性は、受忍限度の議論を経ることなく、認められるべきである。

イ　契約・協定・和解等

「受忍限度」は不法行為責任を追及する際の要件であるため、債務不履行責任に基づき請求する場合は考慮する必要がない。単に、当事者間で事前に合意した遵守事項に合致しているのか反しているのかを判断すれば足りる。

そのため、環境紛争の有効な解決手法は、被害がまだ軽微なうちに、当事者間において被害を一定限度内に抑える旨の合意を締結したり、ADR、公害等調整委員会、公害審査会、簡裁の調停等で和解することである。このような事前の合意等が存在すればそれに基づく債務不履行責任を問えることになり、被害救済は容易になる。

1　越智敏裕『環境訴訟法』（日本評論社　2020 年）86 頁

2　考慮要素

(1)　共通する要素

ア　行政規制の有無、違反の有無・程度

(ア)　規制の有無の確認

発生した事象に関し、法律や条例を確認し、規制基準や環境基準が設けられていないか、ある場合にはその基準を超えていないかどうかを、まずは確認する。

なお東京都においては2015年の条例改正で、保育所等から発せられる一定の音については規制基準の適用対象から除外されたことに留意する必要がある（都民の健康と安全を確保する環境に関する条例第136条別表13）。

(イ)　規制基準の超過、その他違反のある場合

規制基準を超えた被害が生じている場合は、行政法規違反にあたるため、民事訴訟においても「受忍限度を超え違法」であると論じやすい。

また、たとえば違法建築物による日照被害の場合など、加害者側に規制基準以外の事柄に関する明確な行政法令違反が存在する場合には、その行為を法的に保護する必要性に欠けるため、受忍限度の判断においても違法性が認められやすい。

(ウ)　環境基準を超えている場合

規制基準は超えていないが環境基準を超えている場合は、環境基準の趣旨に立ち返って判断することになる。つまり環境基準とは、「人の健康を保護し、及び生活環境を保全する上で維持されることが望ましい基準」（環境基本法16条1項）であるから、その単発な軽微な超過であれば害悪の程度は小さいが、大幅な超過または繰り返しの超過であれば、被害の蓄積によって人の健康や生活環境への影響が増大し、もって受忍限度を超える場合も考えられる。また、環境基準は制定後に基準が見直される場合があるが、緩和された経緯がある場合、緩和された基準でさえ遵守できていなければ、受忍限度の超過が認められやすい。

なお、いずれの基準も超えていない場合やそもそも基準が存在しない場合であっても、受忍限度を超えることが無いわけではないことは、前項に記載のとおりである。

イ　被害

被害把握は、次のような側面からなされる。

(ア)　被害の内容・性質

人に生じた損害なのか、生活環境等への物的な損害なのか、さらには非財産的損害なのかを、まず区別する。

人に生じた損害については、病状を把握し健康被害が生じていれば医師の診断を受ける。公害の種類によっては、その分野で著名な病院、医師がいる場合もあるので、その受診を検討する。客観的に把握できる機能面への影響の外、被害の訴えを聴き取り、生活上の支障の有無等も確認し、場合によっては精神的な損害に対する慰謝料請求も検討する。

(イ)　被害の程度

健康被害が深刻な場合、そもそも受忍限度の考え方を適用せず、違法であることをただちに主張できるかを検討する（前項に記載のとおり）。

被害のうち、実損として何が生じているか、心身の不調や生活環境の悪化により何が妨げられて失われているか（逸失利益）、算出する。

(ウ)　被害者の数・範囲

被害者の数が多く被害の及ぶ範囲が広ければ、環境被害はより深刻といえる。

ただし受忍限度の判断は、被害者の個別事情を勘案してなされるため、被害状況の個別具体的な把握も不可欠である。

ウ　加害行為

(ア)　行為の態様、程度

大規模な工事や多量の汚染物質の拡散など、行為の規模が大きいほど、受忍限度の超過を推認させやすい。

(イ)　回数、期間、時間帯

加害行為が頻繁かつ長期間に渡ってなされれば、損害発生確率は高まる。

また、同じ行為でも夜間早朝に発生すれば、人の健康や生活環境に対する悪影響は高まる。実際に、騒音等の規制基準は時間帯ごとに区別して設けられている。

なお、行為が長期間に及ぶ場合であっても、当事者間の交渉により当初よりも環境負荷が軽減される場合がある。そのような場合はケースバイケースで、行為者の被害発生回避努力が認められる場合もあれば、依然として被害発生防止策の怠慢と受け取られる場合がある。事実経過の詳細な把握が必要となる。

エ　地域性

(ア)　用途地域

都市計画法に基づく用途地域の指定は、受忍限度の判断に影響を与えうる。いわゆる住居系である各種の住居専用地域では、良好な環境が保たれる要請が強い。

他方、非住居系である近隣商業地域、商業地域や準工業地域等では、事業活動が広く認められており、規制基準や環境基準が定められていない場合がある。しかし都心回帰の流れや工場跡地での大規模マンション開発等により、これらの用途地域に住む人々は決して少なくない。そのため、用途地域の種別だけでなく、地域における実際の住宅の密集度や商業施設の集積度を見ることが重要である。そのうえで、他の用途地域に適用される規制を参考にしつつ、これらの地域における受忍限度の超過を検討する。

(イ)　先住関係

地域の従来からの利用状況も、受忍限度の判断で勘案される。たとえば、飛行場周辺の騒音、酪農施設周辺の悪臭等、元々存在していた施設周辺に後から居住する者は、その施設の環境影響を事前に予想することができる。そのため、以前から地域でなされてきた活動を、新住民の要望で制約することはためらわれる場合が多い。

このような環境リスクのある地域への移住は「危険への接近」ともいわれ、受忍限度の超過を否定する判断要素となる。

オ　公共性

道路等、公共施設や公共事業により環境影響が生じる場合があるが、その場合は利益が公に還元されるため、被害と受益が比較衡量されることがある。被害者と受益者が同一の場合（彼此相補の関係）、得られる利益の方が大きければ公共性により合法との判断に傾く。

他方、被害者は公共施設の周辺住民であるのに対し、利用者のほとんどが別人という場合等は、被害と受益のバランスが欠けることになる。このような事案では、公共性という理由のみによって違法性が阻却されることにはならない。

なお公共性を考慮すべきでないとする学説もある[2]。しかし、公共性を考慮はするがそれほど重視はしない、という判例の傾向があるため、公共性について無視することはできない。

カ　従来の協議の過程

環境紛争では、被害の発生から紛争が先鋭化するまでの間に、被害者と加害者との間で何らかの交渉がなされていることが多々ある。そのため、双方の現時点での言い分だけでなく、過去からのやり取りを把握することが求められる。

キ　防止措置の有無、可能性　～　加害者側の損害発生回避努力

加害者側で被害の発生防止策を講じたか否かは、受忍限度の判断で考慮される。防音壁や脱煙装置の設置等により、環境影響の低減効果が認められれば、加害行為は受忍限度を超えるとまではいえないとの結論を導くことも多い。

防止措置を講じるためには費用が要るが、加害者側が自己の事業効率性だけを追求することは許されず、周辺環境への配慮が不可欠である。なお、被害者側は環境影響が最少となる措置を求める場合があるが、費用対効果の観点から過大な要求は認められない場合が多い。

(2)　紛争類型による要素

ア　集合住宅

騒音や振動の法律上の規制は、敷地境界線上での数値規制がなされているため、壁や天井を隔てて接する住居同士の間では適用されない。また悪臭防止法は事業活動により発生したものに対象が限定されるため、隣人間の生活臭は行政規制の対象外である。そのため、集合住宅における住民間の環境問題の場合、行政規制に直接あてはめて法令違反を問うことは難しい。行政規制が無いため、市区町村も行政指導に消極的な場合もある。

そのため、民事上の不法行為責任を追及する意義は大きい。集合住宅における環境紛争でも、受忍限度を判断するためには被害を客観化する数値測定を実施することが重要で、その結果から被害の大きさや深刻さを把握する。また隣人間であれば従前からやり取りがあるのが通常であるため、その経緯を精査して被害発生の頻度や期間、防止策の有無等を確認する。

2　大塚直『環境法 BASIC』（有斐閣　2021 年）461 頁

イ　公共施設、インフラ設備

受忍限度の判断要素に「公共性」があることは上述のとおりであり、公共性が認められれば受忍限度の超過の立証は難しくなる。特に、違法性段階説が裁判所では採用されているため、差止請求の認容ハードルは高い。

なお、国に対する請求事案では、国家賠償法2条1項に基づく請求がなされる。請求原因事実である「公の営造物の設置または管理の瑕疵」については、営造物が供用目的に沿って利用されることとの関連においてその利用者以外の第三者に対して危害を生ぜしめる危険がある場合をも含まれると、判例上の規範は確立している。そのため、危険性のある営造物が利用されることにより周辺住民に受忍限度を超える被害が生じれば、責任を問いうる（いわゆる「供用関連瑕疵」）。

民事裁判における認容裁判例は多くはないが、たとえば、国道の管理者である国に対し自動車が排出する浮遊粒子状物質の濃度を一定限度よりも超えさせないよう命じた事例（尼崎大気汚染公害訴訟第一審判決（神戸地判 H12.1.31）、名古屋南部大気汚染公害訴訟（名古屋地判 H12.11.27））がある。

また、公権力の行使に対する差止請求は、民事上の請求としては認められないため、行政訴訟で行なう。たとえば、自衛隊機の夜間運航の差止が認められた事案がある（横浜地判 H26.5.21 および東京高判 H27.7.30（ただし、最判 H28.12.8 では防衛大臣の権限行使に裁量権の範囲を超え又は濫用は認められないとして差止請求は棄却された））。

3　受忍限度が問題となった近時の裁判例

前述のとおり、「受忍限度」は人々が生活及び事業活動をしていくうえで互いに干渉し合うことが避けられず、そこで発生する紛争を多面的な視点を考慮する判断基準として用いられる。近時の裁判例でも様々な場面にてこの枠組みのもと紛争解決が図られているので幾つか紹介する。

(1)　隣接地に新築された居宅の屋根に設置の太陽光発電用ソーラーパネルの反射光によって、日常生活の平穏が妨げられ，その程度は被害者の受忍限度を超えるものと認められるとして，家主及び建設会社に対してパネルの撤去と慰謝料の支払いが認められた事例（横浜地判H24.4.18。ただし、建設会社だけが控訴した東京高判H25.3.13では受忍限度の範囲内と判断した）。

(2) 保育園の隣接地に居住する者が、保育所からの騒音により平穏な生活が侵害されているとして慰謝料の支払いと使用差止めを求めたが、裁判所が境界線上での騒音レベルよりも建物内の騒音レベルを重視すべきとし、保育所の公共性、公益性も含めた諸般の事情を考慮して受忍すべき程度を超えているとは認めなかった事例（東京地判R2.6.18）。

(3) 第１種住居地域内で葬儀場の営業を行う業者に対し、近隣に居住する者が、居宅から葬儀場の様子が見えないようにするための目隠しを設置する措置等を求めた事案において、１審（京都地判H20.9.16）および２審（大阪高判H21.6.30）ではこれらの請求を認めたが、最高裁においては諸般の事情を考慮して業者の責任が否定された事例（最判H22.6.29）。

4　主張、立証のポイント

(1) 被害者側

ア　被害の実情を相手方に伝え、裁判所等を説得するためには、被害の程度等を客観的な数値で記録することが最も重要である。そのため、なるべく早期に現場において測定器を用いた計測を行ない、その様子を撮影、録音、録画等することにより、被害実態を証拠化する。任意の交渉であっても裁判においても、数値は被害実態を説明するのに最も容易な手段であり、被害への対応方針を検討する際において出発点とすべき事柄といえる。

いずれの種類の環境被害であっても、一般的に、測定した数値が規制基準や環境基準を大きく超えれば超えるほど、受忍限度を超えていると認められる可能性が高まる。反対に、基準を下回る数値しか検出されなければ、受忍限度を超過していることの立証は単純ではない。その場合は、日時を変えて再測定を試みたり、他に看過できない考慮要素は無いか等を検討したりする必要がある。

イ　測定方法については、およその被害実態を把握して対応方針を検討し　始める段階であれば、任意の測定器で測ることで十分な場合が多い。騒音計や振動計であれば、自治体から無償で借りられたり自治体職員が計測したりしてくれる場合がある。

他方、訴訟での証拠として提出することを念頭に置いている場合は、測定方法の適正自体が問題となり得るので、専門業者や専門知識を有するＮＰＯに依頼して計測してもらった方がよい。

なお、前述のとおり騒音や振動の法律上の規制は、敷地境界線上での数値規制がなされているため、測定場所についても注意が必要である。また、敷地境界線上での数値規制であるので、敷地境界と被害者の居宅に距離がある場合などでは騒音源と被害者との距離、騒音の減衰量等にも配慮するとよい。

ウ　なお、是非念頭に置きたい点は、仮に行政基準を超える結果が得られない場合であっても、生の被害実態に直面した際の実感を大事にすることである。

そして、規制が緩いまたは規制が存在しない場合であっても、むしろその規制の抜け穴が不合理だと疑われる場合には、「受忍限度を超える」との主張をためらわないことである。

というのも、環境法令規制は、過去の被害事例の積み重ねにより形成されてきた側面があり、人々の生活の変化に伴い新たに出現し始めた環境課題については、その規制の物差しが未だできあがっていない場合があり、また、技術の進歩に伴い、これまで見過ごされていた被害が検知できるようになることもあるためである。たとえば、後述の「嫌煙権」や日影規制、建材に含まれる化学物質の使用規制（シックハウス症候群対策）などにおける、規制の強化例が挙げられる。また上述の発電設備による「光害」や後述の「香害」等は新しい被害例といえる。

このような場面で、被害回復の拠り所となってきたのが不法行為責任を問う民事上の請求であり、「受忍限度」という物差しにあてはめて違法性が判断されてきた。つまり、行政規制の不十分な状況において、受忍限度を超えているとの主張がなされることにより、その結果が環境法令の発展へとつながるというダイナミズムが存在する。

したがって、被害の数値化と他の考慮要素の立証を併用して、被害実態の説明に尽力し「受忍限度」の壁を乗り越える試みが重要である。

(2) 加害者側

ア　加害者側の場合も、事象の測定が重要であることは、被害者の場合と同じである。

イ　また、事業所について必要な届出を行なっている等、行政法規を遵守し違反がないことを挙げることは、基礎的な事柄である。

ウ　第２項で挙げたとおり、受忍限度の考慮要素の一つに、加害者が被害発生の防止に向けて誠実な対応をしたかどうかという点がある。これは、発生原因が加害者の支配領域内にあることを前提に、加害者が所有物等を適切に管理したかどうかを問うものである。そのため、不法行為の主張立証責任は被害者側にすべてあるとして被害発生のメカニズムの解明に全く協力しないことは、加害者にとって被害発生防止策を説明する機会を失うことになるため、不適切といえる。

　加害者側のどの行為が被害につながっているかを把握するためには、加害者側の協力が欠かせない場合が多々ある。たとえば、騒音被害の発生源を特定するためには、加害者がどの機器を作動させた場合に音が発生するのか等、実証実験が必要となる。そのため、近隣から環境被害を訴えられた場合には、行為を隠すのではなく情報提供することで疑念を晴らすことが問題解決に資する。つまり加害者が自ら事情を説明することが重要である。また、被害者から実測の協力要請がある場合には、可能な限り応えることで、結果的に加害者側の行為の正当性の立証へとつながる。

エ　加害者側において自ら被害を防止又は軽減するための措置を講じているかも重要な考慮要素となる。責任の所在が明確になる前の段階での経済的負担には限界があると思うが、可能な範囲において被害者からの要望に応じて被害軽減の措置を講じておくことは、将来的に訴訟になったとき自己に有利な事情となるものであり、紛争の先鋭化を防ぐためにも検討するべきことである。

≪参考文献≫

●大塚直『環境法』（有斐閣、2020年）
●大塚直『環境法BASIC』（有斐閣、2021年）
●佐藤泉ら『実務 環境法講義』（民事法研究会、2008年）
●越智敏裕『環境訴訟法』（日本評論社、2020年）
●潮見佳男『基本講義 債権各論〈2〉不法行為法』（新世社、2016年）

第4章

測定方法

弁護士　　佐藤　穂貴

第1　測定の意義、対象、留意点

1　測定の意義

環境・公害問題を解決するための重要な手掛かりは、被害をもたらす侵害行為の測定である。測定によって、環境被害を「居心地の悪さ」という感覚的で抽象的な表現から、客観的な数値での把握が可能となる。そのため、相談を受けた際は最初に、「被害の原因行為について測定を実施したか？」を確認するとよい。

環境関連の法令では、規制基準や環境基準が定められていることが多い。したがって測定により侵害行為を数値化できれば、被害の規模を理解し、損害賠償請求等の可否を検討するうえでの重要な指針となる。

2　測定の対象、測定方法

騒音の大きさ（空気の振幅）、振動の大きさ（地面の振幅）、悪臭の強さ（原因物質の濃度）などが測定の対象であり、侵害行為の類型ごとに測定方法、測定機器が存在する。詳細は各論で説明するため、ここでは共通する事項について述べる。

⑴　閾値（いきち）の存在

測定機器にはそれぞれ、揺れや濃度を計量できる幅が存在する。同様に人間にも、感覚器官が受容する外部からの刺激の範囲には限界がある。この限界値のことを閾値（いきち）という。そのため、人間の感覚以上に機器の調査性能が高い場合には、機器が対象事象を捉えたとしても人間は気がつかないこともある。

典型的な例は、人の可聴域である。つまり、人間の耳は、20ヘルツから20000ヘルツまでの音波を音として聞くことができ、それ以下またはそれ以上の音域は、よほど大きな音でないと聞こえないとされる。そのため、低周波騒音の被害では、そもそも加害行為といえる事実の有無自体が議論になることもある。

したがって、人間や機器の閾値、つまり認識可能能力を知ることは、測定にあたっての第一歩となる。

⑵　人間の感じ方と客観的な数値との関係

人間が感じ取れる被害が発生した場合に、その原因行為の深刻さは、大きさや濃度など、事象の規模で把握することになる。ここで重要な点は、物理的な刺激の規模と人間の感じ方とは、単純な比例関係にはないことである。

人の感覚は、刺激の規模の対数に比例するとされる（ウェーバー・フェヒナーの法則）。つまり、10の刺激に対し100の刺激を受けたときに人が感じる刺激の強まりは、100の刺激に対し1000の刺激を受けたときの刺激の強まりに比例する。このような特徴により、人は、微量の刺激から高い刺激までを感知することができる。その反対に、人は物理的に小さな刺激量の違いについてはその差異を感じ取りにくい。

また人間は、人類の進化の過程で獲得したと考えられる能力として、自らにとって害になる経験を重ねてきた事象については敏感に感じ取り、未体験のものについては鈍いという面もある。たとえば人は、カビや腐敗臭等についてはその濃度が僅かでも鋭敏に感じ取るが、現代社会に新たに登場した化学物質等については、比較的高い濃度ではじめて覚知する。

このように、測定数値から人の感じ方を読み解くためには、人間の実際の感覚の仕方を考慮した調整を要する。そのため、測定機器によっては、人間の感覚に近い数値に補正した結果を表示させる機能をあらかじめ有しているものもある。

⑶　科学的知識の必要性

測定する際も、測定結果から被害を読み解く際も、その被害をもたらす原因の類型ごとに特有の用語をある程度理解し、事象発生のメカニズムを知っておく必要がある。そのためには、日頃慣れ親しんでいない科学用語や自然現象についても、好奇心を持って接することが望ましい。

科学的知識の理解は、特に理系的素養に自信の無い者にとっては心理的ハードルの高い領域に思われる。しかしながら幸いインターネットの普及した現在では、見慣れないキーワードを検索してみるだけでも様々な解説が得られ、基礎的な理解には意外にも容易に達することができる場合も少なくない。

そのため、「習うより慣れよ」の心持ちで、まずは手近な手段で概要把握に努めるとよいといえる。そしてさらに裏付けを要するときには、平易な文章で解説された図書に接する、専門家にも意見を求めてみる等の工夫を試みてほしい。もちろん、本書後半の各論部分の解説も参考になるため十分に役立てていただきたい。

3　測定の留意点

媒体ごとの留意点は各論に委ねるが、共通事項についてここで触れる。

⑴　測定者、測定機器

誰が何を用いて計ればよいかは、事案の段階によって異なる。相談を受けた直後でありまだ一度も実測したことが無い段階であれば、まずは最寄りの自治体等から測定機器を借りる等して被害者自ら測定してみることが考えられる。

他方、被害が発生中であることは確かであり、訴訟の提起等を準備する段階では、証拠としての十分な信用性を確保できる証拠集めをする必要がある。このような場合には、将来裁判所等へ証拠として提出することを視野に入れ、手間暇はかかるものの専門家に測定を依頼した方がよい。

⑵　測定時期、回数、場所

被害者が訴える被害発生状況と、測定の状況はできるだけ等しく測定することが望まれる。時間帯や気象条件を同じくし、また可能であれば複数日にわたって複数回測定すると良い。

測定場所も、被害者の居住場所である居間や寝室といった室内と、原因行為の発生地になるべく近い屋外でも測ることが望ましい。なお屋外で測定する場合には、合理的な理由無く他人の敷地内に無断で侵入しないこと、交通量の多い箇所では事故に注意すること、音の測定においては背景の暗騒音を排除すること、などの工夫が大切である。

第2　媒体ごとの測定方法

1　騒音

各論に記載の詳細な説明を参照されたい。

コラム（用語）

小林理学研究所　落合博明

1. 音の感じ方

●等ラウドネス曲線

人の音に対する感度は周波数によって異なり、周波数が低くなると音圧レベルが大きくないと同じ大きさに感じない。等ラウドネス曲線はISO-226-2003に示された音の大きさの等高線で、音を同じ大きさ（ラウドネス）に感じる音圧レベルが周波数別に示されている。1000 Hz（ヘルツ）が基準で、単位は“phon”。図の一番下に描かれている線が聴覚閾値である。

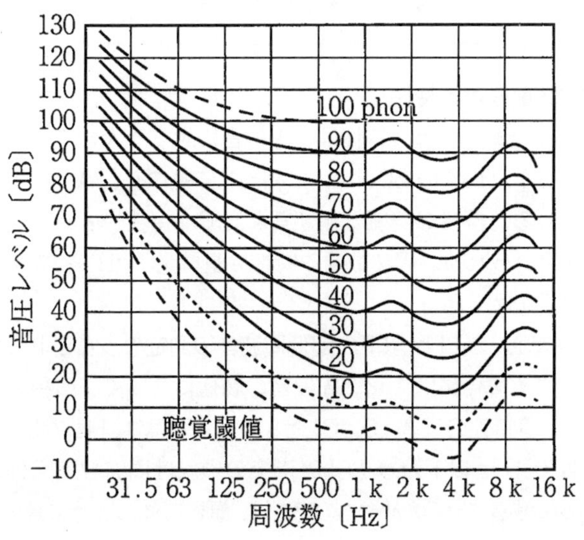

図1　純音に対する等ラウドネス曲線(ISO 226:2003)(文献[1]より引用)

2. 騒音計

●騒音計（サウンドレベルメータ）

人間の聴覚特性を考慮して騒音の大きさを評価する計測器が騒音計である。騒音計はマイクロホンで感知した音圧を電気信号に変換し、人の聴覚の周波数特性を考慮した周波数補正回路、増幅器を通した後、整流回路を通してレベルに変換する。

●時間重み付け特性

音圧振幅はそのままだと変動が速すぎるので、人の感覚に対応した時間重み特性をかけて平均化を行う。平均化の際の時間重み付け特性は対象により異なるが、通常の騒音の場合Ｆ（速い特性）が、航空機騒音や鉄道騒音、低周波音の測定ではＳ（遅い特性）が用いられる。

図中の (a) に音圧波形を、(b) にＦ，Ｓの時間重み付け特性をかけた音圧レベル波形を示す。

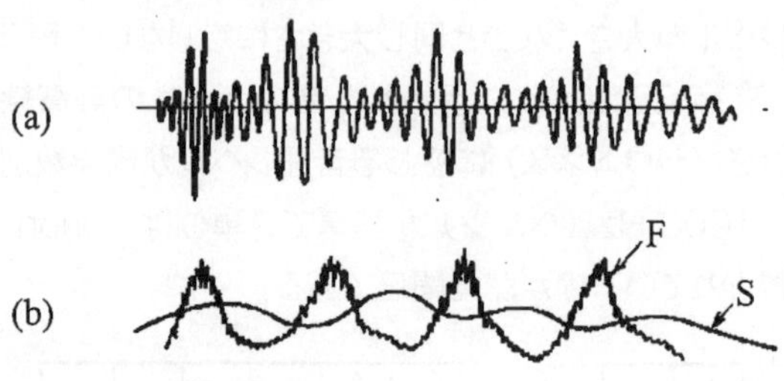

●周波数重み付け特性

騒音計の周波数重み特性は、人の音に対する大きさの感度特性（ISO-226-2003 の 60phon に相当）に基づく、Ａ - 特性が通常用いられる。騒音の詳細な解析等にはＣ - 特性やＺ特性（平坦特性）が用いられる。周波数重み特性の基準（0 dB）となる周波数は 1000 Hz である。

このほか、20 Hz 以下の超低周波音の測定のうちヒトへの影響を評価する場合には、超低周波音の閾値に基づく、G特性が用いられる。G特性の基準（0 dB）となる周波数は 10Hz である。なお、G特性の 1Hz 以下及び 20Hz 以上の傾斜は周波数範囲外の成分を急激に減衰させるためのものであり、傾き自体には特に意味はない。

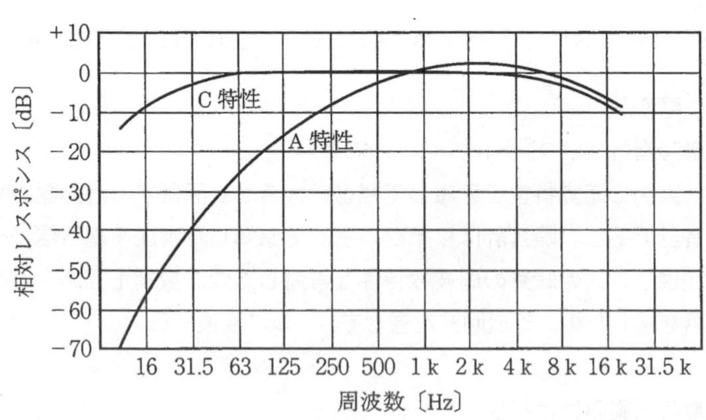

図3　騒音計の周波数重み付け特性：A特性、C特性（文献[1]より引用）

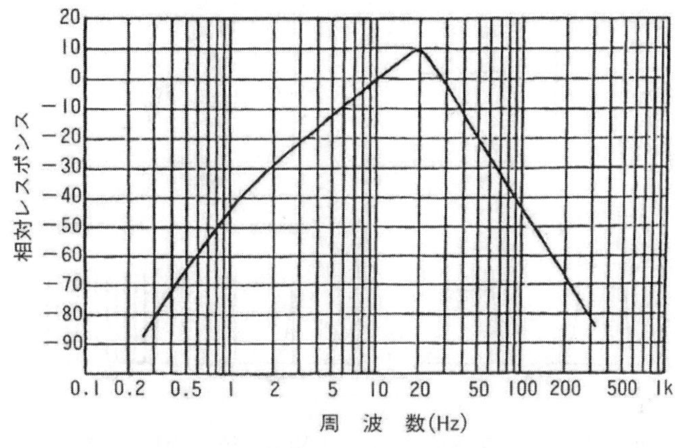

図 4　超低周波音の周波数重み付け特性：G 特性（文献[2]より引用）

3. 騒音の分類

●時間変動による分類

騒音の時間変動の状態によって、JIS Z 8731 [3] では、次のような分類もしている。

- 定常騒音：レベル変化が小さく、ほぼ一定とみなせる騒音。
- 変動騒音：レベルが不規則かつ連続的にかなりの範囲にわたり変化する騒音。
- 間欠騒音：間欠的に発生し、一回の継続時間が数秒以上の騒音。
- 衝撃騒音：継続時間が極めて短い騒音。発生状況により、以下の 2 つに分けることがある。
- 分離衝撃騒音：個々に分離できる衝撃騒音。
- 準定常衝撃騒音：レベルがほぼ一定で極めて短い間隔で連続的に発生する衝撃騒音。

騒音の時間変動の状況によって、騒音の評価量も異なる。騒音の時間変動に着目した分類を以下の図 5 に示す。

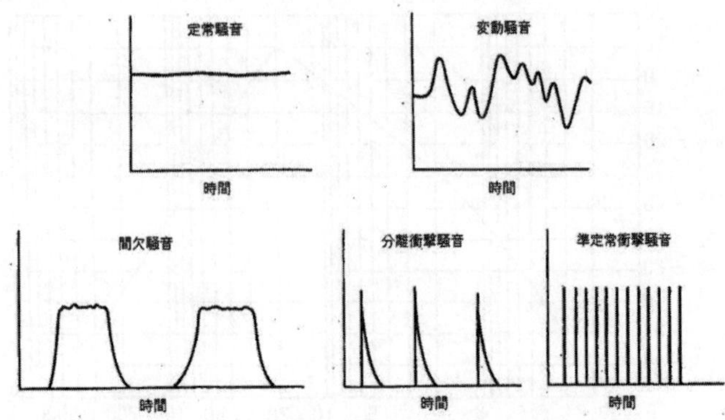

図 5　騒音の時間変動に着目した騒音の分類（文献[4]より引用）

4. 騒音の評価量

●時間率騒音レベル；$L_{AN,T}$

ある実測時間範囲 T のうち、全体の N%の時間にわたって観測された騒音があるレベルを超えているとき、そのレベルを「N%時間率騒音レベル」と言い $L_{AN,T}$ と表す。例えば、実測時間 10 分間のうち 5 分間が 50dB を超えている場合、$L_{A50,10m} = 50$dB と表記する。このほか、$L_{A5,T}$、$L_{A10,T}$、$L_{A90,T}$、$L_{A95,T}$ などが用いられる。このうち $L_{A5,T}$、$L_{A10,T}$ は比較的大きな値を、$L_{A90,T}$、$L_{A95,T}$ は特定できる騒音を除いた背景的な騒音の値を示す。

騒音レベルの時間変動を等時間間隔でサンプリングした値から度数分布を作成すると、時間率騒音レベルが算出される。$L_{A50,T}$ は時間率騒音レベルの中央値であり、$L_{A5,T}$ を 90% レンジの上端値、$L_{A95,T}$ を 90% レンジの下端値と言う。両者の差が大きければ騒音の変動幅が大きいことになる。

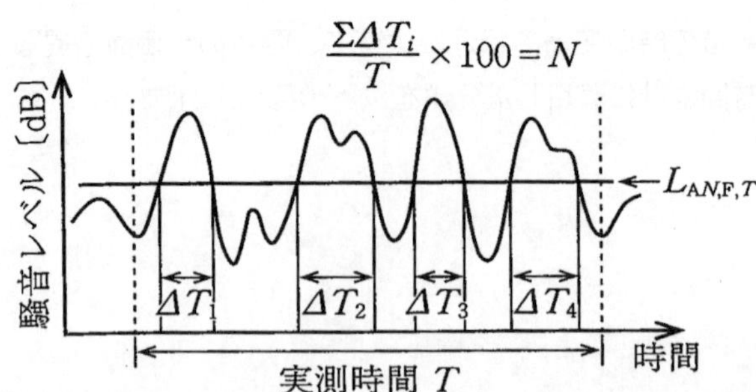

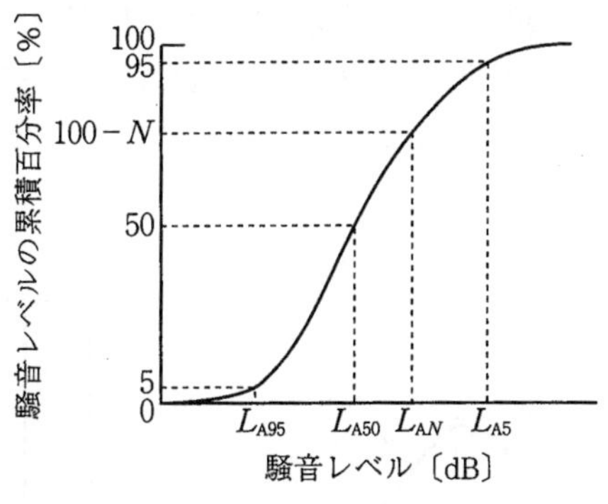

図6　時間率騒音レベル（文献[1]より引用）

●騒音レベルの最大値；$L_{Amax,T}$

ある実測時間範囲 T の間に観測される最大値を言う。

●等価騒音レベル；$L_{Aeq,T}$

ある実測時間範囲 T の間に観測される騒音のエネルギー的な平均をレベル化した値を等価騒音レベルと言う。騒音に対する人の反応と対応関係がよいという研究結果に基づき、環境騒音の基本的な量として広く採用されている。

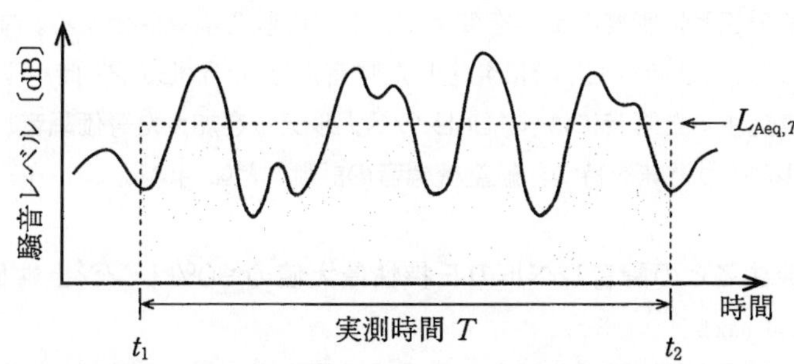

図7　等価騒音レベル（文献[1]より引用）

●単発騒音曝露レベル；L_{EA}

自動車が 1 台通過したときの騒音、航空機が 1 機通過したときの騒音、電車が 1 編成通過したときの騒音、爆発 1 回の騒音のように、単発的に発生する騒音事象の全エネルギーをレベル化した値として定義される。

JIS-Z-8731 の解説によれば、「L_{EA} は単発的な騒音の大きさをそのエネルギーと等しいエネルギーを持つ 1 秒間の定常音のエネルギーに換算したものと考えてよい」と記載されている。したがって、例えば最大値が60dBの間欠騒音の場合、継続時間が1秒より長ければL_{EA}の値は60dBより大きく、短ければ60dBより小さな値となる。

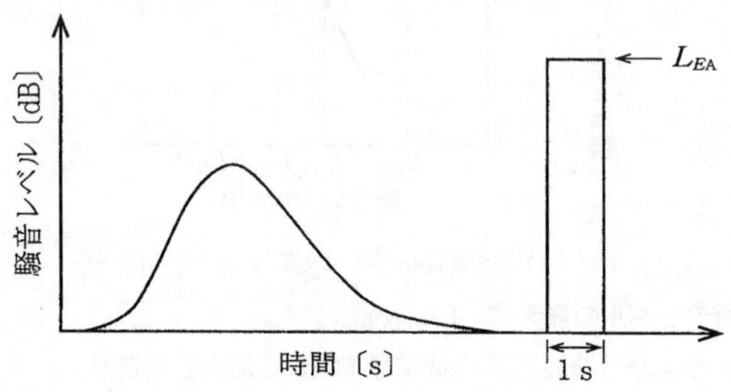

図8　単発騒音暴露レベル（文献[1]より引用）

●時間帯補正等価騒音レベル；L_{den}

1日に発生した全ての騒音事象について、個々にL_{EA}を測定し、時間帯の重みを加えて算出した等価音圧レベルを時間帯補正等価騒音レベルと言う。

表記の略号の"den"はday, evening, nightの頭文字で、時間帯ごとに影響の重みを変えて、1日の騒音量を評価する。すなわち、19時～22時に発生した騒音には＋5dB、22時～7時に発生した騒音には＋10dBのペナルティを加えた等価騒音レベルという意味を持つ。航空機騒音の評価などに用いる。

●発生ごとの騒音レベルのF特性最大値の90%レンジ上端値；$L_{AFmax,5}$

工場機械や建設作業から発生する騒音のように、分離して発生する衝撃騒音や間欠騒音を評価する場合に用いる。それぞれの騒音の発生ごとの騒音レベル最大値を算出し、結果を集計した度数分布における90%レンジ上端値（大きい方から5%に相当）と定義される。

5. 騒音の評価方法

騒音源の種類別に評価方法がある。騒音の変動の違いによる評価方法の概要を以下に示す。

●定常的な騒音

連続的に変動なく発生する騒音は、平均値によって評価する。

●間欠的な騒音

発生時の大きさの平均値、あるいは発生時 1 回ごとの単発騒音暴露レベル；L_{EA} と発生回数をもとに例えば 1 時間、1 日などのある一定時間にわたる平均値（等価騒音レベル；L_{Aeq}）で評価する。

●衝撃的な騒音

衝撃的な騒音で発生時の大きさがそれぞれ異なる場合には、最大値（L_{Amax}）の平均値によって評価する。衝撃騒音でも発生時の大きさがほとんど変化しない場合には、最大値によって評価する。

●変動する騒音

例えば、道路交通騒音や環境騒音のように、大幅かつ不規則に変化する騒音は、時間率騒音レベル（$L_{AN,T}$）または等価騒音レベル（$L_{Aeq,T}$）によって評価する。

●発生時間帯による影響を考慮した評価方法

夜間や朝・晩の時間帯で評価の重み付を変えた L_{dn}、L_{den} や WECPNL（加重等価平均感覚騒音レベル）などがある。

騒音の影響を評価するにあたっては、4. の方法で算出した評価値を各種法令の基準値等と比較する。

【文献】

[1]　山本貢平編著：日本音響学会編音響学講座、騒音・振動、コロナ社（2020）

[2]　日本騒音制御工学会編、騒音用語事典、技報堂出版（2010）

[3]　JIS Z 8731：2019、環境騒音の表示・測定方法

[4]　（社）日本騒音制御工学会編；騒音・振動技術の基礎と測定、第 1 版、平成 11 年 6 月

コラム（自動測定の問題点）

小林理学研究所　落合博明

●自動測定の問題点

デジタル技術の発達に伴い、騒音測定器においても性能の進歩はめざましく、演算処理機能や周波数分析機能を内蔵した騒音計が市販されている。近年、これらの騒音計を用いて、騒音の自動測定を行うケースも増加している。騒音に係る事件の証拠として自動測定の結果が提出されることも多い。

しかし、自動測定で得られたデータのなかには説明のつかないデータが含まれている場合がある。このようなデータが提出された場合、思わぬ誤解やトラブルが発生する場合もある。

以前は騒音計にレベルレコーダを接続して音圧レベル変化をチャート紙に記録させ、時々刻々に発生する騒音の発生状況等を測定者がチャート紙上にメモしていたが、近年チャート紙からデータを読み取らなくなったことから、レベルレコーダをすっかり用いなくなった。

生活空間ではさまざまな音が発生している。騒音測定点では問題となる発生源以外からの音も混入する。自動測定は基本的に人が付かないで測定することが多い。人が付いていれば、時々刻々にどのような騒音が発生しているかを逐次メモすることになり、発生源が明確になるが、人が付いていない場合、よほど特徴的な音でない限り、その音が問題となる発生源からの音かどうかの見分けは難しい。

●測定データに影響が生じる可能性のある事例

以降に、いくつかの例を示してみよう。

ケース１：突発的に発生する事象による影響

下見の段階や測定器を設置する段階では想像できない事象により、測定結果に影響がある場合がある。突発的に発生する事象の例として、測定点近くで突然の工事、道路の車線規制、草刈り作業などがある。

図に公園脇の測定点における２分間の等価騒音レベル（$L_{Aeq,2m}$）の連続測定例を示す。測定では、調査員が現場で時々刻々の騒音の発生状況をメモしている。測定対象は航空機騒音であったが、飛行経路と反対側に鉄道の線路があり、時折列車が通過する。図中の小さな点は航空機騒音や鉄道騒音がない時に観測された騒音である。測定時、午前にはゲートボールの打撃音や歓声、午後は子供の歓声により、音圧レベルの上昇がみられる。

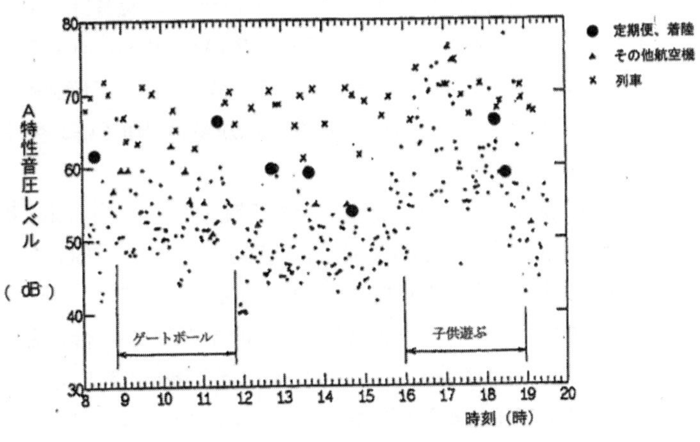

ケース２：類似した音圧レベル変動をする暗騒音の混入

測定対象が空調室外機の場合についての例を示す。室外機はスイッチを入れると一定時間稼働し、室内の温度が設定値になると停止する。稼動時の音圧レベルの変化はほぼ定常的である。もし、室外機停止中に近くで車がアイドリングした場合、アイドリング音も音圧レベルの変化もほぼ定常的なので、測定結果からは判別しにくい可能性がある。

同様なケースとして、道路交通騒音への航空機騒音の混入や、衝撃的な音の発生する作業場騒音への車のドア閉め音、クラクション、自転車のブレーキ音、人声などの衝撃的な騒音の混入等がある。

ケース３：天候の変化による影響

限られた地域における瞬間的な降雨の場合、ウインドスクリーンを雨粒が叩く音が観測されても気づかないことがある。道路交通騒音の測定では、雨が降ると路面が濡れて騒音の周波数特性が変化したり、騒音が大きくなる場合がある。

●無人自動測定における録音やビデオ撮影

対象とする騒音の発生パターンが日によって変わらない場合や、周囲の暗騒音に比べて遥かに大きい場合、周波数的に特徴がある場合などは無人による自動測定も可能であろう。しかし、多くの場合、自動測定はなかなか難しい。

測定時の騒音を録音しておくことも考えられる。騒音計の中には音を録音できる機能がオプションで付いているものもある。音圧レベルが高い箇所や気になる箇所について、音を再生して確認することも可能であるが、市街地などの発生源が多い場所では、発生源の特定が難しい。

この他、測定点の周辺状況をビデオで撮影することも考えられるが、音は一方向だけから到来するわけではないので、360°全ての方向を監視しなければならない。また、市街地などでは、ビデオを再生しただけでは暗騒音の状況を十分に把握できない場合も多い。

自動測定と併せて録音やビデオ撮影を行う場合、解析の際にこれらを再生して確認する必要がある。場合によっては、かえって時間がかかる可能性も考えられるので、解析時のリスクも念頭におく必要があろう。

●まとめ

騒音計と付属のソフトウェアを用いることにより、音圧レベルの変化を書き出したり、$L_{Aeq,T}$、$L_{Amax,T}$、$L_{A5,T}$、$L_{A10,T}$、$L_{A50,T}$、$L_{A90,T}$、$L_{A95,T}$といった統計量も連続的に算出することが可能になった。

その一方で、自動測定ならではの問題も生じている。測定点周辺の騒音の発生状況がわからないと、対象発生源以外の暗騒音による影響を把握できない。自動測定にあたっては細心の注意を払うと共に、受け手側も問題点があることを理解した上でデータを見る必要があろう。

文献

[1]　落合博明　現場における自動測定の問題点と注意点、日本騒音制御工学会、平成８年度騒音振動技術講習会資料．

2　振動

各論に記載の説明および類似点の多い騒音の測定方法を参照されたい。

3　悪臭

測定方法には、成分濃度表示法（機器測定法）と、嗅覚測定法（官能試験法）とがある。

⑴　成分濃度表示法

におい成分を機器（ガスクロマトグラフ、分光光度計など）で分析する。単一成分濃度表示法と複合成分濃度表示法とがあり、悪臭防止法施行時は、単一成分濃度表示法が採用された（特定悪臭物質）。

複合成分濃度表示法では、悪臭成分をにおい物質のグループとして捉える。悪臭成分を複数測定できる「においセンサー」、センサーからの出力を解析して表示する「におい識別装置」が市販されている。センサーは、人の感覚と合わない場合もあり、測定器の特徴を理解して使用する必要がある。

⑵　嗅覚測定法

人間の嗅覚による測定方法である。

①　臭気強度表示法

においの強さを以下のように数値化したものである。しかし検査員（以下「パネル」という）によるばらつきが大きいという問題がある。

・６段階臭気強度表示法

０：無臭

１：やっと感知できるにおい

２：何のにおいであるかがわかる弱いにおい

３：楽に感知できるにおい

４：強いにおい

５：強烈なにおい

②　臭気濃度表示法

臭気濃度とは、臭いを無臭の空気で何倍に希釈したときにおいが消えるかという、希釈倍数をいう。

臭気指数は、臭気濃度から導く。複合成分の場合、10 × log（臭気濃度）で表せる。人間の感覚量に対応した尺度とするために、対数に変換し10倍する。

臭気濃度	10	30	100	300	1000	3000	10000
臭気指数	10	15	20	25	30	35	40

また、臭気指数は、単一成分の場合、10 × log {（成分濃度）／（嗅覚閾値濃度）} で表せる。これは、騒音のデシベルの数式に対応している。

デシベル … 20 × log {（音圧）／（最少可聴値）}

(3) 臭気濃度の測定方法の例

① 三点比較式臭袋法（日本で主流の手法。悪臭防止法で採用）

ア 容積3Lのバッグ3袋のうち、2つには無臭の空気を入れ、1つに所定の希釈倍数に希釈した試料を入れる。パネルは3袋を嗅いでにおいのある袋を回答する。正解の場合、さらに希釈倍数を約3倍にし同様の試験を実施し、不正解になるまで繰り返す。原則6名以上で行う。

イ パネルが正解した最大希釈倍数と不正解の希釈倍数の平均がそのパネルの閾値となる（常用対数として求める）。各パネルの閾値のうち、最大と最少を除いた残りのパネルの閾値の平均をパネル全体の閾値 (X) とする。

ウ 臭気指数 (Y) ＝ 10 ×パネル全体の閾値 (X)

臭気濃度 (Z) ＝ 10(Y/10)

② オルファクトメーター法（欧米で主流の手法）

測定対象となる臭気の希釈を装置で自動的に行なう。パネルは装置から出るサンプルを嗅いでにおいの有無を判定する。作業員の手間が省ける反面、装置配管内へのにおい物質の吸着により希釈精度が問題となることや、装置が高価であることが欠点とされる。

③ 三点比較式フラスコ法（水中の臭気嗅覚測定法）

排水の臭気の測定に用いる（悪臭防止法の第3号規制）。

300mlの暗褐色の三角フラスコに試料水を一定の希釈倍数になるように無臭水で希釈して100ml注入する。無臭水の入ったフラスコ2個と合せて、フラスコ内のにおいを嗅ぎ、正解を求める。

⑷ パネルの選定

世の中には嗅覚異常者が5%ほどいるとされるため、測定にあたり嗅覚正常者を選び出す必要がある。

選定試験には5種類の試薬が基準濃度で用いられる。5本のにおい紙のうち2本の先端に基準臭液のひとつを浸し、嗅ぎ分けられるか回答を求める。5種類すべてに合格した被験者が選定試験に合格となる。

なお、臭気判定士とは、嗅覚測定法の統括実施者に与えられる国家資格である。パネルの選定、試料の採取、試験の実施、結果の求め方まで全てを統括する。筆記試験と嗅覚検査がある。

4　タバコ煙

上記の嗅覚測定法、浮遊粉じん濃度測定法（mg/㎥）、一酸化炭素（CO）濃度測定法（ppm）などがあるが、各論に記載の詳細な説明を参照されたい。

≪参考文献≫

●石崎好陽『においとかおりと環境』(2010)

●倉橋隆ら『トコトンやさしいにおいとかおりの本』（2011）

●環境省のウェブサイト　「におい・かおりについて」
http://www.env.go.jp/air/akushu/akushu.html

第2部
テーマ別・事件処理の対応

第5章

騒　音

弁護士　　高橋　邦明
弁護士　　藤田　城治

第1　はじめに

騒音問題は、公害・環境問題のなかでも相談件数が多いもののひとつで、生活を送るうえで煩わしさを感じるばかりではなく、被害が大きくなると不眠症となるなど重大な結果をもたらすことがある。

特に都会では、住宅や工場、店舗等の事業所が密接しているところも多く、騒音に悩んでいる方、騒音被害を訴えられて困っている方も少なからずいると思われる。

騒音問題に対し、どのような事柄を調査し、測定等を行って解決していくべきか、本章では、ポイントを示しながら騒音問題の解決へのひとつの流れを示す。

第2　当事者の特定及び関連法規の確認等

当事者を特定することは、法令・条例の適用の有無、被害の程度、被害の範囲、規制基準等の調査、音源の特定、受忍限度の評価などを検討するうえで重要である。

1　被害者の特定

(1)　被害者の居住地

環境基準・規制基準値（以下、単に「基準値」という。)、受忍限度の評価等をするために被害者が居住する近隣地域に関する情報を取得する。

ゼンリンの地図（関東近辺は弁護士会の図書館に、全国のゼンリン地図は、国会図書館で閲覧等が可能である。）で確認できる。

用途地域によって規制基準が変わるため、紛争がある地域が、例えば、第一種低層住宅専用地域であるのかなど調査する。

自治体によっては、市区町村が運営するインターネットで検索できる地域もある。

また、被害者が一戸建てに居住しているのか、マンションに居住しているのかによって、音源からの音の伝わり方が異なる場合があるので、個々具体的に調査する。

(2) 被害者の人数

被害者の人数は何名か、マンションの住民で被害者の人数は何名くらいか、管理組合で問題となっているのか、協力してくれる者はどのくらいいるかの人数の把握など被害者の人数に関する情報を取得する。

被害者の人数が多ければ、被害の程度は甚大と推測できるし、一致団結しての交渉が可能となる。

(3) 被害の時間帯

条例等によって規制がかかる時間帯が異なるため、騒音の発生が日中なのか、早朝なのか、深夜なのか確認する。

(4) 被害の特定

不法行為や債務不履行であれば損害として、所有権・占有権侵害であれば、いかなる被害が財産権に発生しているか、そのおそれがあるか、被害者が被っている被害について具体的に検討する。

被害の内容としては、

ア　精神的被害

騒音による不快感、迷惑感などである。

イ　健康被害

うつ病など医学的判断が求められる。医師による診断書を取得し、騒音と症状の因果関係まで言及してもらうようにする。

なお、因果関係が認められる健康被害がある場合は、受忍限度論は適用されないという考え方があることに留意する。

ウ　物的被害

遮音カーテンの購入、二重窓の設置工事、騒音による家畜の被害など生活や収益活動等につき、騒音によって実際に発生した財産に関する損害を確認する。

なお、被害については詳細を後述する。

(5) 過去の苦情の申し入れの内容、回数など

故意・過失の存否、受忍限度を検討するうえで、被害者の人数等の把握、被害者相互の関係、被害者が、加害者に対し行った過去の苦情の申し入れの内容や回数、それによって加害者が改善措置をしたか否か、

過去の調停や和解の成否など、被害者と加害者との間の過去の交渉経緯を調査する。

2　加害者の特定

⑴　加害者の属性

加害者の属性によって条例等の規制のかかり方が異なる。

そのため加害者がどのような事業を営んでいるのか、それとも隣地住民であるのか確認する。

工場であれば業種、製造している物、店舗・飲食店であれば営業時間、営業内容などなるべく具体的に把握する。

事業を営んでいる者には地方公共団体などもある。

また、騒音をだす賃借人を放置する賃貸人など契約上の義務に基づく加害者もいる。

加害者の属性によって、適用される法律・条例及び基準値が異なるので、注意が必要である。

なお、住宅が密集する都市部では、住宅、工場、店舗、道路等様々な音源からの影響を受けている場合があるので、誰が加害者なのか判断するのが困難な場合がある。

また、近時はマンション等集合住宅における騒音に関する相談が増えているが、建物に伝えられた振動が建物構造体中を伝播して、居室に到達し、振動する居室の床や壁がスピーカーのような役割を果たすことで室内に音を放射する「固体伝播音」であることも多い。この場合には、天井から音がするからといって、必ずしも上階の住民が加害者（騒音の発生源）とは限らず、加害者の特定に困難を来す場合もある。また、騒音の発生源の側でも音を発生させている自覚がない場合もあり、慎重な対応が必要となる。

⑵　音源との関係

騒音の音源が、どの場所からの、どのくらいの大きさの、どの機械や音響機器からの、どの時間帯のものか、音源の抑止につき義務を負う者か否かなどなるべく調査する必要がある。

例えば、どの住宅のエアコンの室外機なのか、どの住宅のピアノなのか、どの工場が設置する機械なのかである。

騒音防止・軽減の交渉をするうえで、加害者が誰なのかを特定することは、早期の対策を講じたり、調停等法的手続きを進めるうえで、重要なことである。

加害者を間違った場合、調査・測定等を始めからしなければならないため、慎重を要する。

なお、住宅密集地やマンション内の騒音など正確に測定しないと騒音の音源が判明しない場合や、測定しても判然としない場合があるので注意が必要である。測定の詳細については後述する。

⑶ 騒音の軽減のために講じた措置

受忍限度論との関係で、過去の苦情申し入れ等により、加害者が騒音の発生源であることを認めたか否か、騒音の軽減になるような措置を講じたか否か、証拠や現地調査等を行い確認する。

⑷ 原因裁定での特例

公害等調整委員会に原因裁定を申立てる場合は、相手方となる加害者を特定しないことについてやむを得ない理由があるときは、相手方の特定を留保して原因裁定を申請することができる（公害紛争処理法 42 条の 28、1 項）。

ただし、後に当委員会から加害者の特定を命令される場合があり、これに応じないときは、申請が取り下げられたものとみなされてしまう（同条 2 項、3 項）

3 環境基本法、騒音規制法、都道府県、市の条例等の確認

騒音を測定した結果得られた数値が、規制基準等を超えているのか否か、法令に反するのか否か検討するうえで、法律・条例等を調査することは肝要である。

騒音規制法違反など行政上の責任を追及するうえで、騒音に関する規制がかかる当事者、地域等が法律・条例等によって異なるためである。

例えば「何人も」として、住民同士が出す騒音について規制がかかる地域（東京都）もある（ただし、2015 年、保育所、幼稚園、公園等で子ども及び保育者が発する音については、規制の対象から除外するという条例改正が行われた）。

そのため、被害者の居住地の地方公共団体を念頭に置き、どのような当事者に対し、どの地域で、どの時間帯に規制がかかるのか調査する。

なお、東京23区は市に準ずるとされている。

そのうえで、地方公共団体に対し、測定器の貸出しの可否、地方公共団体による測定の有無、規制基準を超えた場合の行政指導の可否などについて問い合わせるなどして調査する。

なお、法律・条例等による規制がかからず行政上の責任を追及できなくても、民事上の責任を追及することができ、受忍限度の判断のひとつの要素として基準値を超過していることを主張できるので、規制がかからないからと言って、基準値を調査しなくてよいということにはならない。

(1)　環境基本法

環境基本法16条に基づく環境基準(H10.9.30環境庁告示64号等)によって示されている。

これに基づき都道府県の知事・市長が定めている各地域の環境基準を調査する。

騒音に関する環境基準については、①一般の騒音、②道路騒音、③航空機騒音、④新幹線鉄道騒音について定められている。

環境基準は、行政上の政策目標であって、測定の結果が環境基準を超えても直ちに違法となるものではない。

しかし、民事上の責任を追及する際、環境基準を超える騒音は、受忍の限度を超えるものとして主張することができる。

なお、環境基準は、等価騒音レベルによって定められている。扉の開閉音や歩行音やペットの鳴き声といった間欠的・衝撃的な騒音を発生させている加害者側からは、間欠的・衝撃的な騒音については、環境基準の数値は当てはまらない、等価騒音レベルで計算すべき（必然的に数値は低くなる）という主張がなされることがあるが、間欠的・衝撃的な騒音でも、人に悪影響を与える騒音であることには変わりはないことから、騒音発生時の瞬間的な音圧レベルが、環境基準の数値を超えていれば、受忍限度を超えるという判断がされている。

(2)　騒音規制法

騒音規制法では、①工場・事業場騒音、②建設作業騒音、③自動車騒音、④深夜営業騒音等について規制がかけられている。

①工場・事業場騒音、②建設作業騒音については、都道府県の知事（市の区域内の地域については、市長）が特定施設や特定建設作業や指定地域を特定し、各特定施設等と各地域における規制基準を定めている（同法３条）。

また、同法においては、特定施設の設置等につき届出制を採用している（同法６条等）。

かような施設等からの騒音が、規制基準を超えた場合は、市町村長は、改善勧告・改善命令を行うことができる（同法 12 条等）。

改善命令に違反したり、虚偽の届出等をした者に対しては、懲役・罰金が科される場合があり、法人に対する両罰規定がある（同法 29 条以下）。

⑶　地方公共団体の条例・告示等

都道府県・市区町村で定められている条例や公示されている告示を調査確認する。かなり細かく規制がなされている場合があるので慎重に検討する。

地方公共団体によっては、条例によって騒音規制法で規制する範囲を拡大する場合もある。

そのため、具体的な当事者間、地域、時間帯等において、規制基準の数値は何であるのかを確認する。

東京都においては、環境確保条例が制定されており、東京都が運営するサイトで規制基準や場所、特定施設等を確認できる
（https://www.kankyo.metro.tokyo.jp/air/noise_vibration/index.html）。

同サイトでは、

・工場・事業場に対する規制
・建設工事に対する規制
・拡声器に対する規制
・音響機器等の使用制限
・深夜の営業等の制限

のほか、

・環境基準
・自動車騒音
・生活騒音

などについて言及されており参考になる。

ただ、測定の結果、規制基準を超えていたとしても、改善勧告等行政措置の対象になり得るが、直ちに違法となるものではない。

反対に、測定の結果、規制基準を超えていない場合であっても直ちに違法ではないということにもならない。

裁判所は、受忍限度論を採用しており、受忍限度を超えた騒音でなければ違法と評価しておらず、規制基準を超えた騒音でも受忍限度内という判断もあれば、超えていなくとも受忍限度を超えているという判断もあり得るからである。

(4) 受忍限度論

前述のとおり、騒音の発生源が、特定施設に該当しなかったり、指定地域に含まれなかったり、規制基準が設けられておらず行政上の責任を追及できない場合でも、受忍限度論を用いて違法性を主張し民事上の責任として損害賠償や差止を請求する方法がある。

法律構成としても、不法行為や人格権ないし所有権・占有権に基づく請求等とし、受忍限度の要素や事実関係全般に照らし、被害が受忍の限度を超えていることを主張・立証する。

(5) 軽犯罪法

軽犯罪法1条14号では、

「公務員の制止をきかずに、人声、楽器、ラジオなどの音を異常に大きく出して静穏を害し近隣に迷惑をかけた者」

に対し、拘留又は科料の制裁がある。

そのため、軽犯罪法違反に該当する場合は、警察への通報を検討できる。

(6) 迷惑防止条例等

地方公共団体によっては、迷惑防止条例にて騒音に関し規制がなされている場合がある。

規制がなされている場合であっても、いかなる騒音が違反になるのか、罰則があるのかなど要素・効果について検討が必要である。

4　行政機関への苦情の申入れ、協議等

公害・環境問題は、被害者・事業者・行政の三面構造を成すと言われている。

そのため、行政機関に苦情を申入れるとともに、加害者が騒音規制法や条例による届出等の所定の手続きをしていたか、市区町村がどのような対応をしたのかなど行政と加害者との関係についても調査、協議を行う。

法律や条例に違反する行為があれば、行政指導等を要請する。

5　公害協定書・和解書の締結

前述のとおり、過去の騒音等の公害問題を踏まえ、将来的に事業者と住民が共存していけるように、過去裁判所等において公害協定書、和解書などを締結している場合や一般の近隣住民同士で任意に和解をし文書化している場合がある。

裁判所の調停等で和解が成立した場合は債務名義となるので、事業者がこれに違反する場合は強制執行ができる。

裁判例においては、公害協定や和解書に違反した場合に債務不履行責任を追及でき、受忍限度論を使わずに結論をだしているものがある（東京地判 H15.12.12）。

6　賃貸人等、騒音の発生者以外に対する請求

騒音を発生していない者であっても、契約上騒音の発生につき義務を負う場合がある。

例えば、賃借人であるテナントが部屋の静謐を前提にして賃借りしたのに、賃貸人が近隣に騒音を発生させる別のテナントと賃貸借契約を締結した場合である。

かような場合、騒音の発生者の他に、賃貸人等契約上騒音を防止する義務を負う者に対する請求を検討できる。

東京地判 H17.12.14 においては、マンションの区分所有権者で騒音

を発生させた者の賃貸人に対し、騒音の発生を放置したことに関する損害賠償責任が認められている。

7　マンションの管理組合

マンションでは管理約款が規定されており、騒音についても規律がある場合が多い。

そのため、ペットの鳴き声やピアノの音など同じマンション内における騒音であれば、マンションの管理組合に防止を申し入れる方法がある。

区分所有法においては、57条以下において、義務違反者に対する措置が規定されており、共同の利益に反する行為の停止等の請求（同法57条）、使用禁止の請求（同法58条）、区分所有権の競売の請求（同法59条）、占有者に対する引渡し請求（同法59条）がそれぞれ規定されている。

東京地判H21.12.28においては、マンションにおいて区分所有権を有する者に対し、午後11時以降の店舗の営業を禁止する判決がおりている。

また、東京地判H17.9.13においては、専有部分の使用態様が著しく酷い区分所有権者に対して、専用部分の引渡し、競売が認められている。

マンション管理約款やこれらの法律上の規定に基づき、集会等の決議等を経て法的手続きをとるかどうかを検討する。

第2　侵害行為の特定

簡単に紹介した測定などにつき、侵害行為の特定とともに詳細に述べる。

1　騒音と健康被害

騒音が何故人の健康に被害を及ぼすかについては、騒音を聴いた人がストレスを感じそれによって不眠症等を発症するという説と、騒音による空気振動自体が人の体に作用して健康被害を及ぼすという説がある。(京都地判 H4.11.27)。

2　測定

測定の意義は、人によって主観的であったり感情的である音の大きさを、測定器によって客観的に把握することにより、対象となる騒音が規制基準を超えているのか否か、騒音の大きさはどのくらいなのかを特定できることにある。

また、測定によって発生する音の特徴を把握できる場合があり、音源をある程度推定する（例えば、音の性格（周波数や騒音が継続する時間）から機械音と推測されることがある）ことができたり、音源の発生場所を特定したり推測することができる。

以下、音の性質と測定について述べる。

(1)　音の性質について

ア　可聴域と補正

音の性質として、人間が聞く事のできる可聴域としては、一般的に周波数が 20 ヘルツ（低い音）から 20000 ヘルツ（高い音）とされ（個人差、学説がある）、20 ヘルツ以下を超低周波音、20 ヘルツから 100 ヘルツ程度までを低周波音と一般的に呼んでいる。

音の大きさについては、同じ音であっても人によってうるさいと感じる場合もあればそうでない場合もあり、主観的な事情による影響を受けやすい。

そのため測定することによって客観的な数値を証拠化し、第三者にも分かりやすく説明するための根拠とする必要がある。

ただ、測定器による測定と人間が感じる音の大きさには、周波数によって一定の違いが発生することが分かっており、実際に測定した数値に対し、補正をかけている。

人間が聴覚可能な範囲の周波数に重みづけする補正をかけたものをA特性という。量記号は「L_A」、単位は「dB（A）」と記載されていることが多い。一般に騒音の計測や規制はこのA特性を使用している。

このほかに、平坦な重みづけをおこなったC特性、周波数による重み付けをおこなっていない、純粋な音圧レベルの測定値を示したG特性がある。

イ　周波数分析

測定した音の周波数の分析は、オクターブバンド分析や３分の１オクターブバンド分析がなされる。

３分の１オクターブ法がよく採用されており、各周波数における音の大きさが分かるようになっている。

各周波数の音の大きさが分かることによって、問題となる周波数をだす機械を特定したり、その特徴をつかむことが可能になったり、問題となる周波数の音に対する対策を講じることが可能となる。

ウ　音の時間的変化

音は、絶えず一定出されている場合もあれば、大きさや周波数が所定の範囲内で変動したり、突発的に大きな音が発生する場合がある。

所定の時間内に発生した音のエネルギー平均をとったものを等価騒音レベル（L_{Aeq}）、短時間に突発的に発生した音１回分のエネルギー量をとったものを単発騒音暴露レベル（L_{EA}）という。

室外機からの音や工事現場での音など各音によって発生の仕方が異なるため、その特徴を捉えることが必要である。

エ　人の感覚への触れ方

音は、人によって感じ方が異なるが、小さな音であっても睡眠に入るときの音は気になるものである。

また、時間帯によっては、話し声などの生活音であっても騒音と感じることもあれば、様々な働き方がある現代社会では、昼間であっても睡眠をしている者もいる。

音が小さくても突発的なものであったり、人が嫌悪する音である場合もあるので検討が必要である。

⑵　音源の検討

工場であれば何を製造しているのか、製造工程でどのような機械を使用しているのか、その機械からどのような音がでるのか検討する。

室外機が動いているときの音、マンションの上階の足音、話し声などの生活音、ペットの鳴き声などの音は、音源などを特定しやすい。

⑶　測定器

測定器は、事案によって市区町村が貸してくれることが多い。ただし、騒音規制法、当地の条例等によって規制のかからない当事者間や地域においては、騒音に関する規制がないため貸し出してくれない場合もある。

また、インターネットで検索すると測定器をレンタルする業者があるので検討できる。

なお、事案によっては、市区町村等が測定してくれる場合がある。

騒音の測定器は、良いものであれば、低周波音を測定でき、測定結果を補正のうえ、パソコンにグラフ化して表示できるものもあれば、単に測定値が画面に表示されるだけのものもある。

高機能の騒音測定器は、購入すれば数十万円するものもあり、レンタルの場合でもかなり高額の場合がある。

超低周波音を測定するのであれば、一般に高機能の測定器が必要となり費用もかさんでくる。

また、音の大きさや周波数の変化があまりない音を測定するのか、突発的な音を測定するのかによって、測定した音をグラフ化できる測定器が必要か否かなど、前述した音の性質・特徴を捉えるために適した測定器を選択する必要がある。

⑷　測定方法

ア　測定場所

騒音被害がある被害者の土地と加害者と思われる土地の境界上で測定する。

なお、低周波音の場合は、不快感や不眠症等の被害では被害が発生する室内で、建具ががたつく等の被害では被害が発生する家屋の屋外で測定する。

イ　地方公共団体による測定

騒音について、地方公共団体が測定してくれる場合があるので、問い合わせてみる。

ウ　その他の場所

上記場所以外であっても、実際に被害を被っている部屋など参考となるべき場所を測定する。

音源を推定し、音源と離れると音が小さくなるか、東西南北のどの方向に動くと音に変化があるかなど検討する。

エ　測定時刻

騒音による睡眠妨害等については、深夜に測定する、本来工事をしていない時間帯での大きな騒音の測定など、被害が発生している時間帯を中心に測定を行う。

オ　録音・録画等

測定をしている状況を録音・録画することによって、日時を特定する。

前述のとおり、録画の編集を疑われないようにワンカットで録画したり、近隣で時刻のわかる時計を途中で録画するなどする。

なお、メモ書き等による記録方法もあるが、信用性が低くなる。

⑸　バックグラウンド（暗騒音）の評価

加害者から出される騒音以外に測定現場では既に他の原因によって騒音が発生している場合があり、加害者によらず既に現場にある騒音をバックグラウンドと言ったり、暗騒音と呼ぶ。

例えば、道路に近い建物では、調査対象となる騒音以外に自動車による騒音などが一定程度測定される。また、測定中に救急車等のサイレン音やカラスなどの鳴き声が記録されることもある。

そのため一見すると大きな騒音が測定されても、騒音の原因が調査対象とバックグラウンド双方の影響を受けた結果であることになる。

そのような場合は、対象から発生したのか、バックグラウンドの影響のためなのか判別する必要がある。なお、加害者から出される騒音が大きく暗騒音との差が 10dB 以上ある場合は暗騒音の影響はほぼ無視して良いが、差が小さく 10dB 未満の場合は、暗騒音の影響を踏まえた補正が必要となる。

騒音の原因の一部しか加害者によるものではない場合があるので留意が必要である。

⑹　測定の精度・信用性と費用

測定の方法等は、環境省告示及び省令、日本工業規格（JIS）等によって定められている。

「特定工場等において発生する騒音の規制に関する基準」「特定建設作業に伴つて発生する騒音の規制に関する基準」「自動車騒音の大きさの許容限度」「騒音規制法第十七条第一項の規定に基づく指定地域内に

おける自動車騒音の限度を定める省令」がある。

そのため、被害者、加害者、弁護士が測定する場合、環境省告示及び省令、日本工業規格（JIS）等に則っていない場合があり、音の性質・特徴をきちんと捉えていない場合がある。

測定による精度や信用性を高めるためには、専門業者による測定が必要である。

専門業者に依頼するため、相応の費用を支払う必要があるが、測定結果につき精度や信用性は高くなる。

なお、専門業者によっても、音源等が特定できない場合もあり、事前の相談が肝要である。

(7) 法令等の順守

測定する場合は、住居等侵入罪（刑法130条前段）、軽犯罪法違反（1条32号）など関係する法令を順守するようにする。

(8) 基準値がない場合

近隣住民が発生する騒音など基準値がない場合でも、前述のとおり受忍限度を超えるか否かの判断要素として測定値は大きな意味をもつので測定を行うようにする。

例えば、住民と住民との間の基準値がない場合でも、住民と事業者との間の基準値を確認して、これを受忍限度を超えるか否かの判断要素の一つに加えて主張する。

(9) 市区町村による測定

前述のとおり、事案によっては、市区町村が測定してくれる場合がある。

また、事案によって騒音の測定器を貸してくれる場合があるので、苦情の相談とともに、市区町村等の窓口に問い合わせを行う。

測定結果を確認し、規制基準を超えていないかどうか、加害者の出す騒音が改善勧告等の対象になるか否か、測定結果の保存期間はいつまでか、書面による開示の方法等証拠化するための方策について確認する。

(10) 公害等調整委員会・都道府県公害審査会による測定

公害等調整委員会や都道府県の公害審査会に申請した場合、必要に応じて同委員会が測定する場合がある。

前述と同様に測定結果を確認し、検討する必要がある。

⑾　音の大きさの目安

音の大きさの目安については、全国環境研協議会　騒音小委員会作成の資料が参考になる（巻末資料 5-1）。

この表を参考におおまかな目安をたてることも可能である。

3　その他侵害行為を特定する証拠の収集

測定以外でも、騒音が発生した際の状況を録音したり写真や動画で撮影することによって、発生した音の大きさ、性質・特徴、音源等につき証拠化することができる。近時は、スマートフォンにより音声を含めた動画の録音が容易に可能である。

毎日の日記や騒音発生時のメモ書きを重ねることによって証拠化できるが、訴訟等では証拠としての信用性が問題となるので、メモ書きのみでは心許ない場合も多い。このような場合も録音や録画があれば、騒音の発生状況・頻度について、証明力が強い証拠となるため、なるべく客観的にわかるものとすべきである。

また、被害者から加害者に対する苦情の申入れ文書、それに対する加害者からの回答書など交渉経緯に関する文書も、受忍限度の判断において重要なため、大切に保管しておく。

第3　違法性と受忍限度論

1　基準値、参照値を超える測定値

狭い国土の日本、とりわけ都市部では、住宅等が密接して建てられているため、どうしても騒音が聞こえてくる場合がある。

その関係から、裁判所、公害等調整委員会、公害審査会等では、基準値を超えれば直ちに違法とは判断せずに、受忍限度を超えた場合に違法と判断している。

そのため、測定値が少々基準値や参照値を超えても、違法とまで評価されにくくなっている。

2　受忍限度論

受忍限度論では、一般に

⑴　侵害行為の態様と程度

⑵　被侵害利益の性質と内容

⑶　侵害行為の公共性の内容と程度

⑷　被害の防止又は軽減のため加害者が講じた措置の内容効果等

の諸事情を考慮して、これらを総合的に考察して違法か否か決すべきものとしている。

例えば、測定値があまり規制基準を超えていないのであれば、侵害行為の程度は低いという方向に流れ（要素⑴）、公共性の高い施設からの騒音であれば、受忍すべきであるという方向に流れる（要素⑶）。

総合評価なので最終的には裁判官など判断者の個性によるところもある。

なお、受忍限度を超えていなければ、違法性が認められず賠償等は認められない。

3　騒音に関する受忍限度論

騒音問題についても、受忍限度論を検討する場合、上記各要素を調査する。

測定値が規制基準を大きく超えるなど騒音の大きさが大きな判断要素になるものの、他の要素があるため、測定値が規制基準をあまり超えていなくとも受忍限度を超えていると判断したものもある（京都地判H22.9.15）。

なお、騒音が故意に行われ、相当程度ひどく、その結果健康被害を生じさせた場合などでは、被害者が我慢しなければならない理由はなく、受忍限度論は適用されない場合があると考える。

第4　因果関係

1　現地調査による方法

現地を調査し、被害者が居住する建物内において、工場等から実際に音が聞こえるか確認する。

聞こえる時間帯によっては、夜間に現地調査を行う場合もある。

2　体感検査

通常の騒音を含めて、低周波音などの場合において、実際に音が聞こえるのか検査する方法として体感検査がある。

音源と思われる機器がある場所で音源を操作するグループAと、被害が発生している場所で被害者と一緒に待機しているグループBに分かれる。

グループAにおいて、スイッチを入れる機器の選択・スイッチをオンにする時間・スイッチの強弱など音や出力の大きさなど音の発生に関するプランを作成し、当該計画を被害者のいるグループBに絶対に知らせないようにする。

グループAにおいて、前記プランを実行して音を発生させる。

グループBにおいては、被害者が音を体感した時刻、体感が終了した時刻、音の強弱・性質を記録する。

前記プランが終了した後、前記プランとグループBが作成した記録を照合し、音の発生時刻、終了時刻と被害者が体感した時刻が一致すれば、被害者は、その音を聴きとっていることになり因果関係が認められる。

不一致であれば、被害者が体感した音は、グループAによるものではないと考えられ、他に原因があるもので因果関係は認められない。

第5　被害の特定と賠償金額の算定

1　被害の検討の重要性

前述のとおり、不法行為等の損害等、いかなる被害が財産権に発生しているかの立証として必要なため具体的に検討する。

2　被害の概要

⑴　精神的被害

騒音による不快感、迷惑感などが該当する。

現代社会では、働き方が多様化し、日中であっても就寝している者もいる。

また、深夜であっても、日中と同様に稼働している設備や作業もある。

音についても、突然発生する大きな音や高い音、低い音など様々な音があり、生活や仕事をしていくなかで、どのような時刻・性格の音が発生し、精神的被害を被っているのか確認する。

⑵　健康被害

精神的疲労が重なり、不眠症やうつ病等を発症する場合がある。

健康被害について、医師による診断書を取得し、医師の意見として騒音と症状の因果関係まで言及してもらうようにする。

被害の態様によっては、医学的に解明されていないものもある。

交通事故の損害賠償論と同様に、休業損害、入院費、通院費、慰謝料等が賠償の対象となる。

なお、前述のとおり、因果関係が認められる健康被害がある場合は、受忍限度論は適用されないという考え方があることに留意する。

なお、刑事事件の判例ではあるが、最判 H17.3.29 では、連日朝から深夜ないし翌未明まで、上記ラジオの音声及び目覚まし時計のアラーム音を大音量で鳴らし続けるなどして、同人に精神的ストレスを与え、よって、同人に全治不詳の慢性頭痛症、睡眠障害、耳鳴り症の傷害を負わせた行為につき傷害罪の成立を認めている。

⑶　物的被害

実際に発生した物に対する損害を確認する。

遮音カーテンの購入費などが賠償の対象になる可能性がある。

酪農業者が飼育する牛に関して発生した損害について、工事事業者の損害賠償責任を認めたものがある（福島地いわき支部判 H22.2.17、仙台高裁 H23.2.10）。

第6　故意・過失

騒音を発生させているのに、防音対策をしていないことにつき、加害者の主観的事情を検討する。

基準値を超える騒音の発生につき、測定結果等客観的な証拠をもって再三に渡って苦情を申し入れたのに何もしなかった場合、容易に防音対策を講じられるのに対処を怠った場合など故意・過失が認められる可能性が高い。

第7　メカニズムの考察と防音対策

1　メカニズムの考察

現地調査、関係者からの聴き取り、測定その他の証拠、過去の経緯等従前調査したことから、騒音の発生から被害の発生までの過程・メカニズムを検討する。

- 被害の発生場所において騒音は聞こえているのか
- 騒音の音源はどこなのか、具体的な機械まで特定できるのか
- 騒音の大きさはどの程度か
- 騒音の音源から被害の発生場所まで、どのような経路を伝わって伝わるのか
- 伝わる過程で、防音対策は講じられているのか
- 講じられている場合の具体的な内容となお騒音が発生する理由
- 講じられていない場合、その理由

・加害者の防音対策実施に対する姿勢・問題意識
・過去の騒音問題の解決方法と再発の理由
などをできるだけ緻密に検討する。

メカニズムの検討においては、様々な専門家に意見を聴くのが相当である。
例えば、建築士、ハウスメーカー、工務店、機器の製造メーカー、取扱店、取付業者、設置業者などである。
メカニズムの検討は、複数の仮説を設けそれに基づいてシミュレーションを行い、原因の究明に努めるようにする。

2 防音対策の検討

上記メカニズムの検討の結果、騒音を防止・軽減するための防音対策を検討する。
例えば、

⑴ 音源の除去・排除

音源を除去したり排除をすれば、音源が消滅するのであるから騒音は発生しなくなる。
例えば、工場を移転する、音源となる機器を撤去する、ペットの飼育をやめる、ピアノの演奏をやめる、騒音を発生させる賃借人に対し、賃貸人から賃貸借契約を解除してもらうなどの対策である。
しかし、生活していくうえで必要な場合や、個人の行動の自由の範疇にあるものも多く、除去・排除までは難しい場合も多い。

⑵ 騒音の軽減

音源が発生する音のメカニズムが分かれば、騒音を軽減するための対策がわかる場合がある。
例えば、室外機の設置場所、向きを変更する、防音壁を設置する、音源となる機器や関係する備品の振動を抑える、設備を変更するなどである。
軽減対策については、加害者側に限らず、被害者側の対応、例えば二重窓を設置する、遮音カーテンをかける、防音の内装を施すなどの方法がある。

(3) 時間的な制約

睡眠障害などの場合、時間的な制約を設けることで、騒音を回避できる場合がある。

例えば、操業時間・稼働時間を日中に限定する、平日に限定するなどである。

3 専門家の意見

防音対策を検討するうえで、メカニズムの検討と同様に、建築士・ハウスメーカー、製造業者等など騒音に詳しい専門家の意見をもらうべきである。

防音壁を設置しても逆に騒音が大きくなるケースもあるので注意が必要である。

4 費用といずれが対策をとるべきかの問題

防音対策を講じるうえで、その費用を加害者・被害者のいずれが負担すべきか、防音対策を加害者・被害者のいずれが講じるべきかという難しい問題がある。

騒音が受忍限度を超えた大きなもので、明らかに違法という事案であれば、費用も防音対策も加害者が負担すべきであろう。

しかし、騒音がさほど大きくない場合など個人の行動の自由の範疇なのか、違法な行為なのか、加害者と被害者に区分けできない場合がある。

そのような場合に、一律に加害者が費用及び対策の負担をするというのでは問題の解決が進まない。

ただ、そのような場合であっても、両者の関係が良好であれば、協調して騒音の防止・軽減に向けて、測定等の調査・メカニズムの解明・防音対策等につき対処でき、費用や負担についても譲歩しながら柔軟な解決が可能である。

第8　法律構成

1　人格権・所有権・占有権に基づく妨害排除請求、妨害予防請求

隣地との間に防音壁を設置して欲しい、機器を撤去して欲しい場合などについては、本法律構成を用いて、具体的な作為義務を求める訴訟を提起することができる。

なお、本法律構成を採用しても、受忍限度論の適用を受ける。

2　不法行為

従前述べたとおり、被害の発生、不法行為、因果関係、故意過失を主張立証しなければならない。

判例では、受忍限度を超えていなければ違法ではないため、受忍限度論の検討が必要である。

3　債務不履行

賃貸借契約に基づく義務を履行しない貸主に対する債務不履行や従前締結した公害協定・和解等の債務不履行に基づく損害賠償を請求する場合がある。

合意した和解を履行しないことが原因であるため、受忍限度論の適用を受けずに判断されるものがかなり多い。

4　契約不適合責任（瑕疵担保責任）、製造物責任

不法行為や債務不履行という法律構成をとった場合、加害者の故意・過失の立証が困難な場合がある。

そのような場合であっても、故意・過失の要素がない、契約不適合責

任（瑕疵担保責任）・製造物責任の法律構成をとることは、被害者の救済になり得る。

ただし、主張できる期間、損害額等で制約がある場合がある。

5　仮処分

緊急を要する場合に仮処分を申立てることができる。

仮処分のなかで和解に達する場合もある。

ただし、仮に仮処分が認められても、裁判所に保証金を積まなければならず、マンション建設関係の案件の場合など保証金が高額になる可能性がある。

6　行政法規関係

民事訴訟の対象にならないものとして行政に関する処分等を争う場合がある。

その場合は、行政機関に不服申立てを行うなど手続きの検討が必要である。

加害者の行政手続きに問題はなかったのか、行政の処分について問題がなかったのか検討する必要がある。

7　軽犯罪法違反、迷惑防止条例などの刑罰法規

軽犯罪法違反の他、各地方公共団体が制定する迷惑防止条例等を調査し、騒音につき刑罰法規はないのか、ある場合はどのような騒音が該当するのかなどを検討する。

第9　紛争処理の方針

1　紛争類型

⑴　協調型

加害者・被害者や他の関係者と協力して、騒音問題の解決に臨む案件である。公害・環境問題は隣人間の争いであることが多いため、むしろ隣人同士ルールを守って譲歩する方向で解決に臨むほうが、よりよい解決に至ることも多い。

加えて、公害・環境問題では、被害者が多数存在する場合があり、被害者間で提携し連絡をとりあい、集団で交渉することも可能である。

このような場合に、他の被害者と協調し利害関係を調整することも必用である。

⑵　闘争型

お互いに譲歩の余地が少ないなど、裁判所による判決などでなければ解決ができない案件である。

加害者・被害者がすでに感情的な対立を悪化させていたり、両者の紛争の原因が騒音問題ではなく、別の原因によるものである場合もある。

ちょっとした防音対策を講じれば騒音が軽減されたりする場合もあるが、話し合いによる解決ができず、紛争が深刻化することもある。

2　請求の内容

⑴　被害者の人数

被害にあっている人物だけか、多数の被害者が協調しているか、協調が可能であるかを検討する。

マンションにおいては、管理組合が訴えを提起する場合もある。

⑵　損害賠償請求

受忍限度を超えた場合、金銭的な支払いを受けることによって紛争を解決する。

騒音の音源が改善されていない場合は、引き続き騒音被害が発生する。

受け取った金銭で防音対策をする場合もある。

⑶　差止

一定の大きさを超える騒音の侵入を差止めるものである。

違法性段階説によって、受忍限度を超えさらに違法性が高い場合に差止が認められる。そのため認められるためのハードルは高い。

⑷　防音対策の請求

騒音を発生させる機器の撤去、ペットの飼育禁止、防音壁の設置など具体的な作為を求めるものである。

3　請求の相手方

⑴　加害者

騒音を出している加害者に対し請求をする。

賃貸借契約などの契約や従前の公害協定・和解等法律上の義務を負う者等に対し請求をする。

⑵　行政（地方公共団体、国）

民事上の責任のほか、行政手続きについても違法等があった場合、これを怠ったとして損害賠償や処分の取消を請求する。

4　事案の評価

公害・環境問題は、科学的な知識や理解が必要となるため、建築士などの他の専門家の助言を得るべきである。

訴えを提起する前に、音源や音の大きさ、異常機器の特定など専門家と協力して現地での調査等をして証拠を集め分析していく必要がある。

そして、収集した証拠が騒音に該当するものなのか、受忍限度を超えているのか、採るべき防音対策は何かなど協議し評価すべきである。

5　紛争処理のための手続き・関係機関

(1)　当事者同士の話し合い

加害者・被害者間で感情の対立や騒音問題以外に紛争がない場合、当事者で騒音の原因と防音対策を講じ、双方で譲歩しながら話し合いによる解決が望ましい。

また、公害・環境問題では、不法行為等の事件で勝訴的な案件でも、防音対策までは講じられず、賠償額が低いことが多い。

そのため弁護士が介入すると弁護士費用が賠償額を超える場合も少なくない。

その関係から弁護士が助言をしつつ当事者同士で話し合いをさせる場合がある。

(2)　弁護士が介入しての話し合い

騒音の当事者は隣地や近隣であることが圧倒的に多く、騒音問題が当事者間の感情問題に発展したりその可能性がある。

そのため、突然訴訟を提起するよりかは、まだ、感情的にも譲歩できるときに話し合いで妥協点を見出して、騒音の軽減措置を講じる方が、妥当な解決につながる場合がある。

介入する弁護士としては、測定値や専門家のアドバイス、被害の程度を確認し、加害者に示すなど客観的な証拠を示して交渉すべきである。

(3)　市区町村の窓口

測定値が基準値を超えている場合、市区町村の窓口に苦情を申し立てると、騒音規制法に違反している事業者に市区町村による改善勧告・改善命令がだされる場合がある。

(4)　弁護士会の紛争解決センター

訴訟はしたくないが、第三者をいれて解決したい場合のひとつの方法として弁護士会の紛争解決センターがある。

弁護士会によっては、仲裁センター、示談あっせんセンターなど名称が異なるが、弁護士会による紛争解決機関である。

⑸ 公害等調整委員会

訴えを提起することまでしたくないという場合の紛争を解決する方法の一つである。

公害等調整委員会には、あっせん・仲裁・調停と責任裁定、原因裁定の制度があり、騒音も対象となる。

原因と被害との間の因果関係の有無を審理する原因裁定は、加害者を特定できなくても申請ができる特例がある。

現地の調査を行ってくれ、測定などの費用も公害等調整委員会が負担してくれる場合が多い。

裁判官経験者や騒音の専門家等が審理にあたるため、専門家による意見を踏まえた解決が期待できる。

なお、裁定申請に関し、公害等調整委員会は、被申請人が欠席しても、法律判断を行い得るとしているようである。

⑹ 都道府県の公害審査会

訴えまで提起したくないが、紛争を解決する方法の一つである。

公害審査会では、あっせん・仲裁・調停の制度がある。

都道府県によっては、調停委員が法律の専門家である弁護士と騒音などの専門家から構成されており、専門的な解決が期待できる。

⑺ 簡易裁判所の調停

簡易裁判所の公害等調停を申し立てる方法がある。

簡易裁判所の調停では、裁判官・調停官による調停主任、弁護士等の様々な紛争を解決してきた調停委員から構成された調停委員会によって騒音問題の解決が図られる。

事案ごとの柔軟な解決が期待でき、防音対策の実施や費用負担の内容など裁判所が介在しての話し合いができる。

訴訟では、金銭的解決である損害賠償や騒音の差止めなどが通常請求されるが、調停ではより柔軟な解決に向けた話し合いができる。

そのため、訴えを提起する前にまずは調停手続きを行い、話し合いによる解決を図る場合も多い。

簡易裁判所の調停での和解は、判決書と同様の効力があり、和解に違反した者に対しては強制執行をすることが可能である。

(8) 地方裁判所等への提訴、保全処分の申立て

裁判所に訴えを提起する方法であり、民事訴訟による場合と行政訴訟による場合がある。

訴え提起のほか、仮処分等の保全処分を申立てる場合もある。

被害者である原告としては測定を行い、測定値が受忍限度を超えていること、被害、故意・過失等を通常の訴訟と同様に主張立証する必要がある。

手続の中で、調停に付される場合があり、その場合は前述のとおり、相互の譲歩を前提とした話し合いによる解決が模索される。

手続の中で、和解案の検討段階において、防音対策について話し合いがなされる場合もある。

ただし、手続のなかでの主張立証如何によっては、ある程度勝訴者と敗訴者が判明することがあり、それを前提とした話し合いでは勝訴が見込まれる当事者からの譲歩がなかなか得られず、騒音の防止・軽減に向けた話し合いが進まないことがある。

話し合いによる解決がつかない場合は、裁判官による判決がなされ、勝訴者・敗訴者が明確になる。

判決は、請求の趣旨に拘束されるため、勝訴しても低額の賠償金が認められるに過ぎない場合も多く、騒音の防止・軽減の達成とまではいかない。

特に隣人間同士の訴訟では、勝訴者・敗訴者が明確になったとき将来に向かって隣人関係をどう維持するのか難しい問題もある。

第 10　マンション等集合住宅内における紛争

1　マンション等集合住宅内における騒音問題

近時、マンション内での住民同士の騒音問題の相談が寄せられることが増えている。マンション内での騒音問題で生じやすい問題としては、①建物の構造体を通じての固体伝播音である場合には、音源の特定に

困難を来す場合があること、②騒音を発生させている側での衝撃音はそれほど大きくなくとも、大きな騒音になっていることもあり、騒音を発生させている自覚がない場合があり、感情的な問題に発展することがあること、③環境基準・規制基準は、屋外での敷地境界での基準を定めており、室内の騒音に関しては法的な基準がないことが揚げられる。

2　空気伝搬音と固体伝搬音

一般的には音は、音源から空気中に放射された音が、空気中を伝搬して到達する。これを空気伝搬音という。空気の振動であるから、音がする方向が音源であることが多いし、音源から離れると減衰して、騒音が小さくなる。

これに対して、建物等固体に加えられた振動が、建物の構造体中を伝搬して居室まで到達し、振動する居室の床、壁がスピーカーのような役割を果たすことで室内に音を放射する場合を固体伝搬音という。固体伝搬音は、空気伝搬音と比べ、伝搬経路における減衰が空気音より小さく、遠くまで伝搬するのが特徴である。集合住宅のように多くの壁や配管等の構造体に囲まれた建物では、複雑な経路をたどり、予想外のところで騒音が発生する場合があり、天井から騒音がするからといって、騒音源が上階とは限らず、音源の特定に困難を来す場合がある。

また、固体伝搬音は、建物躯体に衝撃が加えられることで発生するが、衝撃点（音源）では、それほど大きな音が発生していないことも多い。そおため、発生者側では固体伝搬音を発生させている自覚がない場合もある（静音型の洗濯機でも振動を発生させていることがあった。）そのような場合に、苦情を伝えると感情的なトラブルに発展する場合もある。

固体伝搬音であると思われる場合には、騒音のする方向の住民が音源であると決めつけることはできない。また、音源の確認も、その部屋にいかないと分からないため、相談を受けた者としては、冷静に騒音の発生源と思われる者に対して、音源の調査に協力を求める態度が必要と思われる。

3　マンション内の騒音に関する基準について

騒音に関する環境基準や規制基準は、基本的には屋外の敷地境界を基準に定められており、音源と測定場所が上下関係にある場合を直接想定していない。しかし、環境基本法や騒音を規制する条例の趣旨・目的や、騒音に関する知見をもとに設定されていることに鑑み、受忍限度を超えるかどうかの判断につき、１つの参考数値として考慮することが相当とされている（東京地裁H 26.3.25・マンション判例百選 88 番）。また、環境基準や規制基準は、敷地境界（屋外）における騒音が、建物で減衰されて室内に届くことを前提に設定されている。そこで、前掲判決は、「建物の防音効果を考慮すると、建物内においてはより厳格な数値が求められている」として、条例による規制基準が 50dB であるのに対し、室内での騒音が 41dB と、基準を下回っている騒音についても、受忍限度を超える違法な騒音と判断したことが参考になる。

以　上

≪参考文献≫

- 村頭 秀人「騒音・低周波音・振動の紛争解決ガイドブック」（慧文社、2011）
- 環境省　騒音対策について
https://www.env.go.jp/air/noise/noise.html
- 東京都環境局　騒音振動対策
http://www.kankyo.metro.tokyo.jp/air/noise_vibration/index.html

コラム（低周波音の苦情と判定）

小林理学研究所　落合博明

●低周波音の定義

環境庁の「低周波音の測定方法に関するマニュアル」によれば、およそ 100 Hz（ヘルツ）以下程度の音波を低周波音、このうち 1 ～ 20 Hz の音波を超低周波音と定義している。

国際的には、超低周波音については ISO 7196-1995 により規定されているが、低周波音（Low frequency noise）については周波数範囲が各国まちまちで、国際的に統一されていない。

●人と建具の反応領域の違い

図に低周波音の感覚閾値(聴覚閾値）と建具のがたつき閾値を示す。

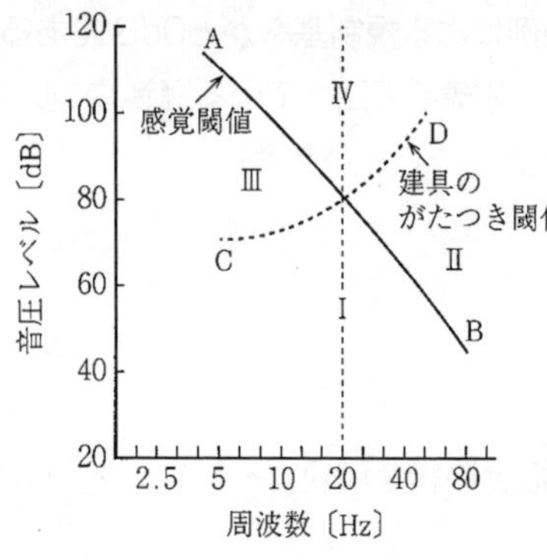

図１　低周波音による人と建具の反応領域（文献[1]より引用）

低周波音による人の周波数的な反応と建具等の周波数的な反応は異なり、人は周波数が低くなるほど高い音圧レベルでないと低周波音を感知できないのに対して、揺れやすい建具では周波数が低いほど低い音圧レベルでがたつきやすい傾向にある。

すなわち，低周波音に係る苦情が発生している場合、音が聞こえず（感じず）建具のがたつき等が発生していれば、その原因は 20 Hz 未満の低周波音または地面振動の可能性が、低い音が聞こえれば（感じられれば)、20 Hz 以上の低周波音または 100 Hz 以上の騒音の可能性が考えられる。

●低周波音の苦情の変遷

1980 年台以前は、大型施設から発生する超低周波音による建具のがたつき等の物的苦情が大半を占めていた。その後、超低周波音の対策が進み、近年は近隣の店舗や住居の設備機器等から発生する 20 ～ 200Hz 程度の周波数域に主要な成分を持つ低周波音や騒音による不快感等の心身に係る苦情が増加している。

●近年の低周波音苦情の特徴

2001 年頃から低周波音に関する誤った情報がマスコミやインターネット等で発信されるようになり、それに伴って低周波音以外が原因と思われる「低周波音苦情」が増加した。これら苦情は、自身の体調不良を低周波音によるものと判断したり、耳鳴りを低周波音と誤解したことによる苦情と考えられた。

●環境省による「低周波音問題対応の手引書」

上記のような「低周波音苦情」の解決にあたっては、原因が低周波音・騒音あるいは振動である場合とそれ以外の場合（自身の問題）とをいかに切り分けるかが重要となった。

環境省により公表された「低周波音問題対応の手引書」では、発生源の稼働状況と苦情者の体感との対応関係（関連性）に着目し、両者の間に対応があれば低周波音・騒音・振動に起因する苦情、対応がなければ、これら以外（耳鳴り等、苦情者自身の問題）が原因である苦情である可能性が高いと判別する。

対応関係があれば、測定値を参照値（後述）と比較する。対応関係の有無は、発生源側と苦情者側での低周波音の同時測定結果と体感調査（後述）の結果を元に判定する。

低周波音問題の評価手順を図 2 に示す。低周波音苦情原因の推定にあたっては、物的苦情と心身にかかる苦情を別々に評価する。

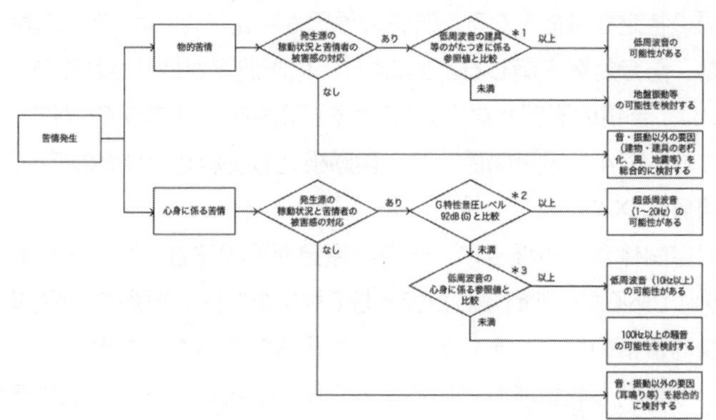

図 2　低周波音問題の評価手順（文献[2]より引用）

第5章　騒音

●人による低周波音に対する聞こえ方（感じ方）の違い

低周波音は聞こえない音と言われているが、通常の音圧レベルで聞こえないのは 20 Hz 以下の超低周波音である。

音による健康被害は、聞こえることによって生じると言われており、低周波音による心身に係る苦情はほとんどが 20 Hz 以上の可聴域の低周波音によるものである。低周波音の閾値は平均値± 5 dB 程度のばらつきがあるが、人によって低周波音の存在に気がつかない人もいるので、家族でも聞こえる人と聞こえない人がいる場合がある。これが低周波音は個人差が大きいと言われる所以である。このほかに、耳鳴り等の自身の問題を低周波音と思い違いをしている人もいる。

●体感調査

低周波音が本当に聞こえているのか立証するために体感調査がある。

苦情者の信頼できる人に立会ってもらい、対象となる機器のスイッチの ON/OFF や出力の増減等を行う。機器の稼働状況を苦情者に知らせずに、低周波音が聞こえるか不快に感じるか等の体感を記録してもらう。

機器の稼働状況と体感記録を比較し、機器の ON/OFF と苦情者が問題とする音を聞こえた時刻あるいは不快感の生じた時刻が整合する（対応関係がある）場合に、低周波音が苦情の原因である可能性があると考えられる。

体感調査によって、低周波音が聞こえているか否かの判断と、音源の特定が可能となる。苦情の原因が特定できれば、音源の除去、移動、防音対策を講じることにより、低周波音が低減されるか、あるいは、苦情の原因がなくなることで、健康を回復することができる。

なお、第４　因果関係、２　体感検査も併わせて参照のこと。

●参照値について

対応関係がある場合に、苦情の原因が低周波音・騒音・振動のいずれであるかを判断する目安として用いたのが「参照値」である。

物的苦情の場合、苦情の原因が低周波音ではなく振動であったという事例も報告されている。測定結果が参照値を上回れば苦情原因は低周波音の可能性が、下回れば振動の可能性が高いと考えられる。

心身に係る苦情の場合、苦情者の中には「プーンという音」や「キーンという音」を低周波音と訴えた例もあり、問題とする音が低周波音かどうかを正確に理解できていないケースも見受けられる。そこで、参照値を用いることにより、苦情原因が低周波音か否かの判別を行う。測定結果が参照値を上回れば苦情原因は低周波音の可能性が、下回れば 100 Hz 以上の騒音の可能性が高いと判断される。

物的苦情に係る参照値は、実験室実験における、周波数別の建具のがたつき始める音圧レベルの「平均値－標準偏差」の値に基づく。建具のがたつき始める音圧レベルは、建具の種類や取り付け条件によっても大きく異なるので、測定値がこの値を上回ったからといって必ず建具ががたつくわけではない。

心身苦情に係る参照値は、無響室（非常に静かで、音の反射が全くない実験室）での実験における、「一般成人及び苦情者の寝室の許容値・気になるレベルの 10 パーセンタイル値」に基づく。したがって、測定値がこの値を上回ったからといって全ての人に不快感等が生じるわけではない。

手引書では、留意事項として、「本参照値は、低周波音によると思われる苦情が発生した場合に適用するものであり、規制基準値、要請限度とは異なる。また、対策目標値、環境アセスメントの環境保全目標値、作業環境のガイドラインとして策定したものではない。」と記載している。

また、参照値は受忍限度値でもないので、注意が必要である。

●参照値の誤った使用方法

対応関係の確認もせずに測定結果を参照値と比較して、参照値以上だから低周波音の影響があると判断している報告等を見かけることがあるが、誤りである。

苦情の原因が苦情者自身の問題である場合、低周波音の対策をしても問題は解決しない。このような誤った判断により、対策をした結果一時的に苦情が収まったが、また数ヶ月して別の発生源による同様の苦情が寄せられた事例もある。

このほか、心身に係る苦情なのに、屋外で測定を行い、測定結果を参照値と比較している事例もあったが、これも誤りである。

●苦情者は感度がいいか？

苦情者は感度がいいのではないかとよく言われるが、産業技術総合研究所による実験によると、苦情者の閾値は一般の人の閾値よりむしろ高かった。ただし、一般の人が低周波音を許容できなくなる音圧レベルは閾値より5～20dB程度高いのに対して、苦情者は低周波音が聞こえる（あるいは感じられる）と許容できなくなる傾向にある。また、低周波音を耳ではなく、腹や胸、頭部で感じると言う人もいるが、低周波音を振動として感じる場合の閾値は、聴覚による閾値よりも20～30dB高いことが明らかになっている。人の低周波音に対する感度は高い周波数の音に比べて悪いが、低周波音も耳で聞いていることになる。

●現場確認の重要性

低周波音は音が聞こえないと思われている人も多いが、心身に係る苦情の場合には低い音が聞こえることにより苦情が発生していると考えられる。苦情者の感度は特に良いわけではないので、苦情者が訴えるような低周波音が発生していれば、一般の人でも十分聞こえる（あるいは感じられる）はずである。苦情現場へ赴いて、実際に音を聞いてみることが重要である。ただし、暗騒音の低い夜間に苦情を訴えている場合、昼間に行っても問題となる音が聞こえない可能性もある。

また、苦情者が問題としている低周波音が、必ずしも100 Hz以下程度の音ではない場合もあるので、先入観を持たずに音を聞くと良い。

【文献】

[1]　山本貢平編著：日本音響学会編音響学講座、騒音・振動、コロナ社（2020）

[2]　環境省環境管理局大気生活環境室：低周波音問題対応の手引書、https://www.env.go.jp/content/900405768.pdf（参照2022-11-11）

●参考文献

・日本騒音制御工学会編：Dr.Noiseの「読む」音の本、低周波音のはなし、技報堂出版（2020）

- 環境省水・大気環境局大気生活環境室：「低周波音対応事例集」
  https://www.env.go.jp/content/900405797.pdf
  （参照 2022-12-6）
- 総務省、公害等調整委員会事務局編：「低周波音に関わる苦情への対応」
  https://www.soumu.go.jp/main_content/000520253.pdf
  （参照 2022-12-6）

相談事例

事業所からの騒音

弁護士　丸山高人

【相談事例の概要】

相談者の自宅の隣に老人ホームが建てられたが、その給食室付近に設置されたエアコン室外機の騒音に悩まされている。自治体の担当者に依頼して計測をしてもらったが、特に騒音がひどい午前5時頃の対応は拒まれ、昼頃に計測が実施されたものの、昼頃は計測数値が低いので事業者側も対応してくれない。自分で専門業者に依頼するにも費用が掛かるので、どのように進めればいいか悩んでいる。

【弁護士からのアドバイス】

事業者側に対応を促すためにも騒音被害について主観的に訴えるだけではなく客観的な資料を準備する必要がある。

自治体担当者が午前5時頃に対応することは難しいので、まずは自治体から計測器を借りて自分で計測してみる。その際、個人が計測した結果について測定方法の信用性が疑われる場合があるので、測定場所・測定時刻をきちんと記録するとともに、その状況を録画等しておくことが有用である。また、他の原因による騒音が紛れている可能性もあるので室外機が稼働していない時間帯も計測しておくことは参考となる。

また、室外機のメーカーで取扱説明書や企画仕様書などをWeb上で公開していることもあり、これらに騒音に関する情報が記載されている場合もある。

さらに、騒音の性質上、相談者以外の近隣住民にも被害が及んでいる可能性があるので、その被害者の人数や被害の実態などを陳述したものを書面にしておくことも騒音被害に関する重要な資料となる。

これらの具体的な資料に基づいて、その地域及び時間帯に適用される環境基準・規制基準値にあてはめ、事業者側に対応を促していくことで事業者側の真摯な対応にもつながると思われる。はじめから専門業者に依頼できなくとも、事業者側が測定方法の信用性等を争ってきた場合に再度検討するということでも足りる。

事業者が真摯に対応しない場合は、自治体に協力を求めるとともに、都道府県の公害審査会等を利用することも検討する。また、公害等調整委員会の原因裁定手続きを利用することも検討する。これらの手続内において、申請者の費用負担なく測定を行ってもらえる場合がある。

相談事例

マンションにおける騒音

弁護士　山崎ふみ

> **【相談事例の概要】**
>
> 相談者は、集合住宅の２階に居住しているが、３階の居住者の足音が煩いことが数カ月にわたり継続しており、睡眠障害に悩まされ精神的に疲弊している。集合住宅の管理者に相談したところ、管理者は足音の軽減を図る措置を採るよう３階の居住者に伝えたが、一向に状況は改善されず、さらに、最近になって、管理者からは相談者自身が転居するように勧められた。

【弁護士からのアドバイス】

集合住宅における騒音問題については、下記の措置を段階を追って講じることが考えられる。

①　マンション掲示版やポスティングを通じた騒音防止の呼びかけ

②　マンション管理規約（迷惑行為の防止等）に基づき、騒音を発生している居住者への迷惑行為の中止の依頼

③　騒音の被害が深刻であり複数の被害者が発生している場合には、管理会社から騒音発生者に対するマンション管理規約違反を根拠とする退去依頼（マンション管理規約に退去命令の規定がある場合）

集合住宅の場合、居住者間の関係を悪化させることなく問題解決を図ることが優先され、加害者を特定しない形でマンション掲示版や不特定多数の住居へのポスティングといった穏便な措置から開始されることが多い(手段①)。そして、状況が改善されない場合には、管理会社を通じて、加害者住戸宛てに騒音発生の被害報告がなされている通知を出してもらったり、マンション管理規約（迷惑行為の防止等）に基づき、加害者住居に対する迷惑行為中止の依頼を行ってもらうことになる（手段②）

しかし、特に、子供の足音による騒音問題の場合、上記措置（手段①及び②）では奏功しないことが多く、同居する親、保護者に子供への注意を呼びかけたり、防音マットを床に敷いてもらう等の協力が得られない限り、当該騒音問題を解決することは難しい。また、工事現場と異なり、騒音発生の時間が不規則であることから管理会社へ騒音の被害状況を知らせる手段が乏しく、また日々の騒音の蓄積による精神的苦痛は管理会社による１回程度の訪問では理解してもらえず、自分以外に被害

者がいないという特有の問題点も存在するため、管理会社による協力にも限界がある。仮にマンション管理規約に退去命令の規定がある場合でも子供の足音を理由に退去依頼がなされること（手段③）は現実的でなく、このような場合には、自分から転居を選択するのが最も合理的な解決策となることが少なくない。

この場合、管理会社への理解が得られれば、転居費用の一部を負担してもらえることもあるので、管理会社から転居を勧められた場合には転居費用の負担について掛け合ってみることをお勧めする。

転居にあたり選択肢がある場合には、最上階や角部屋を選ぶなど騒音被害を受ける可能性を低減させる条件を優先いただきたい。

【裁判例】

マンションの上階住戸に住む幼児による騒音（50～65dB程度と認定された）が、直下住戸の住民に精神的苦痛を与えた として、その父親に対する損害賠償請求（慰謝料請求）が認められた事例（東京地裁平成19年10月3日）がある。しかし、慰謝料200万円及び弁護士費用40万円の合計240万の請求に対し、認容額は36万円（慰謝料30万円及び弁護士費用6万円）であったことにもご留意いただきたい。

相談事例

低周波音

弁護士　松原志乃

【相談事例の概要】

戸建てに家族と同居している50代の相談者は、自宅にいると「ブーン」という不快な音が常時鳴っているように感じられ、不眠に悩んでいる。もっとも、同居の家族には聴こえないようであり、「耳鳴りではないか。」と言われている。不快な音は、隣家にエネファームが設置されてから始まったため、それが発する低周波音ではないかと考え、相談にいたった。

【弁護士からのアドバイス】

低周波音は、耳に聴こえない音の周波数を含むが、「音」として物理的に存在する。もっとも、その感じ方には個人差が大きく、自分に聴こえる音でも他人には聴こえない場合もある。そのため、相談事例において、他の家族に聴こえないことが、相談者に被害が無いということを意味するわけではない。

被害の解決に向けた手順は、①発生源を特定し、②発生源側と被害者側で音の測定を行い、③測定結果を評価するものである。裁判等に発展した場合は、④被害が受任限度を超えているか否かも判断される。

相談事例のような心身に係る被害の場合は、②に加え、被害者の体感調査（発生源の稼働状況と被害者の体感との関連性を調べるもの。）も行う。

③では、発生源側と被害者側の対応関係を確認し、これがあれば、環境省が公表している「参照値」（被害の原因が低周波音によるものか否かを判断する目安となる値。）と比較する。

また、②は特に発生源側の協力が不可欠となるが、相談事例では隣家の協力が得られ、対応関係も認められたため、隣家の費用負担によりエネファームを移設してもらうことで解決した。なお、移設については、移設場所や費用負担者等を決める際に、困難を伴う場合があることに留意する必要がある。

第6章

振　動

弁護士　横手　聡

第1　はじめに

1　振動被害の特徴

振動は典型７公害の１つであるが、環境省は、毎年度、全国の都道府県、及び特別区を通じて、各種措置の施行状況等について調査を行っており、その結果は、環境省のウェブサイトで公表されている[1]。振動に関する苦情の件数は、令和２年度は4061件で、苦情の内訳では、建設作業が70.6%、工場・事業場が15.3%、道路交通が6.6%等となっており、特に、建設作業による振動についての苦情が多い。

振動規制法に、振動についての定義規定はない。振動は、一般に「粒子や物体の位置、あるいは電流の方向・強さなどの物理量が、限られた範囲で周期的に変化する現象」（大辞林第三版）、「安定な平衡点をはさんで周期的に位置が変化する運動」（ブリタニカ国際大百科事典小項目事典）などと定義される。

振動による被害は、心理的・感覚的な要素が強いという特徴がある。また、振動は、単独で問題となるケースは少なく、ほとんどの場合において、騒音と同時に問題となる。ただし、近隣で発生した振動により自己の所有する家屋に損傷が生じたとして振動を発生させている者の責任を追及する紛争（家屋損傷型）は、騒音被害がなくても生じる紛争類型である。

2　振動の評価

振動の評価は、「振動レベル」（後述「第４」１）が使われ、単位はｄＢ（デシベル）を用いる。振動の大きさに対する人の感じ方は、たとえば京都市「騒音と振動のてびき」[2]によると、次のように記載されている。

90デシベル　かなりの恐怖感があり一部の人は身の安全を図ろうとする。眠っている人のほとんどが目を覚ます。

1　環境省のウェブサイト（https://www.env.go.jp/air/sindo/index.html）
2　https://www.city.kyoto.lg.jp/kankyo/cmsfiles/contents/0000145/145318/tebiki.pdf

80デシベル　屋内にいる人のほとんどが揺れを感じる。恐怖感を覚える人もいる。

70デシベル　屋内にいる人の多くが揺れを感じる。眠っている人の一部が目を覚ます。

60デシベル　屋内にいる人の一部がわずかな揺れを感じる。

50デシベル　人は揺れを感じない。

3　環境基準

環境基本法16条において、環境基準（人の健康の保護及び生活環境の保全のうえで維持されることが望ましい基準、行政上の政策目標）を定めるのは、大気汚染、水質汚濁、土壌汚染及び騒音の４つであるとされており、振動には、環境基準が定められていない。

第2　振動に関する法令及び条例の規制

振動の原因行為の差止めや損害賠償請求は、判例上認められた人格権に基づく差止請求権及び民法７０９条の不法行為に基づく損害賠償請求権を主たる根拠としてなされる。差止請求や損害賠償請求においては、通常受忍限度が問題となるが、その判定において、振動規制法等の定める基準値を超えたか否かが重要なファクターとなる。

また、振動規制法等に反する行為があったことを指摘して行政機関に違反者に対する一定の処置を要求することも可能である。

1　振動規制法

振動規制法による規制に関しては、振動規制法施行令・振動規制法施行規則・環境省告示である「特定工場等において発生する振動の規制に関する基準」に委任されている事項も多い[3]。

3　告示については、環境省のウェブサイト参照（http://www.env.go.jp/hourei/08/）。

(1) 規制対象

振動規制法の規制対象は、以下のとおりである。

①「特定工場等」（政令で定める特定施設を設置する工場又は事業場）（４条から１３条）

②「特定建設作業」（建設工事として行われる作業のうち、政令で定める著しい振動を発生させる作業）（１４条・１５条）

③「道路交通振動」（自動車が道路を通行することに伴い発生する振動）（１６条）

(2) 規制地域

振動規制法は、振動の影響が周辺地域に限られることから、騒音と同様、指定地域制を採用しており、振動規制法による規制が及ぶのは都道府県知事（市の区域内の地域については市長）[4]が指定する指定地域内である（同法３条）[5]。

(3) 規制方法

ア　①に対する規制

規制基準（特定工場等の敷地の境界線で測定される振動の大きさの許容限度）（２条２項）に基づいて規制がなされる。

規制基準は、「特定工場等において発生する振動の規制に関する基準」の範囲内で、都道府県知事（市の区域内の地域については市長）（一定の場合には町村）が定める（４条１項・２項及び３条１項括弧書き）。

特定施設とは、「工場又は事業場に設置される施設のうち、著しい振動を発生する施設であって政令で定めるもの」をいい（２条１項）、「特定施設を設置する工場又は事業場」を「特定工場等」という（２条２項）。

規制方法には、事前規制と事後規制とがある。事前規制には、特定施設の設置に関する市町村長に対する届出（６条）と特定工場等で発生するであろう振動に関する市町村長による計画変更勧告

4　2011年の振動規制法改正（平成23年法律第105号による改正）で、従来原則として都道府県知事の事務とされていた地域の指定（3条1項）に関する事務及び規制基準の設定（4条1項）に関する事務が、市の区域内の地域については市長の事務となった（2012年4月1日施行）。

5　大塚直「環境法」（第4版）264頁

（9条）がある。

事後規制としては、特定工場等で発生する振動に関する市町村長による改善勧告及び改善命令（12条）がある。

規制の対象となる振動は、特定施設による振動だけではなく、特定工場等全体から発生する振動である。

規制違反については、罰則（24条～28条）が設けられている。

イ　②に関する規制

特定建設作業とは、建設工事として行われる作業のうち、著しい振動を発生する作業であって政令で定めるものをいう（2条3項）。

規制方法には、事前規制と事後規制とがある。

事前規制として、特定建設作業を伴う建設工事についての市町村長に対する届出（14条）がある。事前規制に改善勧告及び改善命令はない。①に対する規制方法と異なるのは、建設工事は期間が限定されていること及びその性質上一定の振動の発生が不可避であることによると考えられる。

事後規制として、特定建設作業で発生する振動に関する市町村長による改善勧告及び改善命令（15条）がある。事後規制は、「環境省令で定める基準」（適用されるのは特定建設作業の場所の敷地の境界線）（15条1項、振動規制法施行規則11条、別表第一）に基づいてなされる。

規制違反については、罰則（25条～28条）が設けられている。

ウ　③に対する規制

道路交通振動とは、自動車が道路を通行することに伴い発生する振動をいう（2条4項）。

規制方法は、市町村長による道路管理者又は都道府県公安委員会に対する一定の措置を執ることの要請（16条）である。

規制は、「環境省令で定める限度」（適用されるのは道路の敷地の境界線）（16条、振動規制法施行規則12条、別表第二）に基づいてなされる。

(4)　条例との関係（23条）

ア　①に関して、地方公共団体は、指定地域内に設置される特定工場等において発生する振動について、この法律とは別の見地から、条例で必要な規制を定めることができる。

イ　①②に関して、地方公共団体は、指定地域内に設置される工場若しくは事業場であって特定工場等以外のもの又は指定地域内において建設工事として行われる作業であって特定建設作業以外のものについて、その工場若しくは事業場において発生する振動又はその作業に伴って発生する振動に関し、条例で必要な規制を定めることができる。

地方公共団体は、徳島市公安条例事件判決（最高裁大法廷判決昭和50年9月10日）の枠組みに基づいて、振動に関し条例で規制することが当然できるから、本条の意義は、①に関し、指定地域内に設置される特定工場等において発生する振動について本法と同一の見地から更なる規制ができないこと、②に関し、特定建設作業については更なる規制ができないことを規定しているところにあると思われる。

(5)　東京23区（特別区）について

地方自治法上の特別区については、同法281条2項及び283条により、原則として、市と同様に扱われる。したがって、東京23区においては、上述した市長の事務は、各区長が行うことになる。

また、地方自治法上の特別区は地方公共団体であるから（地方自治法1条の3）、東京23区も地方公共団体にあたる。

2　東京都の環境確保条例

東京都の環境確保条例（東京都都民の健康と安全を確保する環境に関する条例）と同施行規則による振動に関する規制の概要は、以下のとおりである。

(1)　工場（2条7号、別表第一）及び指定作業場（2条8号・別表第二）の振動に関する規制

規制基準（別表第七の六）に基づいて規制がなされる（68条）。

都内全域（島しょを含む）に適用される。

事前規制として、知事による認可や知事に対する届出が必要である（81条、89条等）。

事後規制としては、知事による改善勧告及び改善命令（100条、102条）がある。

規制違反については、罰則（158 条等）が設けられている。

⑵ 指定建設作業（125 条、別表第九）の振動に関する規制

「規則で定める基準」に基づいて規制がなされる（125 条、規則 61 条１項、規則別表第十四）。

同基準が適用される地域は、振動規制法の規制を適用する地域（指定地域）に限定される（規則 61 条２項）。

規制方法として、知事による改善勧告及び改善命令（125 条）がある。

規制違反については、罰則（158 条）が設けられている。

⑶ 振動に対する一般的な規制

振動の発生原因を問わない、万人に対する規制である。

地域及び時間帯により区分して規定されている規制基準（別表第十三）に基づいて規制がなされる（136 条）。

規制方法として、知事による改善勧告及び改善命令（138 条、139 条）がある。

規制違反については、罰則（158 条）が設けられている。

3 関東６県の条例

関東６県の振動に関する規制については、以下のウェブサイトを参照。

●神奈川県
https://www.pref.kanagawa.jp/docs/pf7/souon/index.html

●埼玉県
http://www.pref.saitama.lg.jp/kurashi/kankyo/kogai/soon/index.html

●千葉県（振動に関しては、各市町村の条例で規制している）
http://www.pref.chiba.lg.jp/taiki/souon/kisei/index.html

●茨城県
https://www.pref.ibaraki.jp/seikatsukankyo/kantai/taiki/noize/noize.html

●栃木県
http://www.pref.tochigi.lg.jp/d03/eco/kankyou/hozen/souon-shindou.html

●群馬県

http://www.pref.gunma.jp/cate_list/ct00000617.html

第3 当事者

考え方は、基本的に、騒音の場合と同様である。なお、家屋損傷型の紛争の場合、工事業者に対して請求するのみでなく、民法716条ただし書に基づき、注文主に対して請求することも考えられる。

第4 加害行為

1 振動の大きさの測定及び決定

⑴ 振動の大きさ

振動の大きさを表す量として、振動規制の場面では、加速度（振動加速度）を用いる。振動加速度は、対数を用いて基準値との関係を表した数値（振動加速度レベル）によって表す[6]。振動加速度レベルを表す定義式は、$La = 20\log(a / a_0)$ [デシベル（dB）] である。

a ＝測定した振動加速度の実効値　[m/s^2]（実効値とは、振動加速度の最大値の $1/\sqrt{2}$）

a_0＝日本における基準振動加速度　$10^{-5} m/s^2$

ただ、振動についての人の感じ方は周波数によって異なるので、実際には、振動感覚に基づく補正を行った数値（振動レベル）を用いる[7]。

なお、騒音の測定においても、単位として同じくデシベルを用いるが、振動加速度レベルのデシベルと、音圧レベルのデシベルとは意味が異なる。

⑵ 測定器（振動レベル計）

振動規制法による測定において、使用測定器は、計量法71条の条件に合格した振動レベル計を用い、測定方向は鉛直方向について行う。

6　ウェーバー・フェヒナーの法則。人の感じ方は、刺激の強さ（物理的な数値）の対数に比例する。

7　振動加速度レベルと振動レベルは異なる。振動加速度レベルに人間の振動感覚補正を加えて表した値が振動レベルである（後掲参考文献1・292頁、後掲参考文献2・336頁）。

水平方向の振動レベルは、振動規制法の規制とは直接関係しない[8]。

振動用の測定器については、地方公共団体が貸出を行っている自治体もあるので、貸し出しを希望する場合、各自治体の担当部署（環境対策課等）に問い合わせる。

⑶ 振動の大きさの測定方法

ア　振動規制法等の規定

測定方法は、振動規制法等（委任された下位規範を含む）に規定されている。

例えば、振動規制法における特定工場等の振動に対する規制で用いられる測定方法については、環境省告示（特定工場等において発生する振動の規制に関する基準）に、以下のように規定されている（５の二の表は掲載省略）。

「４　振動の測定は、計量法第七十一条の条件に合格した振動レベル計を用い、鉛直方向について行うものとする。この場合において、振動感覚補正回路は鉛直振動特性を用いることとする。

５　振動の測定方法は、次のとおりとする。

一　振動ピックアップの設置場所は、次のとおりとする。

イ　緩衝物がなく、かつ、十分踏み固め等の行われている堅い場所

ロ　傾斜及びおうとつがない水平面を確保できる場所

ハ　温度、電気、磁気等の外囲条件の影響を受けない場所

二　暗振動の影響の補正は、次のとおりとする。

測定の対象とする振動に係る指示値と暗振動（当該測定場所において発生する振動で当該測定の対象とする振動以外のものをいう。）の指示値の差が十デシベル未満の場合は、測定の対象とする振動に係る指示値から次の表の上欄に掲げる指示値の差ごとに同表の下欄に掲げる補正値を減ずるもの」

振動規制法における特定建設作業の振動に対する規制で用いられる測定方法については、振動規制法施行規則別表第一備考２及び３を、道路交通振動に対する規制で用いられる測定方法について

8　後掲参考文献２・569頁

は、同施行規則別表第二４～７を参照のこと。

イ　自身で測定する場合で、測定値が自動的に記録化されない機器（測定値が画面に表示されるだけの機器）を使用する場合は、表示結果をビデオ撮影して証拠化することが必要となるが、撮影時刻も同時に記録することが必要である。なお、振動の発生源である業者に対して、測定と測定結果記録の交付を求める方法もあり得る。

ウ　測定器の貸し出しを行っていない自治体でも、担当者が測定に来てくれて、測定値次第では振動を発生させている工事業者等を指導してくれることがある。

(4)　振動の大きさの決定方法

振動の大きさは周期的に変動したり又は不規則に変動したりするが、何をもって振動の大きさとすれば良いのであろうか？

これが振動の大きさの決定方法の問題であり、特定工場等に対する規制で用いられる決定方法については、「特定工場等において発生する振動の規制に関する基準」に、以下のように規定されている（なお、特定建設作業の振動レベルの決定については、振動規制法施行規則別表第一備考４で、道路交通振動の振動レベルの決定については、同別表第二備考８で規定されている）。

「振動レベルの決定は、次のとおりとする。

一　測定器の指示値が変動せず、又は変動が少ない場合は、その指示値とする。

二　測定器の指示値が周期的又は間欠的に変動する場合は、その変動ごとの指示値の最大値の平均値とする。

三　測定器の指示値が不規則かつ大幅に変動する場合は、五秒間隔、百個又はこれに準ずる間隔、個数の測定値の八十パーセントレンジの上端の数値とする。」

一般に、上記三の数値をL_{10}という。測定された数値を大きさの順に並べて両端の10%をそれぞれ除いた80%レンジの上端値という意味である。振動があるレベル以上になっている時間が実測時間の何%を占めるかという時間率レベルの考え方に依拠するものである。この方法では、上限10%の部分にどれほど大きな値が含まれていても全く考慮されないことになる。

注意しなければならないことは、振動規制法等（委任された下位規範を含む）は、当該振動が規制基準内にあるか否かを判定するための方法を定めているにすぎないということである。すなわち、差止請求や不法行為に基づく損害賠償請求で問題となる受忍限度の判定にそのまま用いるべきかについては別途考察が必要になるということである。例えば、交通振動による睡眠妨害が問題となる事案において、「振動レベルは、五秒間隔、百個又はこれに準ずる間隔、個数の測定値の八十パーセントレンジの上端の数値を、昼間及び夜間の区分ごとにすべてについて平均した数値とする。」（振動規制法施行規則別表第二備考８）という時間率レベルの値であるＬ$_{10}$によるべきか又は単純に測定値の最大値を採用すべきかは大いに問題となりうる。つまり、前述の通り、規制基準とは法律又は条例に基づいて定められた公害の原因となる行為を行政が規制するための基準であるから、継続性ないし確実性が要求されるのに対し、睡眠妨害を主張する者にとっては、上限10%の部分の値こそが問題となるからである（詳細は、後掲「第５」でも一部を紹介する東京高判平成24年7月31日及びその原審・東京地判平成23年1月13日を参照）。

ちなみに、騒音に係る環境基準及び道路の騒音規制の場面では、時間率レベルの考え方とは異なる等価騒音レベル（Ｌｅｑ）という新しい決定方法が用いられている。

2　振動の影響

(1)　振動は、一般に家屋内で増幅する（騒音とは逆である）。

5dB程度増幅することが多い。

(2)　振動の影響の種類（心理的影響・生理的影響・物的影響）

ア　心理的影響とは、振動による不快感や煩わしさである。

イ　生理的影響とは、振動による身体に対する影響のことであるが、現実に争われるのは睡眠妨害がほとんどである。

ちなみに、振動が睡眠に及ぼす影響については、以下の通りである[9]。

9　「振動に関わる苦情への対応」（公害等調整委員会事務局　編集）26頁（http://www.soumu.go.jp/main_content/000352508.pdf)、後掲参考文献2・375-376頁

睡眠深度	振動レベル（覚醒率（%））
1度	60dB（0%）65dB（71%）69dB 以上（100%）
2度	60dB（0%）65dB（4%）69dB（24%）74dB（74%）79dB（100%）
3度4度	74dB 以下（0%）79dB 以上（50% 以下）
レム睡眠	深度2度と3度の中間程度の影響

これは、振動台上の寝具の上で鍛造機の振動を 30 秒間振動暴露させたときの睡眠妨害度の実験結果であり、幾らか減じたものが屋外相当の数値となる。

ウ　物的影響とは、振動による家屋等に対する物的な被害である。

第5　違法性と受忍限度論

考え方は、騒音の場合と同様である。ただ、騒音と振動が同時に問題となっている場合でも、両者は別ものであるから、区別して考えなければならない。また、家屋損傷被害の場合には、受忍限度は問題とならない。

以下に、裁判例を紹介する。

①　東京地判平成 22 年 6 月 10 日（LLI/DB、L06530384）[危険への接近を認定した事案]

茨城県高萩市にある土地を取得した原告（不動産業を営む株式会社）が、土地の地下に設置された赤浜トンネルを走行する常磐線鉄道列車によって振動被害を被っていると主張して、常磐線を運行する被告（東日本旅客鉄道株式会社）に対し、土地の所有権に基づく妨害排除請求権に基づき、振動の一部差止めを請求した事案。

本判決は、「原告は、本件トンネルが本件土地に振動を生じさせていることを認識しつつ、敢えて本件土地を取得し」、「自ら危険に接近したものといえる」と判示した。また、鉄道によって生じる振動に関して、在来線の振動を規制する行政指針は存在しないところ、新幹線の振動に関する「昭和 51 年環境庁長官勧告」を考慮して、「70 デシベルが一つの指標になると解される」とした上で、同勧告に定められた測定方法に従って本件振動の振動レベルを測定しても 70 デシベルを超える調査地点はなかったとした。その上で、本判決は、原告が自ら危険に接近したといえること、本件振動の振動レベルが行政指針の範囲内にとどまることを理由に、原告には、常磐線の通過によって生じる本件振動を受忍すべき特段の事情があるといえるとして、請求を棄却した。

本判決は、「昭和51年環境庁長官勧告」を基準にして判断したといえるが、他に列車に関する基準がないからといって、本勧告を基準にした点には、大いに疑問が残る。本勧告は、新幹線の振動が社会問題になり、そのことに緊急に対策を講じる必要が生じたことからなされたものであり、在来線の振動について準用する基盤を欠いている。また、勧告がなされてから長年月が経過しており、その間の環境意識の高まりやそれに伴う振動に関する法令の整備を考慮に入れるならば、全くのミスマッチである。在来線の振動被害については、他の法令や条例を参照にしながら、条理により解決すべきである。

② 東京高判平成24年7月31日（LEX/DB25483296）（原審：東京地判平成23年1月13日（LLI/DB、L06630109））［道路交通振動に関する事案］

市道に接している土地上の建物に居住している原告らが、十数年以上にわたり、自宅前面道路の車道面上に設置されたマンホールの上を大型車両が走行する度に、かなり頻回に振動が発生するとして、マンホール等を所有管理している会社及びマンホール等の車道内設置を許可し道路を供用している松戸市に対し、主位的に、(i) 慰謝料の支払い及び (ii) マンホール及び地下工作物・施設の撤去を求め、(ii) に対する予備的請求として、振動を除去ないし常時55デシベル未満に低減させる措置を施すことを求めた事案。

振動規制法16条1項の「環境省令で定める限度」（要請限度）は、本件土地が属する第1種区域において昼間65 dB、夜間60 dBとされていたところ、被告らは、道路交通を原因とする振動の測定方法は、同法施行規則12条・別表第二備考8（L_{10}）に従うべきであると主張した。これに対し、原告らは、L_{10}は上位10パーセントの振動値を無視するという問題点をはらんでおり、最大振動値であるL_{max}こそ被害の実態を反映するものであると主張した。

本判決は、「L_{10}を基準として用いる上記の判定尺度と数値等は、振動規制法の趣旨等に照らすと、本件のような車両振動による侵害を検討する際の基準として合理性を備えていることができる」とした。また、マンホール等が電気通信サービスを提供する上で必

第6章 振動

要な設備であり、マンホール等自体が振動の発生源となるものではないこと、振動軽減のための措置が講じられてきたことなどを挙げて、受忍限度を超える違法があったとは認めず、請求棄却の一審判決に対する原告らの控訴を棄却した。

③ 仙台高判令和３年３月11日（LLI/DB、L07620160）（原審：仙台地判令和２年３月31日（LLI/DB、L07551268））［家屋損傷型の事案］

原告が、原告の自宅の隣地で行われた宅地造成工事の振動によって原告宅が損傷したと主張して、本件工事を施工した会社と、本件工事を注文した仙台市に対し、損害賠償を請求した事案。

本判決は、原告が主張した損傷の一部は、東日本大震災による損傷であり、また、１ｍあたり３ｍｍに満たない柱の傾斜や勾配は、構造耐力上主要な部分に瑕疵を生じさせる可能性が低く、本件造成工事によって建物の安全性に影響を及ぼすような傾斜が生じたとまで認めることはできないなどとして、建物の損傷の補修費用の損害賠償請求について、建物の傾きについて新たに補修を要するほどの損害が生じたとみることはできないと判示し、因果関係に争いのない損傷の範囲でのみ認容した。

また、慰謝料請求について、本件造成工事が約５か月間にわたり続いたもので、原告の不安感は建物内部の損傷という形で現実化し、建物の傾きの拡大については、建物の安全性に影響を及ぼすものではなく、直ちに補修することが必要な損害とまでは認められないとしても、実際に生じた建物の傾きが受忍限度の範囲内にとどまるというのは損害の公平な分担の観点から著しく妥当性を欠くなどとして、慰謝料30万円を認めた。（工事を施工した会社については民法709条に基づき、注文主である仙台市については民法716条ただし書に基づき、損害賠償責任を負うとしている。）

第6　因果関係

振動により精神的被害・健康被害は発生した紛争類型の場合、因果関係についての考え方は、騒音の場合と同様である。

家屋損傷型の紛争の場合、工事の振動によって家屋が損傷したことの主張立証が課題になる[10]。

第7　被害の特定と賠償金額の算定

考え方は、騒音の場合と同様である。

家屋損傷型の場合（近隣での工事の振動によって家屋に損傷が発生するおそれがある場合）には、将来の損害賠償請求に備えて、損傷が工事による振動に起因していることを明らかにするために、工事前に家屋の状況を調べ、写真を撮っておくのがベストである。

第8　故意・過失、法律構成、紛争処理の方針

考え方は、基本的に、騒音の場合と同様である。なお、建設工事による振動被害の場合、振動を引きおこす原因となっている機械・工法を特定し、当該機械・工法の性質上、振動軽減措置をとることができるかを検討することが考えられる[11]。

≪参考文献≫

1　村頭秀人「騒音・低周波音・振動の紛争解決ガイドブック」284 ~ 326 頁、506 ~ 565 頁

2　公害防止の技術と法規編集委員会「新・公害防止の技術と法規2021　騒音・振動編」334 ~ 412 頁、508 ~ 591 頁

3　岡田修一ほか編「改訂版　住宅建築トラブル相談ハンドブック」276 ~ 286 頁

4　公害等調整委員会機関誌「ちょうせい」第 109 号～第 111 号「誌上セミナー　振動について」[12]

---

10 後掲参考文献1・316 頁、巻末付録 C-1。たとえば道路や家屋のひび割れが、振動の影響なのか、解体工事による地盤沈下の影響なのか、その他の原因なのか証拠上不明であるとして、振動による不法行為を否定した裁判例にさいたま地判平成21年3月13日（判時 2044・123）がある。

11 国土交通省「建設工事に伴う騒音振動対策技術指針」は、騒音と振動の防止について、技術的な対策を示している。https://www.mlit.go.jp/sogoseisaku/constplan/sosei_constplan_fr_000005.html

12 総務省ウェブサイトで公開されている。https://www.soumu.go.jp/kouchoi/substance/chosei/main.html

第7章

悪　臭

弁護士　岩田　浩

第1　はじめに

悪臭問題は、公害・環境問題のなかでも相談件数が多いもので、健康上の被害が生じうるのみならず、洗濯物を干すことができなくなる等、生活環境にも影響をもたらす。

本章では、悪臭問題の解決へのひとつの流れを示す。

第2　適用法令等

1　悪臭防止法

悪臭問題といえども、全ての悪臭が、悪臭防止法により規制されるわけではない。悪臭防止法は、工場その他の事業場における事業活動に伴って発生する悪臭について規制をしている（悪臭防止法１条）。また、22 種類の「特定悪臭物質」（同法２条１項、同法施行令１条）が規制の対象となっている他、人間の嗅覚によって測定される悪臭の程度の指標である「臭気指数」（同法２条２項）による規制をしている。臭気指数による規制は、臭気を総体として捉えることから、特定悪臭物質からの臭気に加えて未規制物質による臭気や飲食店などのサービス業から発せられるような発生源が多岐にわたる臭気（複合臭気）にも対応できる。規制の対象は、都道府県知事（市の区域内の地域については、市長）によって指定される規制地域内の全ての工場・事業場である（悪臭防止法３条）。このように、当事者が限定されていること及び規制の手法が２つあることに注意する必要がある。

環境省は、悪臭制度の解決には、臭気指数制度の導入が極めて重要であると考えている (環境省「悪臭防止法に定める臭気指数制度導入のすすめ」)

2　条例

悪臭を規制する条例を定めている地方公共団体もある。東京都は、都民の健康と安全を確保する環境に関する条例（環境確保条例）を定め、同条例68条1項等で規制をしている。悪臭防止法と同様に、規制対象は、工場・指定作業場に限定され、臭気指数を用いた規制方式を採用している。

3　人格権、所有権、占有権

上記の法令に該当しないものであっても、受忍限度を超える悪臭については、人格権（所有権や占有権の場合も考えられる）に基づく差止めが認められる場合がある。また、不法行為に基づく損害賠償が認められる場合がある。

第3　当事者の特定

当事者を特定することは、被害の程度、被害の範囲、規制基準、悪臭原因の特定、受忍限度の評価などを検討するうえで重要である。

現地に行って具体的にどのようになっているのか確認することが重要である。

1　被害者の特定

(1)　被害者の居住地

基準値、受忍限度の評価等をするために被害者が居住する近隣地域に関する情報を取得する。

ゼンリンの地図（関東近辺は弁護士会の図書館に、全国のゼンリン地図は、国会図書館で閲覧等が可能である。）を用いて、風向きを考慮しながら検討する。

住居専用地域では、良好な環境が保たれる要請が高いため、都市計画法に基づく用途地域の指定を確認する。用途地域は、市区町村のウェブサイトで確認できる場合が多い。

被害者が、加害者から遠方に居住する場合は、立証が困難になる傾向がある。

⑵　被害者の人数

公害・環境問題は場所的・空間的に広がりがあるため、①他に被害者がいるか、②被害者の人数はどれくらいか、③マンションの住民か、④管理組合で問題となっているのか、⑤一戸建ての住民か、⑥協力してくれる者はどのくらいいるかなどに関する情報を取得する。

被害者の人数が多ければ、被害の程度が大きいと推測することができる。また、被害者が団結して加害者に対して交渉をすることも可能になる。

2　加害者の特定

加害者は、隣地に住む住人のほか、工場、飲食店、地方公共団体などが運営する事業者もある。特に、悪臭防止法や、条例による規制については、加害者を事業者や工場に限定しているものがあるため、注意をする必要がある。

加害者と言えるためには、悪臭の原因となっていることが必要であるが、正確に測定しないと判明しない場合や、測定しても判然としない場合がある。

⑴　加害者の位置関係

都市部では、住宅のみならず、工場や店舗等が密集している地域もあり、また、悪臭源が一つではなく、複数の場合もありうるため誰が加害者であるかを特定するのが困難な場合がある。

⑵　加害者の属性

工場、飲食店、廃棄物業者などの事業主であれば、悪臭防止法や条例による規制がされる場合がある。

隣地の住民であれば、悪臭防止法上の規制はなく、人格権等に基づいて、請求をすることになる。

賃借人か賃貸人の場合であれば、契約上の債務不履行責任に基づいて、請求をすることになる。

⑶　原因裁定での特例

公害等調整委員会に原因裁定を申立てる場合は、相手方となる加害者を特定しないことについてやむを得ない理由があるときは、相手方の特定を留保して原因裁定を申請することができる（公害紛争処理法 42 条の 28 第 1 項）。

ただし、後に当委員会から加害者の特定を命令される場合があり、これに応じないときは、申請が取り下げられたものとみなされてしまう（同条 2 項、3 項）

3　地方公共団体の条例等の確認

地方公共団体によっては、悪臭に関する規制をしているものがある。各地方公共団体によって、基準が異なる場合もあるので、調査をする必要がある。

第4　侵害行為の特定

1　悪臭と健康被害

法に定められた基準を超えるものについては、規制の対象になるが、基準を超えないものであっても、健康被害が生じていたり、受忍限度を超えて、悪臭との因果関係があることが明らかになれば、差止め等が認められる場合がある。

悪臭防止法には、悪臭の定義はないものの、菓子製造工場が発する甘いにおいについて、京都地判 H22.9.15 は、「音やにおいによる不快感は、短時間であればともかく、長期間にわたり、日中、継続的なものである場合には、かなりの苦痛となるものと認めるのが相当」と判示しており、不快なにおいが悪臭となりうることを認めている。

2　測定

(1)　機器測定法（悪臭防止法 11 条、同法施行規則 5 条）

機器を用いて環境計量士による測定を行う。

⑵　**嗅覚測定法（悪臭防止法 11 条、同法施行規則 1 条）**

臭気測定業務従事者（臭気判定士）による測定を行う。

具体的な測定方法は、本書第 1 部第 4 章に記載している。なお、様々な測定器の貸出しを業とする民間会社が臭気測定器のレンタルをしているので、専門的な測定を行う前に、臭気測定器を用いて概要を把握することも可能である。

⑶　**注意点**

侵害行為の特定のため、悪臭について測定できることが望ましいが、測定がされない場合でも、違法性が認められた裁判例がある (猫の糞尿の事案として福岡地判 H27.9.17、新聞配達員による排便の事案として、東京地判 R3.3.26)。測定結果が無くても、諦めずに対応をしたほうが良い場合もある。

3　規制地域、規制基準

悪臭防止法、各地の条例で、規制地域、規制基準が定められている。

規制地域の指定は、その地域を管轄している都道府県知事（市の区域内の地域については、市長。）が行う（悪臭防止法３条）。

規制基準についても、都道府県知事又は市長が定める（悪臭防止法 4 条）。特定悪臭物質の種類ごとまたは臭気指数により三種類の規制基準（1 号規制：敷地境界線、2 号規制：気体排出口、3 号規制：排出水）が定められる（悪臭防止法 4 条 1 項各号、同条 2 項各号）。各規制値については、6 段階臭気強度表示法における臭気強度 2.5 ～ 3.5 に対応する特定悪臭物質ごとの物質濃度又は臭気指数の範囲から、規制地域の特性に応じて規制指標（特定悪臭物質濃度又は臭気指数）及び規制値を設定することとされている（「悪臭防止法の施行について」昭和 47 年環大特第 31 号環境事務次官通知）。当該通知にしたがって定められた基準が、悪臭防止法施行規則第 2 条乃至第 6 条の 3 等である。

なお、環境基準とは、維持されることが望ましい基準のことであるが、悪臭は騒音等と異なり存在しないことが望ましい状態である。よって、そもそも悪臭については、環境基準が存在しない。

第5　違法性と受忍限度論

1　規制基準を超える測定値

裁判所、公害等調整委員会、公害審査会等では、規制基準を超えれば直ちに違法とは判断せずに、受忍限度を超えた場合に違法と判断している。そのため、測定値が少々規制基準を超えても、違法とまで評価されにくくなっている。

2　受忍限度論

受忍限度論では、一般に

①　侵害行為の態様と程度

②　被侵害利益の性質と内容

③　侵害行為の公共性の内容と程度

④　被害の防止又は軽減のため加害者が講じた措置の内容効果等

の諸事情を考慮して、これらを総合的に考察して違法か否か決すべきものとしている。

例えば、あまり規制基準を超えていないのであれば、侵害行為の程度は低いという方向に流れ（要素①）、公共性の高い施設からの悪臭であれば、受忍すべきであるという方向に流れる（要素③）。

総合評価なので最終的には裁判官など判断者の個性によるところもある。

なお、受忍限度を超えていなければ、違法性があるとはいえないため、賠償等は認められない。

3　悪臭に関する受忍限度論

悪臭の違法性を判断する際に、裁判所は、受忍限度論を用いて、違法性の判断をしている（もっとも、健康被害が生じている場合等、受忍限度を問題とせず、違法性の判断をすることもある。）。

(1) ごみの集積場の悪臭

自宅前をごみの集積場と指定された者が、その位置を輪番制にすることを提案し、これに反対する者に対して、一般廃棄物の差止め請求をした事案において、「本件集積場によって被っている悪臭、ごみの飛散、不潔な景観による不快感その他による有形、無形の被害が、受忍限度を超えるものであるかどうかの判断にあたっては、単に被害の程度、内容のみに止まらず、被害回避のための代替措置の有無、その難易等の観点のほか、さらには関係者間の公平その他諸般の見地を総合したうえでなされるべきものと解される。」としたうえで、自宅前をごみの集積場と指定された者が「受けている被害が何人にとっても同様の不快感、嫌悪感をもたらすものであるところ、輪番制等をとって、本件集積場を順次移動し、集積場を利用する者全員によって被害を分け合うことが容易に可能であり、そうすることがごみの排出の適正化について市民の相互協力義務を定めた前記条例の趣旨にもかなうことよりすれば、そのような方策をとることを拒否し、本件集積場に一般廃棄物を排出し続けて、特定の者にのみ被害を受け続けさせることは、当該被害者にとって受忍限度を超えることとなる」と判断した裁判例がある（東京高判 H8.2.28）

(2) マンションのディスポーザ排水処理システムにより発生する臭気

不動産業等を営む者からマンション二戸を購入したところ、購入した二戸とその屋上との間に臭突管（ディスポーザの排気口）が設置されており、悪臭が居住部分にも及んでいることが隠れた瑕疵に当たるとして、臭気指数の測定をしたうえで、債務不履行等に基づく損害賠償等を請求した事案において、「敷地の境界線の地表における臭気指数の許容限度は、飽くまで屋外を前提とした基準であるから、本件各マンション居室内における臭気は居住者に不快なものであることは認められる。他方で、本件建物におけるディスポーザ排水処理システムにより発生する臭気は、上記法令で規制の対象とされているような第三者の事業活動によって発生したものとは異なり、本件建物（マンション）に居住する者の生ごみの処理の利便と引換えに発生した臭気であるから、居住者は、いわば自分の所有するマンションそのものに内在する問題として、上記法令の規制の場合と比べて高い受忍限度が求められると解するのが相当である。」としたうえで、結論として受忍限度の範囲内であり、損害賠償義務は発生しないとした。

4　過去の苦情の申し入れの内容、回数、加害者の改善措置など

受忍限度を検討するうえで、過去の苦情の申し入れの内容や回数、加害者が改善措置をしたか否かなどの事情が考慮される。この点を重視した裁判例として、台湾料理店が発生させた悪臭対応が不誠実であったという事案につき、東京地判 H29.2.22 があげられる。

そのため、被害者と加害者との間の過去の交渉経緯を確認しておく必要がある。

第6　因果関係

1　外形的事情から認められる場合

工場であれば投入される原料、排出される廃棄物や汚水等が何であるか、それらの保管状況はどのようになっているのかを推測する。

飼育施設であれば、どのような動物が飼育されているのか、その動物を飼育するにあたり、どのようなものが使用されるのか、そのものからどのような臭いが出るのかを推測する。

また、立地関係、排気設備の有無と設置場所、設置されている方角・向きの確認等、空気の流れを把握すれば、悪臭が到達するメカニズムの解明に資することになる。

2　特定できる場合

排水時の臭い等は、水質検査、悪臭物質検査を併せて実施すれば、臭気源を特定しやすい。

第7　被害の特定と賠償金額の算定

1　精神的被害

悪臭による不快感、迷惑感などが該当し、医師による因果関係のある不眠症などの疾患は、健康被害に該当すると思われる。

2　健康被害

具体的には、味覚障害、不眠症、うつ病などがあげられる。医師による診断書を取得し、悪臭と症状の因果関係まで言及してもらうようにする。

交通事故の損害賠償論と同様に、休業損害、入院費、通院費、慰謝料等が賠償の対象となる。

因果関係が認められる健康被害がある場合は、受忍限度を問題とすることなく、不法行為等の成立が認められるという考え方があることに留意する（京都地判 S57.4.27）。同様に、受忍限度が問題とされなかった事案として、猫の糞尿の悪臭による健康被害が生じたものがあるが（福岡地判 H27.9.17）、この悪臭については、測定がされていなかったことから、測定結果が無くても、諦めずに対応をしたほうが良い場合もある。

3　物的被害

①洗濯物に付着した臭い原因物質など、実際に発生した物に対する損害だけではなく、②悪臭を防止するために講じた措置（消臭装置の取付けや建物の構造変更）によって生じた財産的損害を確認する。

4　営業損害

原告が被告から建物を賃借していたところ、到底受忍できない程度のアンモニア様悪臭が発生したことから、飲食店営業に重大な影響が生じたとして、約267万円の損害が認められた裁判例がある（東京地判H24.7.25）。

また、婦人服を販売する原告の30数名の顧客が、飲食店を経営している被告店舗からの魚の臭いについて、かなりの不快感を示しており、主たる商品である婦人服等に魚の臭いが付着し、悪臭によって被害を被ったとして、80万円の損害が認められた裁判例がある（東京地判H15.1.27）。

第8　故意・過失

防臭対策をわざとしなかった、機器の設置方法が悪く悪臭が発生しているのにことさら放置した、何度も悪臭で苦情を言われたのに軽減措置を講じなかった等、客観的事情等をもとに認識を認定する。

第9　法律構成

1　人格権に基づく差止請求、所有権・占有権に基づく妨害排除請求、妨害予防請求

工場の操業停止請求や不作為請求等の差止め請求を求めることができる。また、悪臭を発生させる機器の撤去、消臭装置の設置、排気ダクトの延長、廃液処理施設の改善、集塵機の増設、清掃回数の増加、建物構造の改善、犬猫の退去等、悪臭の原因物質の撤去をして欲しい場合などについては、本法律構成を用いて、具体的な作為義務を求める訴訟を提起することができる。

なお、本法律構成を採用しても、受忍限度論の適用を受ける（受忍限度を超えた人格権の侵害があるとして差止めを認めた裁判例として、東京地立川支判H22.5.13判時2082号74頁）。

2　不法行為に基づく損害賠償請求

従前述べたとおり、被害の発生、不法行為、因果関係、故意過失を主張立証しなければならない。

判例では、受忍限度を超えていなければ違法ではないため、受忍限度論の検討が必要である。

3　債務不履行に基づく損害賠償請求

建物や店舗に関する賃貸借契約において、貸主は悪臭の無い物件を使用させる義務を負う。

隣人や他のテナントが悪臭を発生した場合、貸主は当該隣人等を注意し、時には賃貸借契約を解除する場合もある。

このような義務を履行しない貸主等について債務不履行に基づく損害賠償を請求する場合がある。

もっとも、賃貸借契約締結時にペットの飼育禁止条項及び解除条項が定められている場合であっても、賃貸人が賃借人に対し他の賃借人にペットの飼育をさせないことまで定めたものではなく、賃貸人が賃借人に対し他の入居者にペットの飼育をさせない義務を負うことを定めたものとは解されないとした裁判例があることに注意する必要がある（東京地判 H17.12.21）。

4　区分所有法 57 条～ 60 条に基づく行為停止の請求等

区分所有法 57 条～ 60 条は、同法 6 条 1 項に規定する「共同の利益に反する行為」があった場合に、行為の停止の請求（同法 57 条）、使用禁止の請求（同法 58 条）、区分所有権の競売の請求（同法 59 条）、占有者に対する引渡し請求（同法 60 条）ができる旨、規定している。マンションの管理組合が、規約に違反する人物や、共同の利益に反する行為をする人物に対する訴訟を提起するには総会の決議をする必要があり、所定の手続きを踏まなければならない。

被告がマンションの一室で複数の猫を飼育し、猫の糞尿の臭気を室外に放出して、区分所有者の共同の利益に反する行為をしているとして、マンション管理組合による、犬、猫等の動物の飼育禁止、退去、糞尿の除去及び不法行為に基づく損害賠償の請求を認容した裁判例がある(東京地判 H19.10.9)。

5　仮処分

緊急を要する場合に仮処分を申立てることができる（人格権に基づく差止めの仮処分の申立てが認められた裁判例として、東京地決H22.7.6 判時 2122 号 99 頁)。

ただし、保証金を積まなければならず、工場が悪臭発生源である場合などは高額になることが予想される。

6　行政関係

悪臭被害がある場合、発生者に対する業の許可や施設の許可に対して、行政事件訴訟法上の差止請求や許可の取消しの訴えを提起できる場合がある。

また、市区町村長は、規制地域内の事業場における事業活動に伴って発生する悪臭原因物質の排出が規制基準に適合しない場合において、その不快なにおいにより住民の生活環境が損なわれていると認めるときは、当該事業場を設置している者に対し、相当の期限を定めて、その事態を除去するために必要な限度において、悪臭原因物を発生させている施設の運用の改善、悪臭原因物の排出防止設備の改良その他悪臭原因物の排出を減少させるための措置を執るべきことを勧告することができ（悪臭防止法８条１項)、勧告に従わない場合には、改善措置を命ずることができる（悪臭防止法８条２項)。そこで、地方公共団体に勧告や改善命令をしてもらうよう促すことも可能である。

7　環境確保条例等の刑罰法規

各地方公共団体が制定する環境確保条例等を調査し、悪臭につき刑罰法規はないのか、ある場合はどのような悪臭が該当するのかなどを検討する。

第10 悪臭の除去方法、改善方法

1　悪臭源の除去

悪臭源を除去すれば、悪臭が発生しなくなる。具体的な方法としては、工場の操業を停止させたり、工場で使用している原材料を変更させたり、家畜等を移転させたり、悪臭の除去装置を設置する等が考えられる。しかし、悪臭源となるものによって生産等をしている以上、これを完全に除去させることは経済的な損失が大きくなることから、困難である場合が多い。

公益社団法人におい・かおり環境協会が提供する、『ひと目で分かる「脱臭装置」選択ガイド』には、、脱臭方式別の装置リスト、処理風量別リスト、登録装置全リストが掲載されているので、脱臭装置選択の際に参考にして頂きたい。

2　悪臭の改善

悪臭源を完全に除去することができなくても、経済的な損失を最小限に抑えつつ、悪臭の改善を図ることもできる。具体的な方法としては、こまめな清掃をしたり、排出ダクトの設置をより高度にしたり、向きを変えたりすることが考えられる。

第 11　紛争処理の方針

第５章（騒音）の章の該当部分を参照。

≪参考文献≫

●公益社団法人におい・かおり環境協会編［編集］『ハンドブック悪臭防止法［六訂版］』（ぎょうせい、2012 年）
●環境省　におい・かおりについて
https://www.env.go.jp/air/akushu/akushu.html
●環境省　飲食業の方のための『臭気対策マニュアル』
https://www.env.go.jp/air/akushu/manual/manual_01.pdf
●公益社団法人におい・かおり環境協会　ひと目で分かる「脱臭装置」選択ガイド
https://dashdb.jp
●環境省　悪臭防止法に定める臭気指数制度導入のすすめ
https://www.env.go.jp/content/900405270.pdf

相談事例

近隣工場からの悪臭

弁護士　丸山高人

【相談事例の概要】

相談者の自宅の近隣に数年前に廃プラスチックの解体工場が建設され、去年あたりから異なる種類の廃棄物も受け入れている模様である。

相談者は、事業者に対して、被害を訴えて、対策を講じるように求めているが、事業者は「対応を検討します」というだけで何ら改善等が図られていない。相談者としては、悪臭の発生防止を求めているが、可能であれば精神的苦痛・清掃費用等の金銭請求もしたいと考えている。

【弁護士からのアドバイス】

悪臭防止法及び各条例によって悪臭に関する規制がなされており、前者の場合には、22種類の特定悪臭物質または人間の嗅覚によって測定される臭気指数が対象となる。

自治体は悪臭苦情があった場合には、事業者に規制基準の遵守及び防止対策の指導等が求められるので、まずは自治体に相談することが有用である。その際に当該工場に適用される規制基準等の説明を受ければ、その後の手続きに役立つことになる。行政対応の手順等については「臭気対策行政ガイドブック」（環境省環境管理局大気生活環境室）が参考になる。なお、自治体が十分に対応しない場合は、行政手続法３６条の３に基づき処分等の求めをすることで、自治体に対応を促すことができることがある。

自治体による基準判定が「適合」で規制基準等を満たしていると判断されてしまった場合は、その結論に至る自治体の説明を慎重に検討して、必要に応じて相談者自ら（あるいは近隣住民とともに）が都道府県の公害審査会等の制度を利用することも検討する。

また、行政による対応は悪臭発生防止を目的とするものなので、金銭請求を求める場合には、民法７０９条（不法行為）に基づく損害賠償請求を根拠とし、都道府県の公害審査会によるあっせん、調停、仲裁の手続き、裁判所における訴訟・調停等の手続きを利用することを検討する。

さらに、主要な争いが原因自体にあれば、公害等調整委員会の原因裁定手続きを利用することも検討する。

ただし、規制基準等を超えても直ちに違法となるわけではなく、受忍限度を超えていると認められる必要があるので（詳細は第３章参照）、この点についても主張立証できるかを慎重に検討する。

【参考裁判例等】

①京都地裁平成 22 年９月 15 日判決・判例タイムズ 1339 号 164 頁
菓子製造工場の発する騒音及び悪臭は違法であるとして，近隣住民の損害賠償請求が一部認容された事例

②公害等調整委員会平成 14 年6月 26 日裁定・平成９年（ゲ）第１号
不燃ゴミ中継施設から排出された化学物質によって健康被害が生じたとの近隣住民の申請が一部認容された事例

第8章

タバコ煙害

弁護士　　岡本　光樹

第1　はじめに　問題の概要

近年、住居の相隣問題・近隣問題としてタバコの煙害が問題となるケースが多い。

例えば、マンションの隣家や階下の居住者[1]が、ベランダや室内換気扇下で喫煙することで、そのタバコ煙・タバコ臭気が周囲の居住者の生活空間に流入し、窓を開けることができない、あるいは窓を閉め切っていても[2]室内に入ってくるといった相談である。

集合住宅（マンション・アパート等）で問題となることが多いが、戸建て住宅やその庭における喫煙、多数の者が利用する施設（企業・コンビニ・飲食店・タバコ屋・大学・官公庁・工事現場・公衆喫煙所など）の敷地内喫煙所・屋外喫煙所からのタバコ煙に関しても、しばしば問題となることがある。

他人のタバコの煙を吸わされること（受動喫煙）は、健康上の害があることが科学的・医学的に明らかにされている（「たばこ白書」[3]、巻末資料８－４　アメリカ公衆衛生総監報告2006年、世界保健機関ＷＨＯの勧告　ほか多数）。

なお、「受動喫煙」の定義は、時代や文脈や法律・条例によって幅がある。旧健康増進法（2002年制定、2003年５月施行）では、「受動喫煙」は、「室内又はこれに準ずる環境において」と限定されていたが、改正健康増進法（2018年７月改正、2019年１月から段階的に施行）では、「受動喫煙」の対象に、加熱式タバコから発生する蒸気や、屋外でさらされる場合も含むものとして定義を広げた（同法28条２号・３号）。さらに、近年は、いわゆるサードハンド・スモーク（セカンドハン

1　集合住宅のベランダで燃焼するタバコから発生した微小粒子状物質（PM2.5）を、同じフロアの隣家と上階で測定した実験がある。PM2.5は，それぞれのベランダに拡散し，開いた窓から室内に流入し，明らかな受動喫煙が発生することが示された。大和浩教授 Hiroshi Yamato ほか　産業医科大学雑誌 2020年42巻4号『Secondhand Smoke from a Veranda Spreading to Neighboring Households』（『集合住宅のベランダでの喫煙による近隣家庭の受動喫煙』）
http://www.tobacco-control.jp/documents/2020-07_Veranda.pdf

2　窓を閉めていても受動喫煙が発生すること示す実験がある。サッシのレールの隙間からタバコ煙が流入していた。産業医科大学教授　大和浩　「ベランダ喫煙をなくすための科学的根拠と法的根拠」（2020年10月8日）
http://www.tobacco-control.jp/documents/210126_Veranda_revised.pptx

3　厚生労働省公表「喫煙と健康　喫煙の健康影響に関する検討会報告書（平成28年8月）」（通称「たばこ白書」）https://www.mhlw.go.jp/stf/shingi2/0000135586.html
国立がん研究センター公表「たばこ白書の要点をまとめたリーフレット」
https://www.ncc.go.jp/jp/information/update/2017/0421/index.html

ドよりも間接的な）と呼ばれる残留タバコ臭や残留化学物質の有害性も指摘されており、これらも「受動喫煙」の対象に含めることが増えつつある（「東京都子どもを受動喫煙から守る条例」２条３号参照)。受動喫煙の相談にあたっては、こうした広義の「受動喫煙」の場合も含めて丁寧に聴取する必要があり、筆者は、幅広くその有害性を問題視している。

受動喫煙相隣問題（近隣からの住宅受動喫煙トラブル）は、人が最も安心して生活する住居空間への悪臭・有害物質の侵襲であり、被害が日々継続的に起こることから、重大な権利侵害であるという被害意識が強い。他方、被害をもたらしている喫煙者側は、受動喫煙の有害性や苦痛をさほど認識していなかったり、また自己の専有・専用に係る空間において喫煙することの自由を主張したりして、双方の主張がぶつかり合い、対立が先鋭化しやすい。

こうした問題は、

・日本経済新聞（NIKKEI プラス 1）2009 年 1 月 3 日　たばこの煙避ける権利、主張できるか　弁護士さん相談です！
・朝日新聞 2010 年 9 月 17 日　「ホタル族」耐えられない / 住まいの受動喫煙進まぬ対策

等の新聞誌面でもかねてより取り上げられてきた。

2012 年（平成 24 年）12 月 13 日、名古屋地裁で、この問題に関する不法行為責任を認め、慰謝料を認容した判決が出され、新聞やインターネット上で報道されたことにより、社会的に一層認知されるようになった。

当該判決の内容を踏まえた新聞記事として、

・毎日新聞夕刊 2013 年 9 月 26 日　マンション喫煙新事情　ホタル族「違法」
・産経新聞 2015 年 2 月 12 日　「ホタル族」に厳しい目　受動喫煙健康への害を考えて

さらに、テレビ報道番組においても、この問題及び判決内容に関する特集が放送された。

・TBS テレビ「いっぷく！」2015 年 2 月 26 日
・TBS テレビ「あさチャン！」2015 年 10 月 14 日
・NHK「あさイチ」2015 年 11 月 2 日、2016 年 2 月 1 日

筆者は、この問題を本書初版（2016 年 2 月）で取り上げ、上梓した。

しかし、その後も、近隣住宅間の受動喫煙問題は無くならず、むしろ、

近年の職場・飲食店・路上等の禁煙化に伴い、増加傾向にあるように感じられる。

2017年5月に「近隣住宅受動喫煙被害者の会」[4]が発足した（その後、2020年10月時点で2756件の会員登録）。

改正健康増進法27条において、「何人も、・・・喫煙をする際、望まない受動喫煙を生じさせることがないよう周囲の状況に配慮しなければならない。」との配慮義務が規定された。屋外や家庭内にも及び、できるだけ周囲に人がいない場所で喫煙をするよう配慮すべきとされる[5]。行政法規としては罰則はないが、民事上の責任には考慮される（名古屋地判H17.3.30参照）。

近時は、禁煙マンション普及や新型コロナウイルス感染症による在宅勤務[6]と関連して、近隣住宅受動喫煙問題が新聞やネットニュースに報じられている。[7]

本章では、こうした住宅におけるタバコ煙害問題について、解決への

4　http://www.kinrin-judokitsuen.com/

5　https://www.mhlw.go.jp/stf/seisakunitsuite/bunya/0000189195.html

6　国立がん研究センターの調査（2021年5月31日公表）によれば、ステイホームや在宅勤務によって受動喫煙が増えた人がかなりいるという結果が示された。
・喫煙者は、コロナ在宅勤務で、喫煙量「増」の方が「減」「やめた」よりも多い。
増18.0%、減11.4%、やめた1.0%、変わらない69.6%
・喫煙する同居人がいる非喫煙者では、受動喫煙「増」の方が「減」よりも多い。
増34%（10.6%）、減5%（1.6%）、変わらない61%（19.3%）
（　）内は、喫煙する同居人がいない場合も含む非喫煙者全体
https://www.ncc.go.jp/jp/information/pr_release/2021/0531/index.html

7　公益社団法人受動喫煙撲滅機構のサイトに、これらの報道その他のネット記事等が解説付きで記録されている。https://www.tabaco-manner.jp/category/cate_news/
・SUUMOジャーナル2017年5月12日　もう隣人のタバコに悩まされない！「禁煙マンション」ってどんなマンション？
・東洋経済ONLINE　2017年5月20日　旭化成「禁煙マンション」がじわり広がるワケ
・朝日新聞朝刊2017年5月24日　1分で知るたばこ⑧　ベランダ喫煙で慰謝料
・西日本新聞朝刊2018年11月02日　ベランダ喫煙マナーに反響　管理会社はどう対応？苦情は月１００件、増加傾向に
・西日本新聞朝刊2018年10月19日「どこで吸えばいいの」ベランダ喫煙トラブル、解決に限界　受動喫煙でうつ病リスクも
・中日新聞2018年12月29日　　受動喫煙でURを提訴
・中日新聞2019年3月6日　市営住宅や駅前禁煙化　豊橋市、受動喫煙被害防ぐ
・リビンマガジンBiz　2019年05月28日　集合住宅居住者の喫煙率は34.2%、戸建ては43.2%！自宅での受動喫煙、半数以上が対策なし！
・NHK NEWS WEB　2020年4月16日　在宅勤務増加でタバコのにおいや影響気にする声相次ぐ
・静岡新聞2020年11月28日　　ベランダ喫煙　階下からの煙とにおい気になる
・弁護士ドットコムNEWS　2021年01月14日　在宅勤務で増えるベランダ喫煙に「ほんまやめて」と怒りの声…法的には？
・日本経済新聞2021年3月29日 ベランダ喫煙に隣人の厳しい目　コロナの在宅増で一段と

流れ、確認すべき点(巻末資料8－1参照)、考慮すべき点等を整理して、参考として示す。

住宅煙害<対応方針案>

◆喫煙住居、喫煙者、煙の流れをできる限り特定。証拠収集。

↓

◆被害のご本人から、苦痛に感じていることを示す手紙(巻末資料8－3参照)を送付する(手紙の日付、書面のコピーを必ず保存しておく。必要に応じて診断書のコピーも送付する。)。
まずは対立姿勢にならないよう、丁重なお願いベースがよいと思われる。
喫煙態様の改善策(喫煙時間帯、喫煙場所・位置)を具体的に提案・指定した方が、話が進み易い。

↓

◆改善しない場合、弁護士から内容証明郵便による通知又は警告(巻末資料8－2参照)。
名古屋地判 H24.12.13 の活用。

↓

◆民事調停(作為義務・不作為義務設定)
◆民事訴訟(損害賠償)

上記<対応方針案>は、一般的な相談事例の対応策として考えられるものです。もっとも、事案や相手によっては、必ずしも上記対応が通用しない場合もあります。有用と考えられる範囲で、解決のヒントとしてご参考にしてください。

第2　被害及び当事者の特定

1　被害者側の特定

(1)　被害者の住所

被害者の住所を確認する。集合住宅か、一軒家か。
被害者の居住形態を確認する。賃借か、自己所有か。

⑵　被害の場所・部位

被害を受けている場所を確認する。ベランダか、自室内か、特定の部屋か、建物内全体に及んでいるか。

⑶　被害の状況・内容

被害は窓を開けている時か、窓を閉めても流入してくるか。

Ex. 洗濯物が外に干せない / 窓が開けられない / 換気ができない / 窓を閉めていても臭いが入ってくる

24 時間換気システムにより、常にベランダ等から外気を取り入れる仕組みを採用している場合がある。この場合、窓を閉め切っていても、サッシなどの隙間や換気口から、タバコ煙が流入してくることがある。換気扇を止めて被害を軽減するなどの方法も検討する。

⑷　被害の時間帯

被害を受けている時間帯を確認する。

⑸　被害者の人数

被害者が複数いる場合には、被害の存在を、より立証しやすくなる。

同居の親族も、同様の被害を感じているか。訪問者で、陳述や証言に協力してくれる者はいるか。弁護士が訪問した際に必ずしも被害を現認できない場合もあり、予め協力者がいるか確認しておく。

また、マンションや隣家等の他の居住者に被害者がいるか、協力してくれる者はいるか等の情報を収集する。

⑹　健康被害及び損害

ア　健康被害

被害を受けている人毎に、健康被害の内容を特定する。

受動喫煙は、がんや心臓疾患等の慢性疾患を引き起こす（前掲「タバコ白書」ほか多数）が、実際の相談では、急性影響に関する相談が多い。

Ex.　咳、喘鳴、鼻症状（くしゃみ、鼻閉、鼻汁、かゆみなど）、眼症状（痛み、流涙、かゆみ、瞬目など）、頭痛、胸部絞扼（圧迫）感、呼吸困難 等（個人差があり、実際の相談では、このほかにも多彩な症状が見られる。巻末資料８－２（内容証

明郵便の文例)、日本禁煙学会「受動喫煙症診断基準[8]」参照)

医師による診断書を入手することが有益な場合がある。単なる快・不快の情にとどまらない、健康被害の問題であることを、喫煙者や他の関係者に対して、より説得的に示すことにつながり得る。

診断書では、可能であれば、医師に、受動喫煙と症状の因果関係についても言及してもらうようにする。受動喫煙がないと症状が和らぐが、再曝露で増悪するという関連が重要である。もっとも、近隣住宅間では喫煙を現認・目撃できない場合が多いため(職場の受動喫煙は、喫煙を現認・目撃できる場合が多いのと異なる。)、原因が真にタバコ煙か否か明らかでないケースもあり、慎重な判断が求められる(時には、相談者・患者の精神的・心理的なものが原因である場合もあり得る)。

日本禁煙学会が公表している上記「受動喫煙症」の診断書も有用な場合がある[9]。ただし、インターネット上で、後述の横浜地判R1.11.28を引用して「受動喫煙症」は「法的手段をとるための布石とするといった一種の政策目的によるもの」という批判(もっとも、同控訴審判決ではその点は維持されていないのだが。)も見られ、余計なトラブルを招くおそれも考えられるため、その使用についてはよく検討する必要がある。

「受動喫煙症」は、必ずしも確立した病名[10]ではないため、具体的な症状と併記するか、あるいは、具体的な症状のみの診断書でも有用である。

常習喫煙者よりも非喫煙者の方が、タバコ煙に対して、より強い反応を示すことも明らかにされている。非喫煙者の7～8割以上が受動喫煙に不快感を覚えるとの調査結果が報告されている。[11]

なお、受動喫煙症や化学物質過敏症は、受動喫煙の継続に伴い、

---

8 日本禁煙学会　新・受動喫煙症診断基準
http://www.jstc.or.jp/modules/diagnosis/index.php?content_id=2

9 受動喫煙症の診断可能な医療機関
http://www.jstc.or.jp/modules/diagnosis/index.php?content_id=4

10 なお、他方「化学物質過敏症」は、裁判例では発生機序が未解明と判示されることがあるが、2009年に「ICD-10対応電子カルテ用標準病名マスター」(レセプト病名)に登録され、保険医療及び障害年金の対象疾病となっている。

11 厚生労働省・分煙効果判定基準策定検討会報告書参照(1988年総理府の世論調査、1996年厚生省の保健福祉動向調査)
http://www.mhlw.go.jp/houdou/2002/06/h0607-3.html
また、内閣府「たばこ対策に関する世論調査」(令和4年11月発表)は、喫煙者と非喫煙者を区別しない調査で、「喫煙者のたばこの煙について不快に思う」が83.3%にも上った。
https://survey.gov-online.go.jp/hutai/r04/r04-tabako/index.html

わずかなタバコ煙に対しても、より過敏に反応するようになり、症状が進行・悪化していく例が多い。

イ　精神的被害

慰謝料について後述する。

ウ 物的被害

実際に要した物に関する損害を確認する。被害を防止・軽減するために、被害者が講じた措置に関する費用等についても確認する。

Ex.　隙間風防止テープ、仕切壁の延長・増設、業務用扇風機の設置、排煙装置、給気ダクト、衣服等のクリーニング代、など

やむを得ず引越さざるを得なかった場合には、引越費用を請求する。

⑺　測定及び濃度について

タバコ煙の簡易な測定方法として、デジタル粉じん計（PM2.5 や PM10）を用いた浮遊粉じん濃度測定（スマートフォン対応の比較的簡易な PM2.5/PM10 計測器も市販されている。）や TVOC（総揮発性有機化合物）測定器、ニオイセンサー（臭気測定器）などがある。粉じん計や各種測定器によって、測定結果を客観的な数値によって示すことは、タバコ煙の存在や程度の証明に有用である。

もっとも、これらの測定結果で高い数値が検出されないからといって、必ずしもタバコの被害が無いことを意味するものではない。

例えば、粉じん（粒子相）と臭気・ガス相とは、化学物質及び有害物質の構成が同じではないし、拡散や減衰の動向も異なる。特に低濃度では、粉じんの測定結果は示されないが、タバコ臭気は強いこともある（産業医科大学　大和浩教授によるニオイセンサを用いた計測実験　TBS テレビ 2015 年 11 月 22 日「駆け込みドクター！」）。粉じん濃度の測定は、喫煙所や屋内等における高濃度のタバコ煙を数値化することに向いている。

なお、喫煙所内部の上限の基準として時間平均浮遊粉じん濃度 0.15mg/m3 以下[12] とすべきこと、喫煙所の煙が漏れ出ないことを判断するための基準として「非喫煙場所の粉じん濃度が喫煙によって増加し

---

12 ちなみに、改正健康増進法において、第二種施設等において屋内の一部の場所を喫煙場所として定めようとする場合（法 33 条 1 項等）で、ダクト工事（同法施行規則 16 条 1 項 3 号）が困難な場合に、脱煙機能付き喫煙ブースを設置する経過措置（同規則附則 4 条）の適用を受ける場合の技術的基準は、屋内の室外に排気される空気の浮遊粉じんの量が（上記本文 0.15 の 10 分の 1 である）0.015mg/m3 以下かつ総揮発性有機化合物の除去率 95%以上とされている（厚生労働省健康局長通知　健発 0222 第1号　平成 31 年2月 22 日）。https://www.mhlw.go.jp/content/10900000/000483545.pdf

ないこと」とされている（厚生労働省・平成 14 年 6 月「新しい分煙効果判定の基準」[13]）。

また、TVOC（総揮発性有機化合物）や臭気についても、タバコの有害物質と一定の相関関係はあると考えられるが、物質の構成が同じとは限らない。他方で、こうした測定器が、タバコ以外の日用品の VOC や臭気に反応してしまう場合もある。

したがって、これらの測定結果は、有用な場合もあれば、限界もあり、タバコの被害との関連性については、数値結果にとどまらない検討が必要である。

そもそも人の臭気に対する感覚特性として、においの強さは濃度との単純な正比例関係ではなく、対数に比例していると言われる（ウェーバー・フェヒナーの法則）。人の臭気に対する感覚は，比較的低濃度では濃度と正比例関係以上に敏感に反応する。例として、強いにおいを感じる濃度を 50%に（原因物質を 50% 除去）しても、臭気はあまり減少したとは感じられず、臭気をかなり減少させるには 90%の除去が必要となり、さらに、においをほとんど感じなくなるためには、原因物質を 99 %除去しなければならないとの例も示されている。（環境省「臭気対策行政ガイドブック」[14]）。

こうした人の感覚特性も踏まえた評価が必要であり、必ずしも粉じん濃度や各種の測定結果ばかりにこだわるのではなく、複数の人間による当該臭気に対する陳述等を通じた立証も重要と考えられる。

2　加害者の特定

加害者は、容易に特定可能な場合もあれば、特定が困難な場合もある。また、加害者が複数存在する場合もある。

できる限り確実な方法で、加害者を特定すべきである。喫煙の現認や話合いにおいて言質をとるなど。写真や録音等の証拠の確保も重要である。

被害者が、思い込みによって加害喫煙者を誤認（家違い）している場合もある。加害喫煙者は必ずしも隣室や 1 階下とは限らない。2 軒以上隣や 2 階下・3 階以上下など、距離が離れている場合も十分有り得

13 http://www.mhlw.go.jp/houdou/2002/06/h0607-3.html
14 http://www.env.go.jp/air/akushu/guidebook/full.pdf

る[15]。思い込みではなく、確実な根拠に基づいて特定することが重要である。

⑴ 加害者の位置関係

Ex. 隣室、上階、下階、隣のマンション・アパート、隣接の家、路上喫煙者、など

⑵ 加害者の喫煙場所

Ex. ベランダ、自室の換気扇の下、自室内、共用部分の廊下・階段、庭、路上 等

ベランダ喫煙は、第3で後述するA名古屋地判H24.12.13により、違法であるとの主張が行い易くなった。

他方、自室内喫煙については、喫煙者の権利意識がより強い場合が多いと考えられる。もっとも、煙を外部に排出して他者危害を与えている以上、自室内であっても喫煙が無制限に許されるものではないと考えられるし、また名古屋地裁判決文言からすれば、自室内の喫煙であっても違法となり得ると解される（後述）。

⑶ 加害者の喫煙から被害者住居へ煙の流れ

Ex. ベランダ越しに / 通気孔から / 換気扇から / 窓の隙間から / マンションの換気システムから / コンセント・電気スイッチ・電灯取付け口等の電線共同配管を通して / 天井裏の共通の空間から 等

煙の流れが明らかな場合もあれば、室内喫煙の場合や加害喫煙者が複数いる場合などは、煙の流れが必ずしも容易に特定できない場合もある。煙の流れについてもできる限り特定した方が、対策方法や改善策を具体的に検討し易くなる。

空気の流れの特定が一見困難な例として、集合住宅の電線共同配管を通して、コンセント・電気スイッチ・電灯取付け口、等から、他居室のタバコ臭が侵入している場合がある（NHK「きわめびと」2014年8月2日放送）。このような場合は、コンセントを塞ぐ、コンセントに空

15「屋外における受動喫煙防止に関する日本禁煙学会の見解と提言」
http://www.nosmoke55.jp/action/0603okugai.pdf
「タバコ臭・発がん物質到達距離7m」「屋外で、タバコの発がん物質とにおいにさらされないためには、喫煙者から半径7メートル以上はなれる必要があるという Repace 論文の結果は重要です。」「風のない理想状態での測定結果であり、風のあるとき、・・・もっと離れていても健康被害が起きる」

気遮断のカバーを取り付ける、自室換気扇を停止する、等の対応により改善することがある。施工会社に問い合わせることで、より詳細が明らかとなることがある。施工の瑕疵や設計上の欠陥に関する責任も検討する必要があろう。

なお、オフィス建物の場合であるが、天井裏の空調機（エアコン）によってフロアの空気が交換されており、喫煙室のタバコ煙も天井裏にとり込まれた上で、エアコン使用時に全執務室に拡散されていた事例もあった。一見すると密閉性が高い建物のように見えて、全くそうではなく空気の出入・交換がされている場合もあるので注意を要する。

空気の流れを特定することが困難な事例では、「臭気判定士」「作業環境測定士」等の専門家に依頼することも検討する。

⑷　加害者の家族構成

Ex. 結婚しているか、同居人がいるか、同居人は喫煙者か否か、子どもがいるか　など

この点は、問題解決や方針選択にあたって、事実上重要な点である。

夫婦でヘビースモーカーである場合などは、話し合いによる解決が困難な事例が比較的多い傾向にある。他方、例えば、家族に子どもがいて父親がベランダで喫煙している事案などは、母親や子どもと協力して、父親に禁煙を働きかけ、根本的な解決が図れることもあり得る。

⑸　加害者の職業、社会的地位、性格・年齢

この点も、現実の問題解決においては、方針選択にあたって重要な検討要素である。

本人の申入れ（お願い）によって、改善や協力が見込める相手なのか、あるいは、反発を招いて喫煙行為がエスカレートするような相手なのか。

弁護士が内容証明郵便等による通知書や警告文を送って、それに従う相手なのか。

民事調停に出頭する相手か。民事訴訟で判決が出た場合に、それに従う相手か。

こうした相手の属性や性格も、現実の問題解決にあたっては方針選択に際して検討する必要がある。

Ex. 無職 / 定年退職 / 自宅で仕事 / 夜間の仕事 / スーツを着ている・着ていない / 言動が粗暴か丁寧か / 社会的地位の有無 / 医療関係や教育関係への従事の有無 / レピュテーション（社

会的な評判）を気にする立場にあるか否か／性格（攻撃性や陰湿性） 等

⑹ 加害者の特定方法

加害者を直ちに特定できない場合は、管理会社・管理人又は管理組合の理事長等に、各居室を訪問してもらい、ベランダ喫煙や居室内喫煙の有無を質問してもらうことで、加害喫煙者を特定できる場合がある。

また、喫煙を現認・確認し証拠を確保するため、自撮り棒等を使用した写真・動画の撮影等も考えられる。この点、関係法令及び条例等に注意する。軽犯罪法1条23号は「正当な理由がなくて人の住居、浴場、更衣場、便所その他人が通常衣服をつけないでいるような場所をひそかにのぞき見た者」について罪に該当すると規定している（東京都「公衆に著しく迷惑をかける暴力的不良行為等の防止に関する条例」5条1項⑵号も参照）。住居内部を見ることは上記法律に違反するおそれがあり慎重であるべきだが、ベランダについては、上記法律に違反しないと考えられる。加害者が虚偽を述べて喫煙等を否認している場合などは、喫煙の証拠を確保する上で、「正当な理由」が認められる場合もあると考えられる。

また、喫煙者が出すゴミをゴミ集積所等において目視又は開披して喫煙の証拠を確認・撮影等することも、有効・有益な場合がある。住居・邸宅・建造物侵入罪（刑法130条）に該当しなければ、ほかに、ゴミの開披や撮影等を犯罪として処罰する規定は無いものと思われる。

もっとも、これらの証拠収集に対して、喫煙者側からプライバシー侵害（民事）との主張や攻撃的・感情的な非難が返ってくるおそれもあり、それに対して、証拠収集の正当性をきちんと論証・反論できるように備えておく必要がある。

⑺ 加害者自身の考え方や依存症の程度

加害者が自身の喫煙をどのように捉えているかも、方針選択や問題解決において重要な要素となり得る。

Ex 喫煙を悪癖と考えている／周囲への受動喫煙を申し訳なく思っている／人からタバコについて言われれば従う／人から言われると腹が立って喫煙量が増える／加熱式タバコは受動喫煙がないと思いこんでいる／禁煙時の禁断症状（離脱症状）が強

い / 喫煙をあたかも権利[16]と思い込んでいる / 喫煙制限に憤っている / 自らを喫煙制限の被害者のように思っている / 自宅での喫煙に強いこだわりがある / 受動喫煙・能動喫煙の有害性を認めない　等

Ex. できれば（もしラクにできるなら）禁煙したい / 禁煙したことがある / 禁煙しても喫煙再開を繰り返してしまう / 禁煙はとても難しいと思っている / 喫煙したいとの強い渇望を生じる / 禁煙など考えたことが無い / 喫煙が当たり前だと思っている / 喫煙しなければ生きていけないと思っている　等

被害者側も、一般的な喫煙者の思考パターン、「ニコチン依存症」、喫煙者の「行動変容ステージ[17]」、「葛藤」・「両価性（やめたい・吸いたいの気持ちが同居）」等について予め学習し、冷静に客観視しながら対応方針を考えられるのが望ましいと思われる。抵抗を生まず協働的な会話スタイルを保ちながら禁煙への動機を強めていく面接方法（「動機づけ面接法」）や「開かれた質問（オープンクエスチョン）」の活用例なども示されている[18]。

第3　裁判例の検討

1　裁判例3つの事件（4つの判決）の紹介・検討

ベランダ喫煙者の不法行為責任を認めた名古屋判 H24.12.13（A）、居室内喫煙による因果関係を否定した横浜地判 R1.11.28 及び東京高判 R2.10.29（B）、非喫煙者とベランダ喫煙者が双方訴え合い非喫煙

---

16 ・弁護士岡本光樹　「『喫煙権』という主張は認められるのか？」
「喫煙権」はないこと、最高裁は「喫煙の自由」を制限に服しやすいと判断したこと、など。
https://t-pec.jp/work-work/article/224
・内閣府設置　日本学術会議　要望「脱タバコ社会の実現に向けて」2008.3.4
「他人の健康を害してまで喫煙する権利を喫煙者に認めるわけにはいかない。」
http://www.scj.go.jp/ja/info/kohyo/pdf/kohyo-20-t51-4.pdf

17 国立がん研究センター「禁煙支援の方法論:行動科学とは」「Prochaska の行動変容ステージについて」
https://www.ncc.go.jp/jp/icc/cancer-info/project/kinen-nurse/behavsci1.html
https://www.ncc.go.jp/jp/icc/cancer-info/project/kinen-nurse/behavsci2.html
「無関心期」「関心期」「準備期」「実行期」「維持期」それぞれの心理的特徴

18 国立がん研究センター「動機づけ面接法を禁煙支援に活かそう」
https://www.ncc.go.jp/jp/icc/cancer-info/project/kinen-nurse/behavsci3.html

者によるクレゾール散布の不法行為責任を認めた東京地判 H26.4.22（C）が公表されている。

これらの事案及び判決内容を紹介し、検討を加える。

2 名古屋地判平成24年12月13日（A）

⑴ A判決の意義

集合住宅におけるベランダ喫煙が不法行為になることを認めた初の判決である。

結論としては、平成23年5月以降の約4か月半（但し、平日の日中は、午前中のみ）についての慰謝料として、金5万円を認めた。慰謝料の金額については、今後の裁判の課題であるが、ベランダ喫煙が不法行為になることを初めて認めた注目すべき判決といえる。

判決文には他の事案にも応用できる規範的評価が示されている。

⑵ A事案の概要

同じマンション内において原告の居室の真下に居住する被告がベランダで喫煙を継続したことにより、原告のベランダ及び室内にタバコの煙が流れ込み原告の体調を悪化させ、原告が精神的肉体的損害を受けたとして、被告に対して不法行為に基づく損害賠償を請求した事案

⑶ A判決文の重要な点の抜粋

「自己の所有建物内であっても、いかなる行為も許されるというものではなく、当該行為が、第三者に著しい不利益を及ぼす場合には、制限が加えられることがあるのはやむを得ない。」

「タバコの煙が喫煙者のみならず、その周辺で煙を吸い込む者の健康にも悪影響を及ぼす恐れのあること、一般にタバコの煙を嫌う者が多くいることは、いずれも公知の事実である。」

「マンションの専有部分及びこれに接続する専用使用部分における喫煙であっても、・・・他の居住者に著しい不利益を与えていることを知りながら、喫煙を継続し、何らこれを防止する措置をとらない場合には、喫煙が不法行為を構成することがあり得るといえる。このことは、当該マンションの使用規則がベランダでの喫煙を禁じていない場合であっても同様である。」

「本件マンションの立地は、日常的に窓を閉め切り空調設備を用いることが望まれるような環境ということはできず、原告が季節を問わず窓を開けていたことをもって、原告に落ち度があるということはできない。」

「被告は、本件マンションに居住するようになったのは被告が先であると主張する。しかし、ベランダでの喫煙は・・第三者から容易に確認することができないから、原告が被告よりも後に本件マンションに居住したことをもって、原告が自らタバコの煙が上がってくるような場所を選んで居住したものということはできない。」「タバコの煙を嫌う原告が、居住先を選ぶ際に十分な調査を怠ったということもできない。したがって、後から居住したことをもって、原告が被告のベランダでの喫煙によるタバコの煙を受忍すべきということはできない。」

「原告は、タバコの煙について嫌悪感を有し、重ねて被告にベランダでの喫煙をやめるよう申し入れているところ、被告が、原告の申し入れにもかかわらず、ベランダでの喫煙を継続したことにより、原告に精神的損害が生じたことは容易に認められる。」

「被告が、原告に対する配慮をすることなく、自室のベランダで喫煙を継続する行為は、原告に対する不法行為になるものということができる。」

(4) A判決に関する筆者の解釈及び考察

① 「公知の事実」

受動喫煙が健康に悪影響を及ぼす恐れがあること、一般にタバコの煙を嫌う者が多くいることは、いずれももはや「公知の事実」として、必ずしも証明する必要はないとしている点は注目に値する。

② 居室内の喫煙にも及び得る判決の射程

まず、用語の整理をしておく。

建物の区分所有等に関する法律（以下「区分所有法」という。）において、区分所有権の目的たる建物の部分、すなわち居室部分は、「専有部分」と呼ばれる（区分所有法２条３項）。

ベランダ・バルコニーは、通常、「共用部分」（同法２条４項）であり、共有に属する（同法 11 条１項）。その上で、規約や合意により、各区分所有者に「専用使用権」（物権というよりも債権的利用権と理解される。）が設定されることが一般的である。

本判決は「マンションの専有部分及びこれに接続する専用使用部分における喫煙であっても」と判示しており、「専有部分」は居室内を、「これに接続する専用使用部分」はベランダを意味する。

本判決は「マンションの専有部分・・における喫煙であっても、他の居住者に著しい不利益を与えていることを知りながら、喫煙を継続し、何らこれを防止する措置をとらない場合には、喫煙が不法行為を構成することがあり得るといえる。」と判示しており、居室内での喫煙であっても場合によっては制限されるべきことがあるとの判断を示したと解釈できる[19]。

この点、そもそも、区分所有法６条１項は「区分所有者は、・・・建物の管理又は使用に関し区分所有者の共同の利益に反する行為をしてはならない。」と規定しているところであり、専有部分（居室内）における喫煙であっても、他の居住者の「共同の利益に反する」場合には制限されるべきとの解釈を根拠づけるものと考えられる。

③　管理規約・使用細則における定めの有無、及び、喫煙者の認識の有無

本判決は、「使用規則がベランダでの喫煙を禁じていない場合であっても」ベランダでの喫煙が不法行為を構成する旨判示している。その要件として、「他の居住者に著しい不利益を与えていることを知りながら，喫煙を継続し，何らこれを防止する措置をとらない場合」としており、喫煙者の認識の点を重視している。このことからすれば、ベランダでの喫煙がそのことのみをもって直ちに違法になるとしているわけではなく、喫煙者に対する改善の申入れ等の後の喫煙継続について不法行為上の違法となるものと解される。したがって、この問題に対する＜対応方針＞として、喫煙者に対して、明確に申入れ等を行うこと、その証拠を残しておくことが重要といえる。また、苦情の申し入れの内容や回数、被害者と加害者との間の交渉経緯も、重要であると考えられる。

他方、ベランダでの喫煙を禁じる管理規約や使用規則（使用細則）が存在する場合は、他の居住者に苦痛を与えていることを喫煙者が

19　もっとも、他方で、本判決には損害額の判断中において、「被告がベランダでの喫煙をやめて，自室内部で喫煙をしていた場合でも，開口部や換気扇等から階上にタバコの煙が上がることを完全に防止することはできず，互いの住居が近接しているマンションに居住しているという特殊性から，そもそも，原告においても，近隣のタバコの煙が流入することについて，ある程度は受忍すべき義務があるといえる。」と判示している部分もあり、被告居室内での喫煙は原告が受忍すべきとして喫煙を制限できないように読み得る部分も存する。この点の詳しい判断理由は不明であるが、当該事案では原告が被告に求めていた内容が「ベランダでの喫煙をやめるよう求め」「吸うのであれば被告の自室の換気扇の下で吸ってほしい」として、原告自身が被告室内の喫煙は許容していた交渉経緯が影響している可能性もある。

明確に認識していなくても、当該規定違反を理由として直ちに不法行為上の違法といえるか、今後の事例及び判例の集積を待ちたい。

④　原告の落ち度の否定

本判決は、「原告が季節を問わず窓を開けていたことをもって，原告に落ち度があるということはできない。」と明確に判示している。

また、居住の先後関係についても、被告の主張を退け、「ベランダでの喫煙は・・第三者から容易に確認することができないから」との理由を示して、「後から居住したことをもって，原告が被告のベランダでの喫煙によるタバコの煙を受忍すべきということはできない。」と明確に判示している。

3　横浜地判令和1年11月28日及び東京高判令和2年10月29日（B）

⑴　B判決の意義

集合住宅における居室内の喫煙に関する不法行為の成否について初めて判断した判決と思われる。

結論としては、「控訴人らの体調不良ないし健康影響が被控訴人によるタバコの副流煙によって発症したと認めることはできず，被控訴人が不法行為責任を負うとは認められない。」として、請求を棄却した。

本判決の判断対象は、主に「到達の因果関係」についてである。「到達の因果関係」が認められないことを前提に、「発症の因果関係」についても否定している。

⑵　B事案の概要

本件は、集合住宅（団地）の２階に居住する原告らが、１階に居住する被告に対し、被告による喫煙は、原告らにとって受忍限度を超えた違法なものであり、その影響によって体調に異変をきたしたなどと主張して、不法行為に基づき、損害賠償（一審での請求額合計は4500万円を上回る）及び自宅での喫煙の禁止を求めた事案である。

⑶　B判決文の重要な点の抜粋（証拠略）

＜東京高判＞

「控訴人ら宅は、被控訴人宅の斜め上の階に位置しており、被控訴人は、控訴人ら宅の反対側である南西側に位置する部屋（防音室）において主に喫煙をしていることからすれば、副流煙が拡散する性質を有することや、副流煙を含む居住空間の空気が一般的にゆっくりと上昇していくという性質を有することを考慮しても、外気を通じて被控訴人宅からの副流煙が、控訴人らに対して健康被害を生じさせるほど控訴人ら宅に流入したとの機序を解明し、これを認めるに足りる客観的な証拠はなお見当たらない。

この点について、控訴人らは、被控訴人の喫煙によるタバコの副流煙が、控訴人ら宅の室内に大量に流入した旨を主張し、これに沿う供述をする。しかしながら、控訴人Aが作成していた日記によれば、被控訴人が外出中と考えられる時間帯においてもタバコ臭がしている旨記載されていることが複数見られることからすれば、直ちに上記供述を採用することはできず、控訴人らの供述によって、被控訴人宅からの副流煙の流入を認めることはできない。」

「診断の前提となっている受動喫煙に関する事実については、あくまでも患者の供述にとどまるものであり、そこから受動喫煙の原因（本件では、被控訴人宅からの副流煙の流入）までもが、直ちに推認されるものとまではいい難い。また、非喫煙者の主観的申告と客観的指標との間の相関関係についても、一般論であり、本件における被控訴人宅からの副流煙の流入については、別途客観的な裏付けが必要である。」

＜横浜地判＞

「⑴本来、自宅内での喫煙は自由であって、多少の副流煙が外部に漏れたとしても、それが社会的相当性を逸脱するほど大量であるなどといった特段の事情がない限り、原則として違法とはならないと解すべきである。」

「被告宅からの副流煙が、防音室又は換気扇から漏れ出して原告ら宅に到達したかどうか自体も、必ずしも明らかでなく、仮に原告ら宅の室内に流入することがあったとしても、その量は微量にとどまったものと推認され、これを覆すに足りる証拠はない。」

「⑵もっとも、前記⑴のとおり、仮に、被告の自宅内での喫煙により、タバコの副流煙が外部に漏れ、それが原告ら宅に到達しているとしても、それは微量にとどまると推認され、それ自体としては違法とは評価し難いものの、・・仮に、被告宅からのタバコの副流煙によって、原告らに健康被害が生じているとすれば、被告の自宅内での喫煙が、原告らに対する関係で違法となる余地がないではないことから、以下検討する。」

「⑶　以上のとおり、被告の自宅内での喫煙行為が社会的相当性を逸脱するような行為と認めるに足りる特段の事情はなく、また、被告の喫煙するタバコの副流煙を原因として、原告らに健康被害が生じたといった事情も認められない以上、被告の自宅内での喫煙行為が不法行為に該当するとは認められない。」

⑷　B判決に関する筆者の解釈及び考察

①　不法行為成立の判断枠組みについて

横浜地判は、まず「本来，自宅内での喫煙は自由であって」「原則として違法とはならない」という判断を示し、その上で、外部に漏れたタバコ煙が「社会的相当性を逸脱するほど大量である」などといった「特段の事情」あるいは、大量でなくとも「被告宅からのタバコの副流煙によって原告らに健康被害が生じている」といった「事情」について原告側から主張立証があれば、不法行為の成立の余地がないではないという判断枠組みを示していた。

これは、前述の名古屋地判の射程に関する筆者の読み方、すなわち、居室内の喫煙にも不法行為成立が及び得るとの解釈と矛盾相反する。

大量のタバコ煙又は健康被害の証明を要する横浜地判と、「専有部分」での喫煙についても原告の「嫌悪感」と「申し入れにもかかわらず」相手方が喫煙を継続したことをもって不法行為の成立を肯定し得る名古屋地判とでは、不法行為の考え方が異なっていたと解される。

この点、東京高判は、横浜地判の判断枠組みを維持しなかった。東京高判は、不法行為成立に関する一般的な規範を特に示しておらず、その判断は不明であるが、横浜地判の判断枠組みを維持しなかったことからすれば、横浜地判の判断には問題があり維持すべきでないと考えたものと推察される。

例えば、集合住宅におけるペット飼育[20]を巡っては数多くの裁判例が存在するが、ペット禁止特約がない場合も、近隣に迷惑（「健康被害」に至らないもので足りる）が及んでいれば、違法の判断が

20 飼育する者にとっては生活の楽しみである一方、近隣の居住者にとっては悪臭、騒音、衛生・伝染病・安全等の問題から脅威と悪影響に感じて紛争となる。ペットを好む者と嫌う者とは互いになかなか理解できない。妥協の余地はなく、紛争は深刻化する。ジュリスト1992.11.15 升田純「建物賃貸借と近隣迷惑行為をめぐる裁判例の概観（上）」、ジュリスト1993.4.1 飯原一乗「特集・賃貸借標準契約書　動物の飼育」など参照

なされている。禁止特約がなければ集合住宅「自宅内」でのペット飼育は原則自由で、「特段の事情」がない限りは違法とならないなどという解釈論は多くの裁判で採られていない。

集合住宅における喫煙とペット飼育とで、我が国の現在の社会通念では異なった捉え方がなされているきらいがあるが、集合住宅における喫煙は容易に受動喫煙問題を惹起する可能性があり、今のご時世もはや原則自由とは言えないとった方向性で考えられるべきである。

前述の横浜地判の規範の定立には問題があり、これを維持しなかった東京高判の判断は妥当である。

② 「申し入れ後」の喫煙継続の違法性について

名古屋地判は、「申し入れにもかかわらず」相手方が喫煙を継続したことをもって不法行為の成立を肯定したのに対して、東京高判は、次のように判示した。「控訴人らは，・・控訴人らが健康被害を訴えて，被控訴人に対して喫煙を控えるよう要望したにもかかわらず，被控訴人は殊更にこれを無視して喫煙を継続したのであるから，控訴人らへの配慮義務を解怠するものであり，控訴人らの受忍限度を超える違法な行為として不法行為を構成する旨を主張する。しかしながら，控訴人らの主張は，被控訴人による喫煙が控訴人らの主張する健康被害の原因となっていることが前提とされているところ，前記説示のとおり，被控訴人による喫煙が控訴人らの主張する健康被害の原因となっているとは認められないことからすれば，控訴人らの主張は前提を欠くというほかなく，採用できない。」

横浜地判は、被告の自宅内喫煙から原告ら宅への「到達」は「微量にとどまる」と判断し、東京高判もタバコ煙の「到達」を認めていないことからしても、名古屋地判とは異なる結論にならざるを得ないものと考えられる。

そうだとすれば、名古屋地判と東京高判の判断は、論理的に矛盾相反するものとはいえない。

これらの判決のさらに詳しい比較は、厚生労働科学研究成果データベース　令和２年度「受動喫煙防止等のたばこ政策のインパクト・アセスメントに関する研究」班[21]　分担研究報告書[22]136頁か

21 https://mhlw-grants.niph.go.jp/project/146765
22 岡本光樹「近隣住宅間の受動喫煙問題と解決へ向けた政策提言」
https://mhlw-grants.niph.go.jp/system/files/report_pdf/202009015A-buntan9_0.pdf

ら138頁<近隣住宅受動喫煙問題 判決の比較>の表を参照されたい。

4 東京地判平成26年4月22日（C）

⑴ C事案の概要

原告が、都営集合住宅の隣室に居住する被告ら夫婦によるベランダでの喫煙差止めと不法行為による損害賠償を求めた事案において、被告ら夫婦は、号棟の棟長（下記判決文では「E」。夫が自治会の副会長。）を通じて、原告が被告らのベランダでの喫煙行為に強い不快感を有していると知った以降ベランダでの喫煙を止めていることなどから、いずれの請求も棄却した判決（甲事件）である。

被告ら夫婦が、集合住宅の隣室に居住する原告ら夫婦によりベランダにクレゾール様の人体に有害な薬品類を散布されたとして、人格権に基づき、薬品類の散布差止めと不法行為による損害賠償を求めた事案において、原告（夫のみ）に対して受忍限度を超えるものとして差止請求を認め、不法行為に基づき被告らへ各2万5000円（被告ら夫婦合計5万円）の賠償を認容した判決（乙事件）である。

⑵ C判決文の重要な点の抜粋

「甲事件被告Cは、・・・喫煙を止めたのに薬品がまかれ続けることから、原告ら宅に行き、薬をまかないよう言いに行ったが、甲事件原告から・・・取り合ってもらえなかった。」

「生命、身体、名誉、平穏な日常生活を送る利益などの人格的利益が違法に侵害され、又は侵害される危険の蓋然性が高い場合には、人格権に基づいて、現に行われている侵害行為を排除し、又は生ずべき侵害を予防するため侵害行為の差止めを求めることができる。」

「甲事件被告らは甲事件の提起まで甲事件原告から喫煙について注意されたことはなく、甲事件原告が甲事件被告らの喫煙行為について不快感を有していることを平成25年6月17日以降の異臭騒ぎまで知らなかったのであり、Eを通じてそのことを知った以降は被告ら宅ベランダでの喫煙を止めているのである。これらの点に照らすと、甲事件被告らの喫煙行為はなお甲事件原告の社会生活上の受忍限度内というべきものであり、甲事件原告の損害賠償請求は理由がない。」

「甲事件原告が平成25年6月17日以降、甲事件被告らの被告ら宅ベランダでの喫煙行為に抗議する趣旨で被告ら宅ベランダにクレゾールのようなにおいの強い人体に有害な薬品類をまいたことが推認できる。」

「甲事件原告は、平成25年6月17日以降複数回にわたって散布行為を継続し、本件訴訟においても被告ら宅ベランダへの薬品散布行為を否認しているのであるから、今後も甲事件原告によって被告ら宅ベランダに薬品類が散布される蓋然性は高いといわなければならない。そうすると、甲事件被告らは、甲事件原告に対し、人格権に基づいて、クレゾールその他人体に有害な薬品類を被告ら宅ベランダに散布する行為の差止めを求めることができるというべきである。」

「甲事件被告らは、甲事件原告によるクレゾールのような人体に有害な薬品類を散布されたことにより薬品の強いにおいに晒されたほか、甲事件原告による薬品散布行為によって自由に洗濯物を干したり、窓を自由に開けて換気することが制限されるなど平穏な生活を妨げられ、肉体的・精神的苦痛を被ったところ、上記のとおり他人のベランダにクレゾールのような人体に有害な薬品類を散布する行為は受忍限度を超えるものというべきである。

したがって、甲事件被告らは、甲事件原告に対し、不法行為による損害賠償として慰謝料の請求ができるというべきであるところ、・・・慰謝料は各2万円と認めるのが相当である。また、本件事案の難易、認容額等に照らすと、弁護士費用相当の損害としては各5000円を認めるのが相当である。」

⑶　C判決の意義並びに筆者の解釈及び考察

非喫煙者とベランダ喫煙者が双方訴え合った事案であり、非喫煙者側による過剰な「抗議」行動に対して差止めと損害賠償が認容されたもので、実務上参考となる。相談実務においては、非喫煙者側の「抗議」行動に対して、喫煙者側が代理人弁護士を立てて警告するといった事例も時に見られる。このC事件では、原告（非喫煙者）側は弁護士がつかない本人訴訟で、被告（喫煙者）側は弁護士が訴訟代理している。

非喫煙者から元ベランダ喫煙者に対する請求について、判決文は「原告から喫煙について注意されたことはなく」「知った以降は被告ら宅ベランダでの喫煙を止めている」との点を重視しており、喫煙者に対する申入れ及び喫煙者の認識形成が重要であることは、前述のA名古屋地判と軌を一にする。

喫煙者から、クレゾールを散布した非喫煙者に対する請求については、判決文は「薬品の強いにおいに晒されたほか、・・自由に洗濯物を干したり、窓を自由に開けて換気することが制限されるなど平穏な生活を妨げられ、肉体的・精神的苦痛を被った」としており、においによる平穏な生活妨害行為について「受忍限度を超える」として差止め及び損害賠償を認容したことは意義深い。また、相手に対する積極的な害意や故意があったことも、「受忍限度」の判断に影響していると思われる。

もっとも、慰謝料額・弁護士費用相当額は合計5万円で、A名古屋地判とも共通して、損害回復の観点でも、被害抑止の観点でも低廉と言わざるを得ない。判決による規範形成の効果や相手への説得の効果などは一定程度期待できるものの、賠償認容額に関して言えば、訴訟を通じた労力に比にして、現在の裁判所が判決で認める賠償額では、費用対効果はかなり悪いというべきであろう。

第4　違法性と受忍限度論

1　受忍限度論

生活妨害や公害をめぐる訴訟において、不法行為の違法性の有無を判断するための基準として、受忍限度論が用いられることがある。詳細は、本書第1部第3章を参照。

2　受動喫煙と受忍限度論

受動喫煙をめぐる過去の判決では、受動喫煙による急性影響を受忍限度内などとしていたものがある

非喫煙者複数名が国鉄に対して列車の客室の半数以上を禁煙車にすること及び損害賠償を求めた嫌煙権訴訟：東京地判 S62.3.27 は、「非喫煙者である乗客が被告国鉄の管理する列車に乗車し、たばこの煙に曝露されて刺激又は不快感を受けることがあっても、その害は、受忍限度の範囲を超えるものではない」と判示して、請求を棄却した。

また、非喫煙者複数名が受動喫煙を理由にタバコ会社にタバコの製

造販売の差止め及び損害賠償を求めた煙草製造販売禁止訴訟　名古屋地判 H14.1.31 は、受動喫煙による健康被害等は、比較的軽微な急性影響や嫌悪感や不快感であって、未だ受忍限度の範囲のものである旨判示して、請求を棄却した。

3　受忍限度論に対する批判

受動喫煙の問題において受忍限度論を採用することは、「非喫煙者の利益」を「喫煙者の利益」（公益とは言えない私益にすぎない）よりも一方的に劣後させて，非喫煙者に「受忍せよ」すなわち「我慢しろ」という結論を押し付けることであり、到底妥当であるとはいえないとの批判がある。

また、受忍限度論は、被害が健康被害に至る場合には適用されないとの考え方も有力である（第３章 43 頁「不法行為二分論」、越智敏裕『環境訴訟法』86 頁参照）。

今日、受動喫煙が健康に悪影響をもたらすことが科学的根拠をもって明らかとされており（前掲「たばこ白書」ほか多数）、その観点からも、受動喫煙（もっとも、前述のとおり定義に幅があり、身体影響の個人差もある）の問題では、受忍限度論を用い続けることについては、再考されるべきである。

4　急性影響に関する損害賠償請求を認容した判決

近時の判決では、受忍限度論を採用せず、急性影響に関する損害賠償を肯定する判決が見られる。

⑴　江戸川区職場受動喫煙訴訟

江戸川区職員が職場での受動喫煙を理由に 30 万円の慰謝料を江戸川区に求めた裁判で東京地判 H16.7.12 は次のように判示した。

「被告は、・・・当該施設等の状況に応じ、一定の範囲において受動喫煙の危険性から原告の生命及び健康を保護するよう配慮すべき義務を負っていたものというべきである。」

「原告は、・・S 課長に対し、原告について血たん、咽頭痛、頭痛等の受動喫煙による急性障害が疑われること、・・非喫煙環境下での就業が望まれることなどが記載された・・診断書を示し、何とかしてほしいと申し出たというのであり、・・・被告としては、・・診断書に記載された医師の指摘を踏まえた上で、受動喫煙による急性障害が疑われる原告を受動喫煙環境下に置くことによりその健康状態の悪化を招くことがないよう、・・・速やかに必要な措置を講ずるべきであったにもかかわらず、・・特段の措置を講ずることなく、これを放置していたのであるから、被告は、原告の生命及び健康を受動喫煙の危険性から保護するよう配慮すべき義務に違反したものといわざるを得ない。」

「被告は、・・・特段の措置を講ずることなく、これを放置し、その間、原告において眼の痛み、のどの痛み、頭痛等が継続していたというのであり、かかる義務違反の態様に加え、これにより原告の被った精神的肉体的苦痛の内容、程度、期間等本件に顕れた諸般の事情にかんがみれば、原告に対する慰謝料の金額としては5万円をもって相当と認める。」

このように本判決では、受動喫煙による急性影響の損害賠償を肯定している。

⑵　前記名古屋地判（A）

前述のとおり、A名古屋地判H24.12.13も、受動喫煙による精神的損害を肯定した。

なお、同判決中には、慰謝料の金額算定の考慮において、「互いの住居が近接しているマンションに居住しているという特殊性から、そもそも、原告においても、近隣のタバコの煙が流入することについて、ある程度は受忍すべき」との文言もあるが、これは、請求棄却の理由としての受忍限度論を用いているわけではない。

5　職場の受動喫煙を巡る訴訟における金銭請求の高額化

公表された和解事案も含めると、その後、職場の受動喫煙を巡る損害賠償額等は高額化してきた[23]。

札幌簡裁調停事件（H18.10.19調停成立）では、100万円の慰謝料請求の調停申立について、金80万円の調停が成立した。

23 日本弁護士連合会「自由と正義」2018年1月号「職場スモハラ訴訟・近隣住宅ベランダ喫煙訴訟・屋外灰皿撤去訴訟の到達点と今後」岡本光樹32ページ以下参照

札幌地裁滝川支部事件（H21.3.4 和解成立）では、化学物質過敏症による後遺障害第９級（中枢神経機能障害）相当を理由とした 2300 万円の請求の訴訟について、700 万円の和解が成立した。

神奈川県警内上司による違反喫煙　横浜地裁事件（H23.1.26 和解成立）では、庁舎内禁煙の県の方針に違反する喫煙を継続した職員個人に対する不法行為訴訟で、50 万円の慰謝料の支払いを内容とする和解が成立した。

試用期間　本採用拒否無効事件　東京地判 H24.8.23 では、受動喫煙状況の改善を申し入れた労働者を試用期間中に本採用拒否（解雇）した事案について、本件解約権行使は権利を濫用したものとして無効であると判示して、就労拒絶期間中の賃金（給与）及び遅延損害金として金 475 万円の支払いを命じた。

積水ハウス分煙事件（大阪高裁 H28.5.31 和解成立）では、女性労働者が職場工場の受動喫煙対策が不十分で健康被害を受けたことや休職期間満了で解雇されことなどを理由に職場を訴えた訴訟において、解決金約 350 万円の和解が成立した。

日本ＪＣ受動喫煙労働審判事件（東京地裁 H30.6.29 和解成立）では、女性職員が日本青年会議所の受動喫煙対策が不十分で健康被害を受けたことや休職期間途中に解雇されことなどを理由に申し立てた労働審判事件において、解決金 440 万円の和解が成立した[24]。

第5　故意・過失

前述のとおり、Ａ名古屋地判 H24.12.13 の判断は、不法行為のメルクマールとして、「他の居住者に著しい不利益を与えていることを知りながら，喫煙を継続し，何らこれを防止する措置をとらない場合」と判示して、喫煙者の認識の点を重視している。また、Ｃ東京地判 H26.4.22 からも、喫煙者に対する申入れ及び喫煙者の認識形成が重要であると考えられる。

このことからすれば、マンションの管理規約・使用規則（使用細則）

24「スモークハラスメント対策を求めた女性の解雇撤回。日本青年会議所が解決金 440 万円　労働審判で和解。『分煙とすら呼べない』審判委から批判の声が出ていました。」https://www.huffingtonpost.jp/2018/07/02/passive-smoking_a_23472749/

がベランダでの喫煙を禁じていない場合は特に、喫煙者に対して明確に申入れ等を行うこと、その証拠を残しておくことが重要といえる。

また、苦情の申し入れの内容や回数、被害者と加害者との間の交渉経緯も、重要であると考えられる。

第6　紛争処理の方針

1　解決に向けた方針

⑴　協調型　禁煙の勧め

そもそも加害喫煙者が、喫煙をやめて禁煙・卒煙すれば、この問題は根本的な解決を図ることができる。しかしながら、実際には、タバコ（ニコチン）には依存性[25]があるため、禁煙することは困難を伴うことが多い。

独力で禁煙を試みるよりも、薬局の禁煙治療薬を使用したり、医療機関の禁煙外来（投薬及びカウンセリングを内容とする）を受診したりする方が、禁煙の成功率が高い。禁煙外来の受診を加害喫煙者に勧めることも、検討すべき方針である。近年は、オンライン禁煙診療が高い禁煙成功率の結果を出している。

なるべく感情的な対立を避けて喫煙者と対話すること（前述の「開かれた質問（オープンクエスチョン）」や「動機づけ面接法」も参考となる。）や、場合によっては喫煙者の家族（ベランダでの喫煙は、同居家族の受動喫煙を減らすために行っている場合も多い。）の協力を得て、加害喫煙者に禁煙治療の受診を勧めることが功を奏する場合もある。

なお、被害者側が一方的な被害者意識と敵対的感情を持つだけではなく、より広い観点をもって、喫煙者はニコチンという依存性薬物によって思考が変容している（「認知のゆがみ[26]」）という視点（ニコチン依存症は精神疾患である。）や、喫煙者もタバコの被害者・犠牲者であるという視点（タバコを憎んで喫煙者を憎まず）を持つことによって、協調

25 日本医師会　「ニコチン依存症から抜け出すのは、ヘロインやコカインをやめるのと同じくらい難しいといわれています。」
https://www.med.or.jp/forest/kinen/medical/

26 ①喫煙の害の過小評価、②喫煙の効用の過大評価、③禁煙の困難の過大評価、が挙げられる。
https://toyokeizai.net/articles/-/186575?page=4
https://www.jstage.jst.go.jp/article/jsrcr/28/1/28_62/_html/-char/ja

的な対話が進め易くなることがある。

「禁煙は愛」(禁煙は身体への愛、周囲への愛、社会への愛[27])と言われる。

筆者は、「禁煙は人の『信』の回復」(信頼・自信)、「禁煙支援は人間『愛』」、「卒煙は『和』」と感じている[28]。

(2) 協調型　喫煙態様の取り決め

加害喫煙者が、いまだ禁煙・卒煙する意思までは無いが、非喫煙者にある程度配慮[29]する意思がある場合には、双方の歩み寄りにより、喫煙態様についての取り決めを行うことで、受動喫煙を低減できる場合がある。

この場合、被害者側から具体的な提案を出した方が、話が進み易い。単に、抽象的に「配慮を求める」などの要望では、加害喫煙者の具体的な行動の変更を期待しにくい。被害者側において、マンションの構造、居室の位置関係、双方の生活時間帯等も踏まえた上で、どのような喫煙態様であれば、受動喫煙が低減できるか、これを許容し得るか、考えられる方策を検討して整理するとよい。

Ex.
- ベランダでの喫煙はやめてもらいたい。自室内での喫煙の方がまだ許容できる。自室内喫煙の際には、窓を閉め切って、換気扇を止めてもらいたい。あるいは、換気扇を稼働させて特定の方向に排気してもらいたい。
- ベランダでの喫煙はやめてもらいたい。自室内喫煙の際には、特定の部屋で特定の窓のみを開けて特定の方向に向けて排気してもらいたい。
- 自室内換気扇下での喫煙はやめてもらいたい。ベランダ内の特定の場所で特定の方向に向かっての喫煙ならまだ許容できる。
- 喫煙者側の換気扇に排気用のダクトを設置してもらいたい。その費用は、どちら側の負担とする。
- ベランダや自室での喫煙はやめてもらいたい。喫煙する際には、マンションの屋外に出てもらいたい

---

27 日本医師会　https://www.med.or.jp/forest/kinen/

28 「おのれの如く汝の隣を愛すべし。」「仇を愛し汝等を責むる者のために祈れ。」「すべて分れ争う国は亡び、分れ争う町また家はたたず。」(マタイ伝)、「愛は悪に対する唯一の武器である」(ガンジー)　一般社団法人倫理研究所「万人幸福の栞」63～64頁より
「人の世の交りの本は『信ずる』こと」「悪人を善人にする唯一つの道は、信ずるにある。」同書105～106頁より

29 前述のとおり、改正健康増進法第27条に「配慮義務」が導入された。行政法規としては罰則はないが、説得の材料になり得るし、民事上の責任には考慮される。

・土日や休日はベランダ喫煙しないでもらいたい
・何時から何時までの時間帯はベランダ喫煙しないでもらいたい　等

⑶　闘争型

上記方法では協力や改善が得られない場合には、加害喫煙者に対して、被害者の権利主張を行い、法的対応を行うことも考えられる。相手が喫煙自体を否認したり、喫煙態様（場所・時間）を否認したりして、争いがある場合は、喫煙者の特定や喫煙自体に関する証拠収集が必要な場合もあり、前述の注意を要する。

受動喫煙の被害者が、自衛的な対抗措置を講じている場合もある。例えば、夜間のベランダ喫煙に対して当該ベランダに向けて強い光を照射する、ベランダ喫煙に向けて警告音・音声を発する（第５章「騒音」参照、他の居住者への迷惑行為になり得るため要注意。）、タバコ臭を感じたらすぐに喫煙者宅を訪問する、強い臭いを感じたら警備会社・警察に通報して訪問してもらう、監視カメラを設置し常時撮影記録する、などの対抗措置を講じていた例がある。これらの行為が、行き過ぎた行動として刑事・民事上の違法行為とならないように注意を要する（Ｃ判決も参照）。

また、上記法的な対応も含めて、闘争型の措置は、双方の感情的な対立をより増大させ、喫煙被害が硬直化したり、喫煙がエスカレートしたりする場合も考えられるので、慎重に方針を検討すべきである。

２　請求・要望の内容

⑴　回避措置に関する費用の請求

自助的な回避措置に関する費用を、請求することが考えられる。

Ex. 隙間風防止テープ、仕切壁の延長・増設、業務用扇風機、排煙装置、給気ダクト、空気清浄機、化学物質過敏症用の防毒マスク（その吸収缶フィルタを部屋の吸気口・ファンに取付ける方法もあり得る）、圧縮酸素ボンベ　等

なお、空気清浄機については、粒子相には効果があるが、ガス相には効果がなく、タバコ煙の主要な有害物質の９割が素通りとなり、あまり効果はないとの指摘もあるが、有害物質及び臭気の感知や被害の軽減に

多少は意味があるとの考えもある。空気清浄機よりも高性能なフィルターを有する「脱煙機能付き喫煙ブース」（前述の改正健康増進法施行規則附則４条「技術的基準に関する経過措置」に基づく、浮遊粉じんの量0.015mg/m3以下の排気かつ総揮発性有機化合物TVOCの除去率95%以上の機能を有する装置）を利用して受動喫煙を低減化することも考え得るが、本書執筆時点でレンタル月額４万円以上、購入設置150万円以上と高コストのため、住宅向けの利用例は未だ聞き及んでいない。

⑵　慰謝料等の損害賠償請求

前述のとおり、名古屋地判H24.12.13は、約４か月半（但し、平日の日中は、午前中のみ）の受動喫煙の慰謝料として金５万円を認めた。

職場における受動喫煙の慰謝料を初めて認容した東京地判H16.7.12も５万円の慰謝料の認容であったが、その後の裁判では損害賠償請求額が高額化している。

ベランダ等からの受動喫煙に関しても、今後、損害賠償請求が高額化する可能性は有り得るが、過度に期待はできない（ＡＢＣ判決参照）。

⑶　引越費用の請求

居住空間における継続的な受動喫煙被害から逃れるために、引越をせざるを得なかった場合には、引越費用の請求を検討する。もっとも、引越してしまうと、証拠の収集が困難となるから、引越前に証拠を収集保存しておく必要がある。また、引越す以外に他の回避手段がなかったのか、相当因果関係も問題となり得る。

⑷　差止め

司法的な救済において、差止めのハードルは損害賠償請求よりも高い。もっとも、通常、弁護士が介入して内容証明郵便による通知を送ったり、損害賠償請求等の訴訟・調停を提起したりすることで、事実上、加害喫煙者が喫煙を中止することもしばしばあり（後述４⑻）、こうした方法による抑止力が期待できる場合もある。

3　交渉及び請求の相手方

(1)　加害喫煙者及びその同居人

喫煙している加害者に対し、通知、要望、協議、交渉、損害賠償請求等を検討する。

まずは対立姿勢にならないよう、丁重なお願いベースから始めるのがよいと思われる。協調的な対話がもてるかどうかを、まず模索する。

前述のとおり、ベランダ喫煙を禁じる管理規約・使用規則（使用細則）が存在しない場合は、他の居住者に不利益を与えていることを喫煙者が認識していることが、その責任を問う上での前提と考えられるので、これを認識させる通知・要望が、まず重要である。書面のみがよいのか、会って直接話すのがよいのかは、相手の性格や事案にもよるが、いずれにしても書面は必ず併用し、また証拠を残しておくべきである。

(2)　マンションの管理人、管理組合、管理会社

中には居住者間のトラブルには立ち会わない方針を定めている管理人や管理会社も一部にはあるが、他方で、積極的にトラブルの解決に尽力してもらえる場合もある。

喫煙者の居室が当初特定できなかった事例で、管理人又は管理会社が主体となって各居室を訪問し、ベランダ喫煙の有無を質問し、ベランダ喫煙によって苦痛を被っている住人がいる旨を伝えて改善を求めたところ、喫煙者が特定できるとともに、ベランダ喫煙が行われなくなり、解決に至った例がある。管理人、管理組合、又は管理会社の協力が得られる場合には、喫煙者の居室の特定、及び、改善の要望に関して、功を奏する場合がある。

また、被害者と加害喫煙者が直接話し合いをする場合に、管理人、管理組合、又は管理会社が、これに同席して立ち会うことによって、冷静な話し合いや、粗暴な行動の抑止に有益な場合もある。

(3)　賃貸人

加害喫煙者が、賃借人である場合には、貸主たる大家に協力を求めることも考えられる。

受動喫煙防止に理解があり、自己の所有する居室の居住者が他者危害をしていることをよしとしない貸主である場合には、受動喫煙防止の

ための排気設備設置の協力を得られたり、当該賃借人との賃貸借契約更新の際に他者危害性のある喫煙を禁止する条件を付加してもらえたり、新規の賃借人募集の際に喫煙者を入居させない旨約束してもらえたりする場合もある。

4　紛争処理のための手続・関係機関

(1)　当事者同士の手紙又は話し合い

当事者が直接の手紙又は話し合いをする場合には、感情的な対立がより先鋭化しないように注意する必要があると思われる。協調的な対話によって早期の円満解決が図れる場合もあるので、そうした機会を失うような感情的対立を招くことは得策とはいえない。まずは対立姿勢にならないよう、丁重なお願いベースから始め、協調的な対話がもてるかどうかを模索するのがよいと思われる。

他方、加害喫煙者の属性や風貌等から、粗暴的な対応が返ってくるおそれがあると予想され、被害者側が直接の対応をとることに萎縮している場合もある。そのような場合は、無理に直接の対応を行わずに、第三者を介した対応を行い、場合によっては、被害者名を匿名とし、被害者居室番号をふせて、加害喫煙者に通知や要望を行うことも考えられる。

(2)　弁護士が介入しての通知又は話し合い

弁護士が内容証明郵便等の通知を発することで、改善がなされ、解決する事案も時々ある。

他方、弁護士が介入しても、改善しない場合や、逆に、感情的な対立がエスカレートする場合も考えられ得るので、相手方に関する情報をもとに、相談者にその当否をよく考えて頂き決めて頂く必要がある。

(3)　市区町村の窓口、保健所、地方議会議員など

市区町村や保健所の窓口に苦情を申し立てると、訪問や電話による指導が得られる場合がある。住民相談窓口、近隣トラブル相談窓口、困りごと相談室、生活課、環境課、健康推進課・健康増進課など、対応窓口は地方自治体によって区々である。第三者が当事者の話し合いに立ち会うことによって、冷静な話し合いや、粗暴な行動の抑止のために有益なことがある。

粉じん測定や測定器の貸出については、基本的には対応していない保健所が多いが、中には保健所によっては、測定してもらえる場合や測定できる先を紹介してもらえることもあり得る。

なお、地方自治体や部署や担当者によって、受動喫煙問題に関する理解に温度差があることがある。複数の相談窓口がありそうな場合には、喫煙問題に理解のありそうな部署を選択する。なお、年度替り（3月、4月）や役所の繁忙期（9月、10月）以外の時期の方が、丁寧な対応が期待できるとの指摘もある。

⑷ 警察

警察は、犯罪捜査及び被疑者逮捕のみならず、個人の生命、身体及び財産の保護のため、犯罪の予防、鎮圧、その他公共の安全と秩序の維持に当ることも責務とされている（警察法2条1項）。警察は、「警察安全相談」「生活安全相談」として、犯罪や事故の発生には至っていない普段の生活の安全や平穏に関わる様々な悩みごとや困りごとの相談（近隣トラブル・迷惑行為問題を含む。）を受け付け、問題解決に向けて様々な対応を行うものとされている（政府広報オンライン[30]、警察庁、各都道府県警察のインターネット公表資料参照）。実際に、受動喫煙をめぐるトラブルが警察に持ち込まれている例がしばしば見受けられる。

隣家同士の対立がエスカレートして犯罪行為に至るような場合も考えられるので、警察に相談し、訪問を要請すべき場合もある。警察が介入することで、犯罪行為の抑止につながることも考えられる。加害喫煙者に、粗暴な傾向があると考えられるような場合は、警察への相談を活用する。

警察官の訪問や、警察官による喫煙者への注意によって、事実上、受動喫煙被害が無くなる場合もある（コラム参照）。

⑸ 公害等調整委員会

本書第2章第2　6　参照。

⑹ 簡易裁判所の民事調停

簡易裁判所の民事調停は、裁判官又は調停官（非常勤の弁護士）1名と調停委員2名（一般市民から選ばれ、各分野の専門家のほか、地域社会で活動してきた人など）から構成される調停委員会によって、当事者の合意をあっせんして様々な紛争の解決を図る手続である。調停委

30 http://www.gov-online.go.jp/useful/article/201309/3.html

員は、当事者の言い分や気持ちを十分に聴いて、一緒に紛争の実状に合った解決策を考えるとされている。

受動喫煙防止に理解のある調停委員もいれば、過去には理解の乏しい調停委員もあり、個々の調停委員によって対応は温度差もあると考えらえるが、中には、積極的に受動喫煙防止のために加害喫煙者を説得してくれる調停委員もある。

民事訴訟では、基本的に損害賠償請求しかできないが、調停では、作為義務や不作為義務等も柔軟に設定することができ（その具体的な内容としては、前記「1（2）協調型」参照）、有益な解決方法となり得る。また、調停申立の当初において必ずしも解決方法を一義的に決められない場合には、申立の趣旨に「相当な解決方法を求める」等と記載する方法もある。

近隣住宅間の受動喫煙トラブルでは、訴訟提起前に、まずは調停手続きを検討すべきである。相手方が呼出しに応じず欠席して不調となることもあるが、その場合は、訴訟において、相手方が協議・呼出しに応じなかった不誠実さや悪性格を摘示して、被害者側に有利な事情として主張できる。相手方が出席したが協議がまとまらず不調となる場合も、相手方の情報を収集することにつながり得る。したがって、訴訟よりも、まず調停手続きを勧めることが基本と考える。

調停で合意が成立して調停調書が作成されると、当事者間で判決と同じ効力がある。調停調書の作成に際しては、抽象的・訓示的な合意内容にとどまることなく、できるだけ具体的な義務を定め、違反した場合の制裁（違約金等）についても具体的に規定すべきである。

(7)　弁護士会の紛争解決センター

調停に類する別の方法として弁護士会の紛争解決センターがある。弁護士会によっては、仲裁センター、示談あっせんセンターなど名称が異なるが、弁護士会による紛争解決機関である。

(8)　地方裁判所等への提訴

通常の民事訴訟として訴えを提起する方法である。前述のＡＢＣの判決文参照。

提訴することによって、事実上、加害喫煙者が喫煙を中止するという抑止力が期待できる場合も考えられる（近隣住宅間ではないが、例えば、公園の喫煙所、コンビニの店頭灰皿、駅周辺の公衆喫煙所に対して、利用者や通勤客が、喫煙所撤去を求めて施設管理者に訴訟を起こし、提訴後に、被告がこれに応じて目的を達成しているケースは複数ある。)。

もっとも、これまで数多くの近隣住宅間の受動喫煙紛争の相談や交渉に関わってきた筆者としては、(6) 民事調停を勧めることはしばしばあるが、民事訴訟を勧めることは稀である。喫煙及び喫煙態様を喫煙者自身が認めて争いが無いか、争いがある場合は喫煙者の虚偽を証拠により証明できる場合で、かつ、被害者からの申し入れ後も加害喫煙者が改善どころか積極的な加害意図があるような喫煙を継続している場合は、訴訟を検討すべきと思われる。

第7　最後に　より広汎な解決に向けた提言

本書の趣旨として、個々の環境事件への実務的な対応について、上記詳しく述べてきたが、ここで最後に、より広汎な解決に向けた提言を若干述べてきおきたい[31]。

1　健康増進法の改正を踏まえて

前述のとおり2018年7月の法改正により、健康増進法の規定は大きく変わった。同法27条の「配慮義務」の導入により、屋外や家庭等において望まない受動喫煙から守られるべきとの法的根拠が得られたといえる。

行政罰としての「過料」や「指導」に関する規定は無いが、民事の交渉・調停・訴訟においても、活用が期待できる条項である。

2　海外における集合住宅での喫煙に関する法規制

アメリカカリフォルニア州のサンラフェル市では、2013年から集合

31　詳しくは、前掲・厚労科研データベース岡本光樹「近隣住宅間の受動喫煙問題と解決へ向けた政策提言　参照
https://mhlw-grants.niph.go.jp/system/files/report_pdf/202009015A-buntan9_0.pdf

住宅において受動喫煙を防止するため、マンションやアパートにおける喫煙を禁止する条例が施行されている。壁を他人の部屋と共有しているか否かが基準とされ、賃貸・自己所有とわず、個人の家庭内でも喫煙が禁止される。

また、カリフォルニア州サンフランシスコ市 も 2020 年にアパートや分譲集合住宅内での喫煙を禁止する条例を可決した。

さらに、2018 年 7 月 31 日アメリカ全ての公営住宅で、喫煙禁止となった。アメリカ合衆国住宅都市開発省（Housing and Urban Development：HUD）は、公営住宅内の喫煙をアメリカ全てにおいて禁止した。住宅建物内（ベランダや全ての共有スペースを含む。）は完全禁煙で、そこから 25 フィート（7.6m）以内の屋外も禁煙とされている。住宅都市開発省は、2009 年から各地の公共住宅局等へ禁煙を強く呼びかけてきた。オバマ政権が 2016 年に制定した禁止令で、政府の助成を受けた住宅の全てで、紙巻タバコ・葉巻・パイプを吸うことは禁止となった。

この他にも、シンガポール等で、集合住宅の禁煙化に関する法令及び施策が進展している。公営住宅の全館禁煙も普及している。こうした地域及び建物では、喫煙者は住居から出て、屋外で喫煙している。

3　日本の禁煙マンション・禁煙アパートの普及状況

我が国では、上記海外の例に比べれば随分遅れてはいるものの、民間レベルで、完全禁煙の賃貸マンション・賃貸アパートが徐々に増えつつある[32]。不動産所有者が、賃借人に対し賃貸借契約の条件として、敷地内禁煙を義務付けたり、非喫煙者であることの誓約を求めたりする例が見られる。現状は、健康志向・高級志向・安全志向・女性向け等の賃貸物件において、禁煙方針が採られる傾向にある。

東京都住宅供給公社（東京都が設立した特別法人）は、住戸内を含めた敷地内全てを「全面禁煙」としたマンション（世田谷区経堂、30 戸）を竣工し 2021 年 1 月に入居者の募集を開始した。入居申込の抽選倍率は、部屋により 5 倍～ 78 倍（平均倍率 11.3 倍）であった。今

32　禁煙のマンション・アパートを検索することに特化した「禁煙マンション.com」というサイトも存在する。https://kinenmansion.com/
2022 年 11 月 21 日現在の全国の登録物件数は 2397 件、東京都内の件数は 1377 件である。

後、公社住宅においても全館禁煙・敷地内禁煙のマンションが増えることに期待する。

禁煙マンション・禁煙アパートが増えて、受動喫煙被害者にとって選択肢が増えれば、集合住宅の受動喫煙問題を予め回避することにつながる。また喫煙による火災のリスクも低下する。不動産業者や不動産所有者が、禁煙マンション・禁煙アパートを積極的に導入していくことを期待したい。

4　喫煙率及びタバコ消費量の削減について

そもそも、喫煙者が減って喫煙率が下がれば、この問題が起きる機会も減る。

政府は、2012年6月8日「がん対策推進基本計画」の変更について閣議決定し、成人喫煙率を19.5%から10年間で4割減らして12%とする目標を掲げている。また、我が国の批准も含め168か国以上が締約する「たばこ規制枠組条約」は、タバコ消費の減少と受動喫煙からの保護を目的とし、タバコの増税（6条）や受動喫煙防止法の実施（8条）等を求めている。

今後、喫煙率及びタバコ消費量を減少させ、受動喫煙問題及び火災問題[33]、これらによる人々の苦しみが減っていくよう、そうした社会へと向かうことを期待したい。

5　我が国における政策提言

我が国でも、次のような立法上や行政上の措置がとられるべきである[34]。

(1)　**行政も、健康志向の禁煙マンション・禁煙アパートの普及を積極的に後押しし支援すべきである。敷地内禁煙マンション等に、何ら**

---

33 ベランダ喫煙後の吸殻処理の問題やベランダ出火の増加傾向について、消防庁も注意を呼び掛けている（東京消防庁「ベランダでの喫煙・吸殻の処理にご注意を！～ベランダから出火する『たばこ火災』が増加しています ～」平成22年6月14日報道発表資料、平成27年9月総務省消防庁発表、等）

34 詳しくは、前掲・厚労科研データベース岡本光樹「近隣住宅間の受動喫煙問題と解決へ向けた政策提言　参照
https://mhlw-grants.niph.go.jp/system/files/report_pdf/202009015A-buntan9_0.pdf

かの経済的なインセンティブを付与することや、認証・表彰制度を設けて住民及び事業者への普及啓発を図るべきである。

(2)　公社住宅・公営住宅において全館禁煙・敷地内禁煙の住宅を導入し増やすべきである

(3)　国土交通省は、「マンション標準管理規約コメント」に、居室内、敷地内、又はベランダ等における喫煙を禁止する場合の記述を設け、周知・啓発を図るべきである。

(4)　立法又は条例により、以下の制度又は罰則を設けるべきである。

①地方自治体で相談窓口を設置し、必要に応じて行政が喫煙者及び管理組合等に助言・指導・勧告など行う仕組みを設けるべきである。戸建て住戸等も対象とすべきである。

②区分所有の集合住宅の管理組合に、喫煙トラブル対応の努力義務を導入すべきである

③区分所有の集合住宅の管理規約又は使用細則に違反した喫煙に対して行政罰を導入すべきである。

④賃貸借契約書等書面によって喫煙を禁止する旨が明記されて合意されている場合の、これに違反した喫煙に対して行政罰を導入すべきである。

(5)　喫煙率及びタバコ消費を減少させるため、増税すべきである。

≪巻末資料≫

第８章－１　相談の際の設問例

第８章－２　弁護士から送付した内容証明郵便の文例

第８章－３　当事者から送付した通告書の例

第８章－４　世界的に著名な報告書・勧告書の概要

(1)　アメリカ合衆国公衆衛生総監報告

(2)　世界保健機関（WHO）「受動喫煙防止のための政策勧告」の概要

(3)　たばこ規制枠組条約第８条ガイドラインの概要

第８章－５　集合住宅における掲示例

相談事例

タバコ煙害

弁護士　松原志乃

【相談事例の概要】

集合住宅の５階に在住している相談者は、１年前より、隣家から自室に流れてくるタバコの臭いに悩まされている。最近では、喉の痛みや味覚障害などの健康被害が出ている。集合住宅の管理組合に相談をしてみたものの、何ら対応をしてくれないばかりか、相談者自身が転居することを勧められた。

【弁護士からのアドバイス】

集合住宅の管理規約等に、喫煙に関する規定が存在しない場合は、管理組合が対応しないことも多い。しかしながら、規定が存在しない場合であっても、裁判上は喫煙が不法行為として認められる場合がある。そのため、相談事例においても、近隣への迷惑行為であることを主張して再度対応を求めることを検討する。裁判になった場合は、喫煙者における加害行為の認識の有無が重視される。

管理組合による対応が望めない場合は、被害者が直接対応するか、または弁護士等の別の第三者を介して対応する。相談事例の場合、まずは加害者本人に加害の事実を認識してもらうため、相談者本人から加害者に対して苦痛に感じていることを示す。直接会って話すか、手紙を送付するかは状況によるが、協調的な解決を図ることができる場合もあるので、丁重なお願いの姿勢から始めるとよい。それでも改善しない場合は、弁護士に依頼し、内容証明等の通知を送る。それも奏功しなければ、調停の場に話し合いを求め、最終的には、慰謝料請求の訴えを提起ことになる。

いずれにせよ、証拠収集が重要となるため、喫煙場所、喫煙者、煙の流れ、煙が流れてくる時間帯等をできる限り特定し、記録しておくとよい。その際、例えばベランダ喫煙であれば、写真撮影も有効である。相談者が直接加害者に苦情を申し入れる場合は、その日付や内容も記録しておく。

なお、転居費用については、任意に支払われない場合は裁判等によることなるが、転居前に証拠収集をしておく必要がある。また、被害と転居との間の相当因果関係を立証することは容易ではないことに注意が必要である。

コラム（解決例と解決への助言）

「公益社団法人 受動喫煙撲滅機構」・『STOP 受動喫煙 新聞』
編集局長　内藤 謙一

一、二度の簡単な申し入れ・交渉で解決する例もあると思えますが、当機構への相談者は改善が困難なため相談してくる人が多いので、長期にわたり悩んでの、継続的な相談を多く受けています。

自身が引っ越して解消した、という例もありますが、引っ越し先で同様の被害に遭った、という声もよくあります。

転居せずに解決した、当機構に報告のあった例を以下に紹介します。

[窓を閉めきる約束で解決]

東京都のマンションに引っ越し後、隣室の高齢男性が毎日ベランダや、室内で窓を開けて喫煙していた。まず肺が悪かった母が、やがて相談者（男性）もタバコ臭で苦しくなった。隣人の部屋に行き「吸うなら室内で、窓を閉めてほしい」と注意すると、「わかりました」と素直に答えたものの、相談者の部屋へのタバコ臭は変わらなかった。何度も厳しく注意し、管理会社にも相談すると、注意掲示をしてくれたが、「近隣に配慮しての喫煙を」というあいまいな文面にとどまり、状況は変わらなかった。当機構及び岡本光樹弁護士に相談。改正健康増進法の「配慮義務」を教わり、管理会社に告げると、同法について記したより厳しい掲示がなされ、隣人は窓を閉めて喫煙するようになり、被害はなくなった。（※ 1）

[離れた屋外で喫煙させることに成功]

横浜市の主婦。一戸建て同士で、相談者宅に向いた隣家の換気扇からのタバコ臭に、中学生の子どもとともに苦しみ、何度も苦情を言いに行ったが、全く改善がなかった。当機構及び岡本光樹弁護士に相談し、書面を作成。「相談者宅から離れた屋外で吸うこと。室内喫煙を続けるなら換気扇や窓を閉め切って吸うこと」「本書面は弁護士にも相談し作成」といった内容を書留送付したところ、書面到着の日から換気扇からの悪臭は全くなくなった。（※ 2）

[卒煙をさせた]

東京都のマンション一人暮らしの女性。隣の中年男性の自室内での喫煙で悪臭がどこからか流れ込んできて、呼吸器や眼などにあらゆる症状を発症。日本禁煙学会の医師から「受動喫煙症」の診断書を取り、管理会社に相談。多くの注意掲示がされ、喫煙者本人にも直接交渉、また被害が特にひどい時には110番の通報も行なった(警察官に室内に踏み込むよう依頼、隣家住民の了解が得られ室内確認実施)。隣の喫煙者はもともとタバコをやめようとも思っていたようで、それらの圧力を感じて本数を減らし、やがて完全に卒煙。タバコ臭はなくなった。(※3)

[コンビニ本社へ、見解を求め灰皿撤去に]

東京都でマンションに住む男性が、肺炎にかかったのち、自宅勤務となってから隣のコンビニの店頭灰皿からのタバコ煙害で症状を発症。本社に苦情を言っても、灰皿は吸い殻散乱防止のために必要として撤去に応じなかった。当機構に相談、本社の見解を問うきびしい申し入れを行なうことに。同社が理念として掲げている「地域に寄り添う」「誰もが安心して過ごせる社会」などを例にあげ、地域への受動喫煙発生はそれらに反しているのではないか、と追及、また健康被害への責任をどうするかなど、質問を並べたうえ、「すぐ灰皿撤去となれば、回答は不要」として文面を送付したところ、回答なく即撤去、後日「敷地内全面禁煙」の掲示となり、喫煙はなくなった。(※4)

【解決への助言】

いままで相談に乗った経験から、相談者に助言している主なことは、以下の通りです。

○主張すべき内容

①[近隣への被害であること]

管理会社などは「喫煙は自由だから」「自室内の行為に注意はできない」と言って改善策を講じないことが多くあります。しかし「喫煙行為そのもの」の当否ではなく、また「自室内の行為」であっても、「他室へ悪臭が及んでいること」、「近隣への迷惑行為であること」を常に主張すること。

②[被害を軽く思わないこと]

「たかがタバコで」との問題軽視の反応をされることも多い。しかしそれに合わせず、健康被害のある悪臭の強制であることを、本人がまず自覚し、主張すること。

「受動喫煙症」その他の症状の診断書を取得しコピーを見せるのも

よい。

③［下手に禁煙・卒煙を勧めない］

相手がタバコをやめればそれに越したことはないが、「タバコを吸うな」と言えば喫煙者は反発し、管理側も「喫煙は自由。禁煙の強制はできない」となりがち。「吸ってもよいが、違う場所や、煙が周囲に及ばない方法を施して吸うこと」とする。

ただし、全戸配布や掲示をする注意書きで、最後に卒煙の方法、禁煙治療薬や地元の禁煙外来の紹介、禁煙後の健康回復や経済状態の好転などのプラス面の実例、などを記すのなら、効果もあると思える。（※5）

※1『STOP受動喫煙 新聞』通刊28号（2019年10月発行）に詳しく掲載。

※2　同31号（2020年7月）に申し入れ書面とともに掲載。

※3　同34号（2021年4月）に掲載。

※4　同41号（2023年1月）に掲載。

※5　同37号·39号·40号などで、管理側や喫煙者への対応策、会話例などを掲載。

コラム（私の解決事例の紹介）

「美しき活動家」
https://profile.ameba.jp/ameba/324tsuyoikotai324

私：マンション３階・女性１人暮らし
発病：目・喉・肌
解決期間：2019年11月から2020年２月までの約４ヶ月
解決方法：隣人の卒煙

ある日突然、マンション隣室からタバコの煙の臭いが連日入ってくるようになり、受動喫煙被害に遭い続けるようになりました。これに対して行動を起こして、約４ヶ月で解決できました。その過程や活動を１人でも多くの被害者の方々に役立てていただきたいと思い、私の事例を報告します。

まず、体に異変を感じた翌日、すぐに「受動喫煙」で検索しました。そして、「受動喫煙症」という症例があることも知りました。

すぐに、日本禁煙学会理事長の医師の先生に診察の予約を入れました。当日、同先生は、私の身体的変化を問診、チェックされ、「目が赤く充血していますね」と指摘。診断書には「**流涙**（りゅうるい）」と記されました。涙が止まらない状態での受診は本当につらかったです。

受動喫煙症・レベルⅢの診断書は、即日交付してもらえました。同先生は、受動喫煙の害について優しく教えてくださいました。

空気中の成分を全自動で10種類測定できる**測定器**（世界60ヵ国以上で使用される空気清浄機専業メーカーのもの）も購入しました。データは、1ヶ月分まとめてグラフ化できます（グラフ表示で１日、１週間、１ヶ月単位で見ることを推奨します。食品を焼いた時、発酵食品を開けた時、タバコの煙が辛い時、それぞれグラフの形が違うためです。）センサーが鋭敏で、世界基準CADRで最高値以上の商品がおすすめです。詳しくは、私のブログをご覧ください。）。

様々な症状が出てきたため、各診療科も受診しました。

眼科：涙が１ヶ月以上止まらずドライアイの症状が発生、「角膜が傷付ている」との診断。眼薬治療。

皮膚科：常に肌がボロボロになり、酷い湿疹、瞼が赤く腫れることもありました。塗り薬処方。

呼吸器内科：喉に違和感あり、「軽度の**気管支喘息**」と診断。点滴や吸入の対症療法。服薬・通院。「気管支喘息の発作時は、様子を見ても良くなることはないので、苦しい時はすぐに救急外来へ行くように」と指示されました。何度も救急車やタクシーで病院へ行きましたが、息が苦しく必死でした。

その他、血液検査やアレルギー検査、尿検査もしました。

薬で治療をしながら、マンション管理会社との交渉に受動喫煙症の診断書・他の診療科の診断書を揃えて挑みました。

有料でしたが、マンションの「**使用細則**」も入手しました。これを希望するということに、訴訟の意思を感じたようで、非常に丁寧な対応でした。

管理会社へ相談直後、巻末資料８―５の注意掲示がマンション共用部や相手の玄関ドアの横に張り出されました。

喫煙者宅を管理会社担当者と不動産業界の専門家の方と３人で突撃訪問もしました。

さらに、知り合いの警視庁の刑事さん２名にも、110番通報のコツ等を個人的にアドバイスしていただいておりました。

その後は、徐々に煙が減っていきましたが、突然、測定器の警報音が鳴るほどの強い受動喫煙が発生、すぐ110番通報しました。警察官２名に喫煙者宅へ踏み込んでいただきました。**警察対応**は喫煙者の隣人には、インパクトのある出来事だったと思います。

喫煙者の隣人は、あるとき廊下で話しかけてきました。

「実は、周りからもタバコをやめた方が、健康のためにも良いと言われているんです。」「今回の事をきっかけにタバコをやめようと思っている。」「僕も揉め事は嫌いですし、波風は立てたくないですから。」

そこで、私は、「病院で**禁煙外来**というのがありますので、行ってみたらいかがですか？」と提案しましたが、「自分でやります。」とのことでした。「インターネットで『受動喫煙』を検索してみてください。」と言うと、素直に頷いていました。

喫煙者の隣人は、心理的には禁煙の準備段階にあったと思われます。
その後、自力で**卒煙**されたようです。
測定器は、綺麗な空気の数値を示すようになりました。

以上が私の解決事例です。
その後、私は自身の経験を活かして、受動喫煙に苦しんでいる方々の相談に乗るようになりました。
プライバシーを重視し、特に女性の気持ちに寄り添うよう心がけています。私も経験してきたことなので、被害者のつらい心理状況は、すごくわかります。
解決が困難な事例でも、あきらめずに、受動喫煙被害は解決出来るということを世界に発信していきたいです。

第9章

香　害

弁護士　岡本　光樹

第1　問題の概要

1　社会的背景

近年、柔軟剤や洗剤など香りつき製品が発するニオイ等の化学物質によって体調不良・健康被害が引き起こされる「香害[1]」が社会問題となっている。

香りつき製品のニオイ[2]によって体調を崩す人や化学物質過敏症[3]を発症する人が2010年前後から増え続けているという。1999年頃の「除菌・消臭ブーム」（ファブリーズ）、2009年頃の「香りブーム」（アメリカP&G社「ダウニー」）とともに、人工的に強い香りを添加した柔軟剤、合成洗剤、消臭剤、除菌剤、制汗剤、芳香剤などの生活用品が増え、また「香り長持ち」「いつまでも香りがつづく」などを謳った商品に香料や消臭成分を包むマイクロカプセルも多用されるようになったとのことである。2000年から2018年までに柔軟剤を含む洗剤・界面活性剤の販売量は1.5倍に、2009年から2018年までに香料の生産量は1.8倍に増大したとのことである。（パンフレット「STOP ！ 香害」[4]　より）

1　「香害」の定義を以下に示す。

・香害とは、柔軟剤、消臭除菌スプレー、制汗剤、芳香剤、合成洗剤などの香りを伴う製品による健康被害のこと。　後掲・日本消費者連盟

・家庭用品から揮発するニオイによる健康被害、すなわち「香害」
「香害」とは、日々家庭で洗濯時に使用する柔軟剤、消臭・除菌スプレー、制汗剤、芳香剤、合成洗剤など、主に香りつき製品の人工的なニオイによってもたらされる健康被害のこと　後掲・月刊保団連

・香りつき製品から揮発する香料や添加剤、カプセル素材の成分（化学物質）が空気を汚染し、健康被害「香害」を生んでいます。　後掲・パンフレット「STOP ！ 香害」

・柔軟剤や化粧品などに含まれる人工的な香料などによって体調不良を引き起こす「香害」
後掲・シャボン玉石けん株式会社 PR TIMES

2　「香害」を生じる製品からは、人が感じる「におい」だけでなく、人が「におい」として感知しない他の化学物質も同時に揮発しており、「香害」は、それら揮発性有機化合物（VOC）の複合作用によるものという指摘もある。
深谷桂子 著「プロブレムQ＆A―香害入門」
https://www.ryokufu.com/isbn978-4-8461-2218-8n.html

3　「シックハウス症候群」は「化学物質過敏症」の「前段階」で、「シックハウス症候群」から「化学物質過敏症」に移行すると言われることがある一方、両者は別の疾病概念という捉え方もある。
平成26-27年度厚生労働科学研究費補助金 研究班「科学的根拠に基づくシックハウス症候群に関する相談マニュアル（改訂新版）」50頁
https://www.mhlw.go.jp/file/06-Seisakujouhou-11130500-Shokuhinanzenbu/0000155147.pdf

4　再掲・NPO法人ダイオキシン・環境ホルモン対策国民会議　パンフレット「STOP ！ 香害　―香りで苦しんでいる人がいます―」（2021年）
https://kokumin-kaigi.org/wp-content/uploads/2021/03/%E9%A6%99%E5%AE%B3%E3%83%91%E3%83%B3%E3%83%95_web%E7%94%A8.pdf

こうした商品を製造する企業は、競って生活用品に人工的な香りを添加し、次々と新商品を売り出し、テレビなどでCMを繰り広げ、消費者の購買意欲を刺激している。

こうした状況を背景に、2008年頃から国民生活センターに、強い香りによって体調を崩したとする相談が多く寄せられるようになり[5]、化学物質過敏症やアレルギー外来を受診する患者も増えたということである。

ニオイに対する個々人の感性が異なるため、体調不良をうったえても、香りは「好みの問題」「感覚の違い」「過敏な人だから」などの理由で相手にされず、健康被害を伝えても周囲の理解を得にくいことも、「香害」問題の特徴として挙げられる[6]。

また、同じニオイを嗅ぎ続けているうちに次第にニオイがわからなくなる現象は「嗅覚疲労」と呼ばれ、柔軟剤を毎日使っている人たちは、そのニオイに麻痺した状態で、香害で苦しむ人の状況が理解できなくなっているともいわれている（前掲「STOP ！ 香害」)。受動喫煙問題との共通性・類似性も指摘されている。

2 「香害」問題の実態

「香害をなくす連絡会」が2019年12月～2020年3月に実施したアンケートでは、次の結果が示された[7]。

・7136件が「香りつき製品のにおいで具合が悪くなったことがある」と回答した。

・「仕事を休んだり、職を失ったことがある」「学校に行けなくなったことがある」人は、1277件に上った

・具体的な症状は、1位「頭痛」(67.4%、4812件）と2位「吐き気」(63.9%、4557件）が圧倒的に多く、3位「思考力低下」と4位「咳」がいずれも3割を超え、5位「疲労感」、6位「めまい」、7位

5　国民生活センター「柔軟仕上げ剤のにおいに関する情報提供」[2013年9月19日：公表］[2019年4月17日：更新]
https://www.kokusen.go.jp/news/data/n-20130919_1.html
https://www.kokusen.go.jp/pdf/n-20130919_1.pdf

6　再掲・月刊保団連「香害を引き起こすものは何か」
https://hodanren.doc-net.or.jp/books/hodanren22/gekkan/pdf/03/26-32.pdf

7　「香害」アンケート集約結果発表　～9000人の声を届けます～ https://nishoren.net/wp/wp-content/uploads/2020/06/a1e79d761ab1852698798cc92b172db8-1.pdf
弁護士ドットコムニュース　香害で体調不良「学校や職場に行けない」「職を失った」被害者の2割が訴え
https://www.bengo4.com/c_8/n_11419/

「鼻の粘膜の痛み」、8位「目の痛みや充血」、9位「呼吸困難」と続き、これらいずれも2割を超えた（母数7136件）。また、その他にも多彩な症状が見られた。

・具合が悪くなった原因の1位は柔軟剤（86.0%、6134件）、2位は香りつき合成洗剤（73.7%、5259件）、3位は香水（66.5%、4746件）、4位は除菌・消臭剤（56.8%、4052件）、5位は制汗剤(42.5%、3036件)、6位はアロマ(28.0%、2000件)であった。

シャボン玉石けん株式会社が2021年5月に実施した調査で、「体調不良を起こした香料は何ですか？」との質問に、回答の多かった順は、1位「香水」、2位「柔軟剤や洗濯洗剤」、3位「芳香剤（消臭剤）」、4位「シャンプーやスタイリング剤」、5位「ハンドクリーム」、6位「アルコール消毒薬」、7位「ハンドソープ」だった[8]。

3 「香害」の住環境トラブル

上記「香害をなくす連絡会」のアンケートで、香りつき製品のにおいで具合が悪くなった場所は、1位「乗り物の中」（73.2%、5227件）が最多で、2位「店」、3位「公共施設」と続き、4位に「隣家から洗濯物のにおい」（47.0%、3356件）、5位「職場」、6位「病院」、7位「学校」であった。隣の家から流れてくる柔軟剤のニオイで体調不良という事態も相当数起きているのである。

独立行政法人国民生活センターが公表した、全国消費生活情報ネットワーク・システムの相談でも、「相談者が使用したものでない、隣家などの他人が使用した柔軟仕上げ剤のにおいについての相談が多く寄せられています。」「被害にあった場所は、回答があった72件のうち、『家庭』が92%（66件）を占めています」（2013年）[9]、「402件のうち、『家庭』が81%（327件）を占めていました」（2020年）[10]とのことである。

8　再掲・シャボン玉石けん株式会社 PR TIMES　2021年6月4日
https://prtimes.jp/main/html/rd/p/000000009.000067163.html

9　前掲・国民生活センター「柔軟仕上げ剤のにおいに関する情報提供」（2013年）
なお、「商品の購入者と相談者の関係」については、185件中、相談者と別の人：137件＝74%、相談者と同じ人：48件＝26%であった。購入者と相談者が同じ場合を含むが、それでも隣家などの他人の商品によって家庭で被害にあった相談がやはり多いと推察される。

10　国民生活センター「柔軟仕上げ剤のにおいに関する情報提供（2020年）」
https://www.kokusen.go.jp/pdf/n-20200409_2.pdf
なお、「商品の購入者と相談者の関係」については、920件中、相談者と別の人：651件＝71%、相談者と同じ人：269件＝29%であった。購入者と相談者が同じ場合を含むが、東京都生活文化局が公表した「とらぶるの芽」[11]においても、「こんな相談が寄せられました　【事例 1】　マンションの隣人が使う柔軟剤のにおいで気分が悪くなる。【事例 2】　隣人が使用している柔軟剤。窓を開けるとにおいが充満して息苦しくなる。事例のように、隣家で干している洗濯物に関する案件を中心とした相談は、近年、継続的に寄せられています。」と紹介されている。

筆者の相談経験としても、集合住宅（マンション・アパート等）において、隣家居住者が香りの強い洗剤・柔軟剤を使って洗濯した洗濯物衣類をマンションのベランダに干すことで、その揮発臭が周囲の居住者の生活空間に流入し、強い不快感や体調不良を生じ、窓を開けることができない、という相談が寄せられている。また、同時に、隣家の室内や浴室に干した洗濯物衣類のにおいが、換気扇等で廊下に排気され、廊下を通る度に、気分・具合が悪くなるといった相談も受けている。

本章では、このような隣家の洗剤･柔軟剤等から生じるにおいの「香害」トラブルを念頭にその対応方針を示す。

「第８章　タバコ煙害」「第 10 章　化学物質」と共通点・類似点もあるので、これらの章もあわせて参照されたい。

第２　被害及び当事者の特定

概ね「第８章　タバコ煙害」の「第２ 被害及び当事者の特定」で述べた内容と共通する。

特に、異なる点や留意すべき点を指摘しておく。

①「１　被害者側の特定　⑹ ア 健康被害」中の診断書について

「化学物質過敏症」の診断書が有用と考えられる。８章でも述べたように、「化学物質過敏症」は、発生機序が未解明な点はあるが、2009 年に「ICD-10 対応電子カルテ用標準病名マスター」（レセプト病名）に登録され、保険医療及び障害年金の対象疾病となっている。

それでも隣家などの他人の商品によって家庭で被害にあった相談がやはり多いと推察される。

11　東京都　「自分にはいい香り、隣りでは気分が悪くなる人も?!　～「柔軟剤のにおい」の苦情・相談が寄せられています～」（2019 年 9 月 11 日）
https://www.shouhiseikatu.metro.tokyo.jp/

②「1　被害者側の特定　⑺ 測定及び濃度について」について

「香害」の場合は、タバコ煙と異なり浮遊粉じん濃度の測定は有用とはいえないが、「香害」はTVOCとの相関があると考えられる[12]ので、TVOC（総揮発性有機化合物）測定器やニオイセンサー（臭気測定器）などは有用な可能性があり得る。もっとも、人の臭気に対する感覚特性である「ウェーバー・フェヒナーの法則」はここでも妥当するし、また個々人のにおいに対する感受性の違いも重要であり、測定の数値結果にとどまらない検討が必要である。一般的に人の嗅覚の方が測定器よりも優れており、測定結果の数値はわずかな変化にとどまる場合もあり得るし、また、こうした測定器が、「香害」とは別[13]のVOC（揮発性有機化合物）に反応して、必ずしも「香害」の測定に妥当しない場合もある。

③「2　加害者の特定　⑺ 加害者自身の考え方や依存症の程度」について

タバコ煙害の場合は、ニコチンによる依存性・依存症が医学的に認められている一方、「香害」では、一般的には依存性・依存症があるとはされていない。しかしながら、柔軟剤・洗剤等の製品の使用者に、特定の製品や香りへの強固な固執が見られる場合もある。時に、自らの権利意識や法的規制・管理規約の不存在など[14]を強固に主張する場合も見受

---

12 「洗濯物を干した際の室内空気質の状態」に関する室内のTVOCを調べた実験結果として、「柔軟仕上げ剤を使用しない場合と微香タイプの柔軟仕上げ剤を使用した場合ではそれぞれ約20μg/m3上昇しましたが、強い芳香のある柔軟仕上げ剤を使用した場合では約70～140μg/m3上昇しました」という結果が示されている。（前掲・国民生活センターの情報提供2013年）
また、「香りの強いタイプの柔軟仕上げ剤を表示量通りに使用した場合には、柔軟仕上げ剤を使用しない場合と比較して、約40μg/m3上昇しました。」「表示の2倍量の柔軟仕上げ剤を使用した場合は、・・・、香りの強いタイプの柔軟仕上げ剤を使用した場合には、表示量通りに使用した場合と比較して、2倍以上のTVOCの上昇がみられました。」という結果も示されている。もっとも、「におい」と「TVOC」・「香害」とは必ずしも相関するとは限らない旨の指摘もある。公益社団法人におい・かおり環境協会 副会長のコメント：「柔軟仕上げ剤を使用した洗濯物を干した際に揮発性有機化合物が放散されると考えられますが、放散される揮発性有機化合物の中にはにおいのある成分のほか、においのない成分(もしくは極めて弱い成分)も含まれます。従って、においを強く感じるからと言って揮発性有機化合物が多く発生しているとも限りません。」（前掲・国民生活センターの情報提供2020年）

13 前掲・「科学的根拠に基づくシックハウス症候群に関する相談マニュアル(改訂新版)」37頁　「図3.3.1.　室室内で発生する主な化学物質とその発生源」参照

14 法的規制の不存在を理由に香害加害者が自らを正当化する主張をする場合も見受けられるが，我が国における様々な公害の歴史からも明らかなように、法的規制が遅きに失する場合は枚挙に暇がない。喫緊の被害防止のためには法的規制に先んじて，当事者間での話し合いや司法を通じた解決が必要である。
また、管理規約に規定されていないことを理由に香害加害者が自らを正当化する主張をする場合も見受けられるが，管理規約に規定されていないことは，何でも無制限に自由と

けられ、解決が容易ではない相手も存在するので、注意が必要である。

根底に、香害加害者が別の何らかの理由（相隣トラブル等）で、香害被害者である隣人のことを悪く思っているといった場合も見られる。

第3　裁判例の不存在

「香害」について、判断した裁判例は見当たらない。ここでも、「第8章　タバコ煙害」の裁判例の規範が参考になるものと考えられる。

なお、判例検索のデータベースで「香害」を検索したところ、一件ヒットがあった（広島地判 R2.7.30[15]）。当該判決は、当該事案における「香害」の有無について、事実認定や判断はしていない[16]。

第4　紛争処理の方針

1　解決に向けた方針

(1)　協調型　洗剤等の変更の提案

香害加害者が、香りつき製品の使用をやめて、洗剤等を無香料の製品へと変更すれば、この問題は根本的な解決を図ることができる。被害者側が無香料の製品を選定し、被害者側の費用負担で無香料の製品を提供した例もある。また、費用負担について、折半や一部負担など協議

いうことでもない。管理規約に規定されていないことでも，他の居住者に不利益を与える行為は認められない、前掲（タバコ煙害）・名古屋地判 H24.12.13 参照。管理規約や使用規則等には，代表的な禁止事項や最低限のルールが規定されているが，そこに規定のないものも，他の居住者に不利益を与える行為は認められない。

15 建物の賃貸人（原告）が賃借人（被告）に対して賃貸借契約解除から明渡しまでの使用損害金等を請求した裁判である。原告は、被告がツイッターに、隣室居住者（原告ではない）に関して「隣の香害おばあちゃん，一人暮らしなのに，毎日，一日中洗濯して芳香剤をまきちらしてる。しかも，他人のベランダや網戸，玄関にまで殺虫剤をまきちらしてるし。毒をまくのが楽しみのキチガイばあさん！」という名誉毀損の書込みをした等の迷惑行為によって信頼関係が破壊されたとして賃貸借契約解除を主張した。これに対して、被告は、隣人の嫌がらせ行為について，その被害状況を証拠化するためのものにすぎず，原被告間の信頼関係の破壊とは無関係であると主張した。

16 当該判決は、「仮に被告がした書込みがCの名誉を棄損するものであったとしても，Cは本件契約において被告の連帯保証人や原告から委託を受けた本件建物の管理人にすぎないのであって，直ちに賃貸人である原告と被告との間の信頼関係がこれによって破壊されたと評価すべきものとはいえない。」とした。なお、そのほかに原告が主張した被告の迷惑行為7つについても、賃貸人と賃借人との間の信頼関係を破壊したとまではいえないとして、解除が有効とはいえない旨判断した。

することも考えられる。

もっとも、被害者からの無香料製品の提供を拒絶して、自らの権利意識や法的規制の不存在を主張して、特定の製品や香りに強固に固執する相手もいた。「香害」やその健康被害を丁寧に伝えても、理解しようとしない相手もおり、解決が難しい場合もある。

弁護士から香害加害者に送付した書面の文例を巻末資料に示す。

⑵　協調型　香りつきの洗濯物を干す時間・場所等の取り決め

双方の歩み寄りにより、洗濯物の干し方についての取り決めを行うことで、香害を低減できる場合がある。

この場合、被害者側から具体的な提案を出した方が、話が進み易い。抽象的に「配慮を求める」などの要望では、被害者側が期待する内容と加害者側の配慮の結果とが乖離しかねない。被害者側において、マンションの構造、居室の位置関係、双方の生活時間帯等も踏まえた上で、どのような洗濯物の干し方であれば、香害が低減できるか、これを許容し得るか、考えられる方策を検討して整理するとよい。

Ex.

・香害加害者が洗濯物をベランダに干す場合は，香害被害者が許容する製品を使用して洗濯して頂きたい（室内干しの際の洗剤は、制限しない）。香害加害者に全面的に洗剤等の変更をお願いするものではなく，また全面的に室内干しをお願いするものでもなく，折り合いがつきやすいと考えられる

・香りつきの洗濯物をベランダに干す頻度は週１日程度に減らしてもらいたい

・土日や休日あるいは特定の曜日は、香りつきの洗濯物をベランダに干さないでもらいたい

・香りつきの洗濯物をベランダに干すのは何時までとし、長時間にわたって香りつき洗濯物をベランダに放置するのはやめてもらいたい

・共用部分の廊下ににおいが漂うため、香りつきの洗濯物を、風呂場の換気扇下に干すのはやめてもらいたい

等

⑶　闘争型

上記方法では協力や改善が得られない場合には、香害加害者に対して、被害者の権利主張を行い、法的対応を行うことも考えられる。もっ

とも、この種のトラブルは、現状では、民事訴訟よりも民事調停の方が適しているように思われる。

なお、闘争型の措置は、双方の感情的な対立をより増大させ、被害が硬直化したり、エスカレートしたりする場合も考えられるので、慎重に方針を検討すべきである。「第8章　タバコ煙害」参照。

2　その他

紛争処理に関するその他の点については、「第8章　タバコ煙害」の「2　請求・要望の内容」「3　交渉及び請求の相手方」「4　紛争処理のための手続き・関係機関」を参照。

第5　より広汎な解決に向けた提言

1　消費者

多くの消費者が、まず『香害』について知ることが重要である。

そして、賢い消費者となり、有害なおそれのある商品を買わないこと、フレグランスフリー（製品に香りを添加していないことはもちろん、臭いを消す・マスキング目的の化学物質も使用していない[17]）の商品を選択して購入すること、他者に危害・迷惑・不利益を及ぼすおそれのある商品を使わないことが重要である。

また、『香害』に遭遇したら国民生活センターなどに相談すること、『香害』を周囲に伝え、多くの人たちで取り組むべきことも提言されている[18]。

2　立法・行政

健康被害のみならず、環境汚染にもつながるため、製造・販売事業者に対してマイクロカプセル類の使用を禁止すべきである。

一方、多種多様な化学物質・香りに対して法規制を行うこと[19]は、

---

17 前掲「STOP ！ 香害」
18 再掲・日本消費者連盟（洗剤部会　平賀典子）https://table-shizenha.jp/?p=4130
19 ①家庭用品品質表示法における指定品目にすべきこと、全成分を開示すべきこと
②製品から揮発するVOCsの測定を行い、吸入毒性試験を行うこと
③プラスチック製のマイクロカプセル類の使用禁止
が提言されている。

困難も予想される。

まず当面、現実的かつ容易にできる施策として、行政からの啓発[20]にも一層力を注ぐべきである。公共施設、学校、保健所、病院などにおいて、香料自粛の呼び掛けをすることも重要である[21][22]。

3　製造メーカー・販売事業者

香りを過度に強調・美化したＣＭによって消費者の購買意欲をあおることはやめるべきである。

また、フレグランスフリーの商品の選択肢を消費者に十分に提供すべきである。

なお、大手製造メーカーはいずれもＳＤＧｓ（持続可能な開発目標）[23]への取組みを標榜しているが、現在の人工的な香りを添加した商品の製造・販売に偏った商業主義は、ＳＤＧｓの「誰一人取り残さない」という理念に反している。甚だしい矛盾と欺瞞である。

≪巻末資料≫

９－１　弁護士から送付した書面の文例　１通目

９－２　同上　２通目

９－３　同上　３通目

前掲・月刊保団連「香害を引き起こすものは何か」
前掲・ダイオキシン・環境ホルモン対策国民会議「STOP ！ 香害」

20 消費者庁、厚生労働省、環境省、文部科学省、経済産業省の5省庁による香害ポスター（2021年）
https://www.caa.go.jp/policies/policy/consumer_safety/other/index.html#other_002
前述の国民生活センター、東京都生活文化局「とらぶるの芽」等の情報発表。

21 前掲・月刊保団連「香害を引き起こすものは何か」

22 東京都議会本会議一般質問（2020年9月30日）岡本こうきの質問4、質問5
https://www.gikai.metro.tokyo.jp/netreport/2020/report07/10.html
https://www.gikai.metro.tokyo.jp/live/video/200930.html

23 SDGsの「持続可能」は、現行の経済成長を求め続ける資本主義社会を前提としており、SDGsよりももっと抜本的に社会の在り方を変える、環境や人を守ることを優先する意識の変化・パラダイムシフトが求められているという主張も存する。前掲・深谷桂子「プロブレムQ＆A―香害入門」

相談事例

香害

弁護士　河野壮志

【相談事例の概要】

相談者は、共同住宅に家族と一緒に生活する者である。同じ共同住宅の一件隣の居住者が、香りの強い洗剤を使用して洗濯をしており、その洗濯物をベランダに干しているため、日常的に臭いが自宅に流れてくる。同居の家族は化学物質過敏症の診断を受けた。相談者は、隣家の居住者に対し、香りの強い洗剤の使用を止めてもらうよう交渉を続けているが、具体的な解決策を見いだせていない。

【弁護士からのアドバイス】

隣家の居住者は相談者との話合いには応じているようなので、洗剤を無臭のもの・香りの少ないものに変更してもらう、ベランダに干すのを控えてもらう等の条件を提案し、交渉による解決を目指すのが良いと思われる。それでも隣家の居住者が応じない場合は、弁護士を間に入れた交渉も検討すべきだろう。

ただし、弁護士を選任した場合、隣家の居住者が態度を硬化する可能性がある。また、本事例のように、化学物質過敏症の診断においては、その原因について「不明」と診断されたり、別の疾患として診断されたりすることもある。交渉が決裂し、訴訟等法的手続きに移行した場合を見据えて、過去の話合いの内容・回数や隣家の居住者の対応・発言等を記録化し、併せて臭気の測定も試みるなど、可能な限り証拠収集を行っておくべきである（なお、香害ついて直接判断した裁判例は存在しないが、ベランダでの喫煙が不法行為に該当すると判示した裁判例（名古屋地裁平成 24 年 12 月 13 日判決）は本件でも参考になる）。

第10章

化学物質

弁護士　　高橋　邦明

第1　はじめに

化学物質問題は、体調不良等の原因が化学物質から影響を受けたものであること、原因となる化学物質の特定・濃度の測定、化学物質に関する法的規制など科学的な見地から主張・立証することが多い。

シックハウス症候群や化学物質過敏症のようにある程度医学的な診断ができる場合もあるが、いまだ科学的・医学的に解明できていない部分もある。また、現在様々な化学物質が氾濫しており、所定の健康被害を及ぼした原因を特定しにくいという問題もある。しかし、科学・医学の発展と共に解明される事象もあり、被害に苦しんでいる方の救済のため、少しでも紛争解決に向けて活動することは大きな意義がある。

本章では、化学物質問題の解決へのひとつの流れを示すものである。

第2　被害者の特定

1　被害場所

被害者が自宅、学校、職場などどこで被害を被っているのか、被害者の生活状況・近隣地域に関する情報を取得する。

被害者は、化学物質に接触するから体調が悪くなるので、どの場所で健康への異変が発生するのか調査する。

近隣に工場や農薬を散布する農地などがあるかなどについても、ゼンリンの地図（関東近辺は弁護士会の図書館に、全国のゼンリン地図は国会図書館で閲覧等が可能）で確認する。

2　化学物質が問題となるケース

現代社会では、化学物質が様々な分野で使用され、化学物質なくして日常生活は営めない。

そのため化学物質に起因する被害は、様々な場所で発生しており、問題となるケースとしては以下のものがある。

⑴　化学物質による大気汚染

化学工場や材料となる化学物質、これを含む機器などから排出された化学物質が大気中に拡散することによって、大気が汚染され健康被害等が発生する場合である。

杉並病原因裁定事件（公調委平成９年（ゲ）第１号杉並区における不燃ゴミ中継施設健康被害原因裁定申請事件）においては、杉並区内等の一般廃棄物中の不燃ゴミを江東区にある中間処理施設まで搬送する作業を軽減、合理化するための積み替え施設であった東京都が設立した杉並中継所が排出した化学物質につき公害等調整委員会は、近隣住民に健康被害を発生させたことを認定した。

なお、公害等調整委員会は、被害発生のメカニズムを完全に解明できていないが、杉並中継所と近隣住民の健康被害との間の因果関係を認めている。

⑵　化学物質による悪臭

工場等から排出された化学物質が、大気や水を通して悪臭の原因となる場合である。

工場等の事業者の他にも、マンションでの消毒剤の使用、家庭の庭での農薬散布、機器の使用にともなう温度上昇による揮発性化学物資の発生など臭いの元となる行為は様々なものが考えられる。

⑶　化学物質による水質汚濁

工場から排出された化学物質や農薬などが河川や地下水に流入し、井戸水を汚染するなどして健康被害を発生させたり、水を使用できなくなることで財産的被害を発生させる場合である。

⑷　化学物質による土壌汚染

工場から排出された化学物質、ガソリンスタンドやクリーニング店等の化学物質を扱う事業者から排出された化学物質等が土壌に染み込みこんで汚染し、健康被害の他除去費用などの財産的被害を発生させる場合である。

⑸　職場での化学物質

化学物質を扱う職場では、化学物質に日常的に曝される場合がある。

また、予期せずに化学物質による被害を受ける場合がある。

職場では、従業員の健康に対する安全配慮義務が課され、労働によって従業員が被った健康被害については、雇い主に対する損害賠償や労災の対象になる。

(6)　シックハウス、シックスクールなど

建物を建築した際の資材や塗料などから化学物質が排出され、居住者や生活者に健康被害を及ぼす場合がある。

居住用建物であれば、シックハウスが問題になり、学校であればシックスクールが問題となる。

(7)　タバコの煙や食品に含まれる化学物質

タバコの煙が排出する化学物質による健康被害や食品に含まれる化学物質によって健康被害が発生する場合がある。

(8)　生活を営む上で排出される化学物質

電気ストーブの温度が上昇した際に揮発性の化学物質が発生し、使用者や機器の近くにいる者に健康被害を発生させる場合がある。

また、カーペットに含まれる農薬が室内に充満したり、ペットの消毒液を散布することで健康被害が発生することもある。

(9)　その他

化学物質は日常的に使用されているため、上記に限られず、化学物質による健康被害、財産的被害が発生していないか検討する。

3　被害者の人数

公害・環境問題は場所的・空間的に広がりがあるため、他に被害者がいるか、被害者や協力してくれる者はどのくらいいるかなどに関する情報を取得する。

その際、健康被害の内容に関する共通項、被害の程度、生活状況などを健康被害の詳細を聴き取る。

4　被害の内容

ア　精神的被害

被害者の不快感や迷惑感である。

イ　健康被害

医学的判断が求められる。医師による診断書を取得し、化学物質と症状の因果関係まで言及してもらうようにする。

健康被害が認められた場合は、治療費、入院費、慰謝料等相当因果関係のある損害が認められる。

また、因果関係が認められる健康被害がある場合は、受忍限度論は適用されないという考え方があることに留意する。

シックハウス症候群や化学物質過敏症との診断については医師の診断を受け、できれば検査によって原因となる化学物質まで特定できるとよい。

ウ　アレルギーとの関係

体調不良の原因として化学物質ではなく、ダニ・カビなどによるアレルギーや心因性のものである場合がある。

化学物質による健康被害とアレルギーなど別の症状と混同されないためには、医療機関におけるクリーンルームなどを使用した診断を要する。

エ　医療機関

化学物質による健康被害について診断してくれる近隣の医療機関を探して受診する。

診断については、クリーンルームによる診断が良いとはされているが、これを受けなければ診断されないものではない。

クリーンルームによる診断とは、被害者に化学物質が存在しないクリーンルーム内にいてもらい、クリーンルーム内に、あるときには所定の化学物質を流入させ、あるときには化学物質が含まれない空気を流入させるなどして、患者の症状を観察して診断する方法である。

被害者が、所定の化学物質に反応すれば、それが原因となる化学物質である可能性が高くなり、逆に空気に反応するのであれば、健康被害は化学物質によらない可能性が高くなる。

クリーンルームがある施設については、インターネット等で最新の情報を検索し、具体的に問い合わせる。

オ　物的被害

実際に発生した物に対する損害を確認する。

シックハウスでは、化学物質によって居住できない状況に至っている場合では建物の購入費用が高額なため賠償額も高額になる場合がある。

東京地裁 H21.10.1 では、高濃度のホルムアルデヒドに汚染されたマンションの購入者に対し、購入費用の4割相当額及び健康被害等に伴う逸失利益、弁護士費用等を含め 3600 万円を超える損害賠償が認められた。

また、化学物質によって営業ができなくなった場合の営業損害、農作物への被害が発生する場合の損害賠償などが考えられる。

他にも化学物質の発生原因となった機器の処分、買直し費用などが発生する場合があるので、化学物質による汚染がなければ生じなかった損害について慎重に検討する。

5　過去の苦情の申し入れの内容、回数など

故意・過失の存否、受忍限度論、法律構成を検討するうえで、過去の苦情の申し入れの内容や回数、加害者が防止措置・改善措置をしたか否か、公害協定や和解を締結したか否かなどの事情が考慮される。

6　契約書・公害協定書・和解書の締結

建物の建築工事のように、化学物質を排出しない、特に化学物質対策を通常より重く規定する契約書がある。

かような場合に、加害者がきちんと義務を履行しているか確認する必要がある。

過去に簡易裁判所の調停等で和解が成立した場合は、損害賠償等につき債務名義となる場合がある。

公害協定書、和解書を締結した後、事業者がこれに違反する場合は、

公害協定書、和解書の記載事項違反に基づいて訴えの提起、強制執行等が可能である。
過去の紛争の経緯を把握しておくことも重要である。

7　義務履行勧告

公害等調整委員会、公害審査会で和解が成立したのに、加害者が義務を履行しない場合は、義務履行の勧告を公害等調整委員会、公害審査会に申請できる。

第3　法規制等

1　各ケースごとの法規制の検討

被害の場所、被害の内容等が分かり始めたら、どのような法規制があるのか検討する。
化学物質に対する法規制は、多肢に渡っているため、規制対象となっている化学物質は何か、行政による指導・勧告はどのような場合か、罰則があるかなど個々具体的に検討しなければならない。

2　測定方法への影響

各法規制によって、測定方法や測定する化学物質の対象を確認する。
測定によって、当初想定した物ではなく、思わぬ物から化学物質が検出されることもある。
そのため発生源についても柔軟に検討する。

3　発生源・原因となる化学物質の確認と法規制

法規制を検討するうえで、大気や水等に含まれる化学物質を測定した結果、当初想定した化学物質が検出されず、別の化学物質が原因であったり、別の物や場所が発生源であることが判明する場合もある。

そのような場合、適用される法規制が変わる場合があるので、法規制や原因となる化学物質等についても柔軟に検討する。

以下、簡単ではあるが法規制について検討する。

なお、化学物質に関する法律関係につき検索をしたり、まとめたものとして、環境省が運営する化学物質情報検索支援システムの検索サイト、ここから探せる化学物質情報「ケミココ」

（http://www.chemicoco.go.jp/）（http://www.chemicoco.go.jp/laws.html#a2）がある。

「ケミココ」では、環境基準・指針値の数値についても言及されている。

4　大気汚染関係

大気汚染防止法、地方公共団体が定める条例に基づく規制がある。
（環境省：http://www.env.go.jp/air/osen/law/）

5　悪臭関係

悪臭防止法、地方公共団体が定める条例に基づく規制がある。
（環境省：https://www.env.go.jp/air/akushu/low-gaiyo.html）

6　水質汚濁関係

水質汚濁防止法、地方公共団体が定める条例に基づく規制がある。
（環境省：https://www.env.go.jp/water/mizu.html）

また、水道法、下水道法のほか、飲料水に関する罪（刑法142条以下）に規定がある。

7　土壌汚染関係

土壌汚染対策法、地方公共団体が定める条例がある。
（環境省：http://www.env.go.jp/water/dojo.html）

8　シックハウス、シックスクール関係

建築基準法に基づく規制がある。厚生労働省による室内空気汚染に係わるガイドライン、文部科学省による学校環境衛生の基準、国土交通省による品確法などのシックハウスに関する規制、経済産業省による建築用接着剤の JIS 規格など、様々な官庁が規制している。

これらの規制につき、使用が禁止されたり制限される化学物質の種類、濃度、使途などについて検討する。

（国土交通省：
http://www.mlit.go.jp/jutakukentiku/build/jutakukentiku_house_tk_000043.html、）

（文部科学省：
http://www.mext.go.jp/a_menu/kenko/hoken/1315519.htm）

（厚生労働省：
http://www.mhlw.go.jp/stf/seikakunitsuite/bunya/0000124201.html）

9　食品などに含まれる化学物質

食品衛生法などがある。

（厚生労働省：
http://www.mhlw.go.jp/stf/seisakunitsuite/bunya/kenkou_iryou/shokuhin/index.html

10 職場での化学物質

労働安全衛生法などがある。
(厚生労働省：
http://www.mhlw.go.jp/stf/seisakunitsuite/bunya/koyou_roudou/roudoukijun/anzen/anzeneisei03.html

11 その他の化学物質に関する法規制

なるべく該当する化学物質や物、場所などに関し、何らかの規制はないか、行政に問い合わせるなどして慎重に検討する。

他にも、

・毒劇法
・農薬取締法
・薬機法
・有害家庭用品規制法
・化学物質排出把握管理促進法（化管法）
・化学物質審査規制法（化審法）
・廃棄物処理法
・ダイオキシン類対策法
・PCB特別措置法
・海洋汚染防止法
・消防法などがある

（前記「ケミココ」サイト、http://www.chemicoco.go.jp/laws.html)。

ただし、法規制がされていない場合があることに留意する。

12 行政手続きの調査

公害・環境問題は、被害者・事業者・行政の三面構造を成すと言われている。

そのため、事業者が法令等によって規制の対象となる場合などについて、事業者が届出等所定の手続きをしていたか、市区町村がどのような対応をしたのかなど行政と事業者との関係について市区町村の窓口に行って調査を行う。

第4　原因となる化学物質の特定・濃度の測定

1　化学物質の特定の意義

化学物質による被害は目に見えないことが多く、ときには心因性によるものと誤解される場合があるため、化学物質による健康被害であることを主張立証するため測定する必要がある。

また、原因となる化学物質を特定できなければ、苦情の申入れ先や請求をすべき相手方が分からないことがある。

加えて、原因となる化学物質を特定した後、これを除去すれば被害の回復が期待できる。

これらのため、原因となる化学物質の測定は重要な意義がある。

2　化学物質の調査

加害者が工場であれば排出する化学物質を推測したり、シックハウスであれば指針値が規定されている化学物質から推測したり、その他健康被害の内容から化学物質を推測するなどして測定する化学物質を決定する。

検索サイトとしては、前述した「ケミココ」がある。「ケミココ」では、環境基準についても言及されている。

また、事業者が排出する化学物質については、PRTR法によって管理されている場合があり、環境省のWEBページで調査することができ、調査の資料として利用できる。

3 測定

化学物質の特定は、大気や水を採取したり、原因と思われる物を取得して測定をする。

(1) 測定方法

前述のとおり、各法規制によって測定方法、対象となる化学物質が異なるので注意が必要である。

測定に関しては、測定する時間帯も重要である。揮発性のある化学物質は、気温があがると濃度が上昇することが知られている。そのため気温の高い昼２時くらいを目安に測定するとか、数時間に渡って試料を採取し、所定の化学物質の濃度を時系列に沿ってグラフ化し、気温との相関関係を調べて、測定していない時間帯、日時における所定の化学物質の濃度を推定する方法もある。

なお、測定は、対象となる化学物質の特性に応じて行う。

シックハウスであれば、室内を締め切って測定を行ったり、屋外であれば風向き気温等に配慮するなどである。

(2) 測定の依頼先

測定は、目的に応じて民間企業に依頼するか、もしくは、場合によっては保健所でしてくれる場合がある。

また、公害等調整委員会に原因裁定の申請をした場合などで、同委員会が必要と認めれば測定をする場合がある。

(3) 発生源の調査及び費用

どの程度発生源を特定して化学物質の測定を行うのかは、ケースバイケースである。例えば、シックハウス症候群が推測されるのであれば、室内はもちろんのこと建材なのか塗料なのか接着剤なのかを判明できるようにしたほうがよい。建材などは建設会社等にＭＳＤＳ（化学物質等安全データシート）の提出を求め、使用されている化学物質の情報を集めることも有用である。

室内が発生源であっても、カーペットに染み込ませている防虫剤が原因であったり、家具が原因であったり、日常生活品に含まれる物が原因であることもある。

屋外の工場が原因であれば、当該工場で製造している物質の種類・製造過程で使用する化学物質、当該工場からの距離、風向き、操業時間などを調査する。

農薬・殺虫剤であれば、誰がどのような種類の農薬等をどのくらいの濃度で散布しているのかを調査する。

そして、多くの化学物質を測定するのであれば、費用もかさむので費用対効果についても検討を要する。

⑷ 化学物質や発生源が不明な場合

発生源が不明な場合は、いずれの者を相手として請求すべきかという難しい問題が発生する。

測定結果のほか、他の証拠・資料をもとに総合的に判断していくことになる。

⑸ その他の証拠収集

所定の化学物質が健康被害を発生させることに関する医学文献、医師の診断書のほか、加害者との間の契約書、従前の和解書、公害協定書、実際に化学物質が排出されている状況の録画（例えば、農薬を散布しているときの状況の撮影など）など被害者の健康被害が所定の化学物質によってもたらされたことに関する証拠を収集する。

第5 加害者の特定

1 測定された化学物質との関係

健康被害を発生させる原因となった化学物質と加害者の工場や物が排出する化学物質を比較することによって、加害者を特定できる。

例えば、健康被害の原因となる化学物質が、建築資材から確認できたのであれば建築会社や資材を提供した会社が、家具から確認できたのあれば家具製造元・販売元が、農薬から確認できたのであれば散布者が加害者となる。

2　化学物質発生防止のために講じた措置

受忍限度論との関係で、過去の苦情申し入れ等により、加害者が化学物質の発生防止措置を講じたか否か確認する。

3　加害者がきちんと特定できない場合

大気中の化学物質の場合のように、健康被害の原因となる化学物資は判明しているが、どこが発生源か突き止められない場合もある。

その場合は、合理的な立証ができればよいが、曖昧なまま訴えを提起すれば、加害者とされた者の感情を害し、問題解決も難しくなる。

公害等調整委員会に対する原因裁定であれば、加害者を特定しなくとも申請が認められる場合がある（公害紛争処理法42条の28）。

4　マンションの管理組合

マンションでは管理約款が規定されており、近隣への迷惑行為についても規律がある場合が多い。

そのため、マンション内における化学物質の排出であれば、マンションの管理組合に防止を申し入れる方法がある。

区分所有法においては、57条以下において、義務違反者に対する措置が規定されており、共同の利益に反する行為の停止等の請求（同法57条）、使用禁止の請求（同法58条）、区分所有権の競売の請求（同法59条）、占有者に対する引渡し請求（同法59条）がそれぞれ規定されている。

第6　指針値等と受忍限度論

1　指針値等

例えば、シックハウスに関する法規制では、ホルムアルデヒドなどの所定の物質に関する指針値が用途に応じて定められている。

当該指針値を超えたら健康被害が必ず発生するというものではないが指標になるものである。

2　指針値等がない場合

指針値等がない場合でも、健康被害となる化学物質であることの認定や受忍限度を超えるか否かの判断要素として測定値は大きな意味をもつので測定を行うようにする。

被害者の症状の程度、環境、加害態様等によるが、総合判断のひとつの重要な判断要素として測定値は重要である。

3　受忍限度論

受忍限度論では、一般に

⑴　侵害行為の態様と程度

⑵　被侵害利益の性質と内容

⑶　侵害行為の公共性の内容と程度

⑷　被害の防止又は軽減のため加害者が講じた措置の内容効果等

の諸事情を考慮して、これらを総合的に考察して違法か否か決すべきものとしている。

化学物質についても、測定結果が指針値を少し超えた程度で、健康被害も大きくない場合は、受忍限度の範囲として違法性が認められない可能性もある。

ただし、化学物質による健康被害や物的損害は甚大になる場合が少なくなく、化学物質の毒性が高く健康被害が発生している場合について受忍限度論は適用されるべきではないという主張も可能と思われる。

第7　因果関係

加害者の特定と重なる部分があるが、因果関係について言及する。

1　現地調査

現地調査を行い、工場であれば何を製造しているのか、製造工程でどのような化学物質を使用しているのか、どのように処理されているのかなどから調査・推測する。

現地で不快感、悪臭など化学物質に起因する被害が体感できるか確認する。

2　医学的判断・健康被害の原因物質と加害者が排出する化学物質の符合

クリーンルームでは、化学物質がない環境下で、どの化学物質によって体調不良が起きるのか、それとも化学物質によらない体調不良なのかがある程度判明する。

また、医師による診察・検査により、被害者の体調不良が化学物質によるものなのかある程度わかる。

その結果と加害者が排出する化学物質が符合すれば、所定の化学物質による健康被害であると思われる。

3　疫学的因果関係

因果関係における「ＰなくばＱなし」と言われる厳格な証明ができればよいが、原因となる化学物質や化学的メカニズムが不明であるものの、疫学的には因果関係を肯定できる場合もある。

4　鑑定

公害等調整委員会、裁判所による鑑定などを行い、科学的調査・医学的判断、その他建築家等の専門家による判断を受ける方法がある。

5　科学的考察の限界

前述した杉並病のように科学的なメカニズムが良くわからない場合もある。

疫学的証明や健康被害の内容、被害者の数、症状の類似性、専門家による意見書など状況証拠を積み上げて主張・立証し、被害者の体調不良が所定の化学物質によることを丁寧に検討しなければならない場合がある。

第8　故意・過失

化学物質に関する訴訟のなかで、加害者の故意・過失の立証が困難である場合が多い。

前述のとおり、法規制により指針値等が定められているため、加害者が指針値等の範囲内の化学物質を含有する物を使用したとすれば、過失が認められないという認定に流れる。

また、化学物質による健康被害は、いまだ科学的に解明されていないことも多く、予見可能性、結果回避義務を肯定できるだけの法規制、論文、過去の健康被害等の文献を提出しなければならない場合がある。

そして、加害者の行為態様を慎重に検討し、故意・過失行為を特定していく必要がある。

第９　被害回避のための手段の検討

１　原因となる物の特定とメカニズム

被害者は、化学物質に空気や水、物などを通じて体調不良が起きることから、化学物質の発生源を除去する、発生しないように防止措置を講じることが重要である。

２　除去の方法

健康被害の原因となる化学物質を被害場所から撤去・移動したり、洗浄する方法がある。

また、化学物質をそれ以上増加させない方法として、農薬を散布しない、施設内の換気をよくするなどの方法がある。

３　汚染源から遠ざかること

被害者自身が、化学物質に近寄らない、遠ざかることによって健康被害を防げる。例えば、職場での机の位置を変更する、就業場所を変更するなどである。

４　マスクなどの着用

その他、マスクを着用したり、特殊な防護服を着用するなど、化学物質の取り扱いと被害者の行動を念頭に具体的な被害回避・軽減の方法があるか検討する。

第10 その他の法律関係、紛争処理の方針

化学物質の問題は、典型7公害のいずれかに該当するのか検討し、該当する公害に基づく主張をすることで、対処しやすくなる場合がある。また、契約不適合責任や瑕疵担保責任を問えないかも、故意過失の立証との関係で検討事項となる。

以　上

≪参考文献≫

- 環境省　化学物質情報検索支援システム　ここから探せる化学物質情報「ケミココ」
  http://www.chemicoco.go.jp/
- 環境省　大気汚染防止法の概要
  http://www.env.go.jp/air/osen/law/
- 環境省　悪臭防止法の概要
  https://www.env.go.jp/air/akushu/low-gaiyo.html
- 環境省　水環境関係
  https://www.env.go.jp/water/mizu.html
- 環境省　土壌関係
  http://www.env.go.jp/water/dojo.html
- 国土交通省　建築基準法に基づくシックハウス対策について
  http://www.mlit.go.jp/jutakukentiku/build/jutakukentiku_house_tk_000043.html
- 文部科学省　健康的な学習環境を維持管理するために
  ー学校における化学物質による健康障害に関する参考資料ー
  http://www.mext.go.jp/a_menu/kenko/hoken/1315519.htm
- 厚生労働省　シックハウス対策のページ
  http://www.mhlw.go.jp/stf/seisakunitsuite/bunya/000012420.html

第11章

日　照

弁護士　　農端　康輔

第1　当事者の特定

1　被害者の特定

(1)　被害者の特定

都市計画法で定められた用途地域によって規制内容が異なるので、居住している地域の確認が必要である。

実際に受忍限度に基づいて争う場合には、被害者の状況も考慮要素となる。

マンション建築のように周辺の住民複数に影響がある建築計画なのか、戸建ての建築のように被害者側が１戸のみなのか。仮に前者の場合、その被害者はまとまりそうか、まとまって行動することは困難か、等も方針の選択に影響がある。

(2)　被害の特定

基本的には、建築計画の内容を得られた上で、建築士の専門家の協力を得ることができれば、太陽の位置等から、何時間の日照が阻害されるかという被害については把握することが可能である。

被害者側の図面については相談者から入手することになる。

相手方等からの資料の入手については後述する（第２、２(3)）。

ただし、数字で表された被害状況と実際に現地で被害の状況を実感するのとは異なることも多い（この点、建築が完成する前には、実感することができないという難しさがある。）。

また、相談者によって、財産的な被害を強調する場合、生活環境の悪化を強調する場合など、相談者が力点を置きたい被害は様々であるのでその点は注意すべきと思われる。

2　加害者の特定

「加害者」は建築主や設計者などで特定は容易である。施工における問題を指摘する場合は、施工業者も対象となり得る。

加害側が建築する建物の用途は、方針の選択において重要な考慮要素となりうる。例えば、分譲マンションか賃貸マンションか、などによって差が生じうる。

分譲マンションの場合、建築主はディベロッパーや土地の元所有者であり、将来の居住者は購入者となる。賃貸マンションの場合、建築主は建築前も将来も現地に居住しないことが考えられる。住民運動でどこに働きかけるのかを検討する必要がある。

マンション建設などにおいては、周辺住民への対応のために、業者側が、いわゆる「住民対策会社」を利用することがある。

3　地方公共団体

各市区町村で定められた条例によって、建築を行う場合の手続、建築基準関係法規について規制内容が異なる場合がある。

また、後述する日影規制で定められたメニューでどれを選択しているかは都市計画図（用途地域図）の確認が必要となる。

近隣の建築問題や相隣関係の調整等について、行政がどれだけ熱心かは自治体や担当者によって異なるような印象がある。

※建築物の「建築」の一般的な流れ

一定の規模以上の「新築」などの場合，工事の着手前に「建築確認」を取得する必要がある（建築基準法６条）。

事前協議→建築確認申請→建築確認（処分）→工事の着手

その他，事前に開発許可（都市計画法 33 条）などの許可が行われる場合がある。

また，建築基準法の関係でも，建築確認の前に，建築基準法の規制の緩和を目的として特例許可や特例認定がなされる場合がある（例：用途制限の緩和，総合設計制度の利用）。

一定以上の規模の建築については，条例上，確認申請等の前に標識を設置し，近隣関係住民への説明等が義務づけられている（東京都中高層建築物の建築に係る紛争の予防と調整に関する条例など）。

※特定行政庁について（東京23区は特殊な取扱い）
○東京都23区の場合　※建築基準法施行令149条
延べ面積1万㎡超→東京都
延べ面積1万㎡以下→各23区（特別区）

○東京都その他の地域
八王子，町田，府中，調布，武蔵野，三鷹，日野，立川，国分寺，西東京，小平→各市
その他→東京都（多摩事務所）
島嶼部→東京都

特定行政庁，限定行政庁などの一覧については，全国建築審査会協議会ウェブサイト（http://zenkenshin.jp/01/02.html）に掲載されている。

○指定確認検査機関
地域毎に指定確認検査機関が定められており，指定確認検査機関が行った建築確認を特定行政庁の建築主事の行った建築確認とみなすという制度になっている（参照：建築基準法6条の2）。
従って，特定行政庁の建築主事が建築確認を行うとは限らず，現在は建築確認処分の約8割が，指定確認検査機関でなされている。

第2　不法行為の特定

1　測定

相手方から建築計画に関する図面を入手することができれば、おおよそ被害の状況は確認できる。ただし、建築計画に関する詳細な図面を入手することは一般的に困難である。

日影図については、通常の弁護士等には作成は困難である。また、日影規制の緩和規定を用いているかなども弁護士だけで判断するのは難しい。そこで、協力してもらう建築士が必須である。

また、行政不服審査や行政訴訟との関係でも、建築計画・設計内容に建築基準法（建築基準関係規定）に照らして違法な点があるかどうかを確認する必要がある。こちらの観点でも建築士の協力は必須である。

2　基準値、参照値

⑴　日影にかかわる建築基準法が定める行政規制の内容

ア　日影規制　建築基準法56条の2

建築される建築物が周辺環境に生じさせる日影との関係で、建物形状を直接規制しているのは、日影規制（建築基準法56条の2）である。

日影規制では、冬至日の午前8時から午後4時の日影を基準として、①一定規模以上の建築物について、②法に定めた測定面（測定の高さ）において、③敷地境界線から5ｍ、10ｍのポイントで一定時間以上の日影を発生させないように、建物形状を規制している。

以下のとおり、用途地域ごとに、規制値のメニューが決まっている（建築基準法別表第4）（北海道では基準が異なる）。

※ただし、様々な緩和が定められている。

a．第一種低層住居専用地域・第二種低層住居専用地域・田園住居地域

・日影規制の規制対象建築物　軒の高さ＞7ｍ又は地階を除く階数≧3

・日影を判定する平均地盤面からの高さ　1.5ｍ

・日影時間は10ｍ／5ｍで、3時間／2時間、4時間／2.5時間、5時間／3時間のいずれかの規制

b．第一種中高層住居専用地域・第二種中高層住居専用地域

・日影規制の規制対象建築物　高さ＞10ｍ

・日影を判定する平均地盤面からの高さ　4ｍ又は6.5ｍ

・10ｍ／5ｍで、3時間／2時間、4時間／2.5時間、5時

間／３時間のいずれかの規制

c．第一種住居地域・第二種住居地域・準住居地域・近隣商業地域・準工業地域

・日影規制の規制対象建築物　高さ＞10ｍ

・日影を判定する平均地盤面からの高さ　４ｍ又は6.5ｍ

・10ｍ／５ｍで、４時間／2.5時間、５時間／３時間のいずれかの規制

d．用途地域の指定がない区域

(a) 軒の高さ＞７ｍ又は地階を除く階数≧３の建築物の場合

・日影を判定する平均地盤面からの高さ　1.5ｍ

・日影時間は10ｍ／５ｍで、３時間／２時間、４時間／2.5時間、５時間／３時間のいずれかの規制

(b) 高さ＞10ｍの建築物の場合

・日影を判定する平均地盤面からの高さ　４ｍ

・10ｍ／５ｍで、３時間／２時間、４時間／2.5時間、５時間／３時間のいずれかの規制

e．その他の用途地域の場合（商業地域等）

日影規制の対象外

図　日影規制の概要

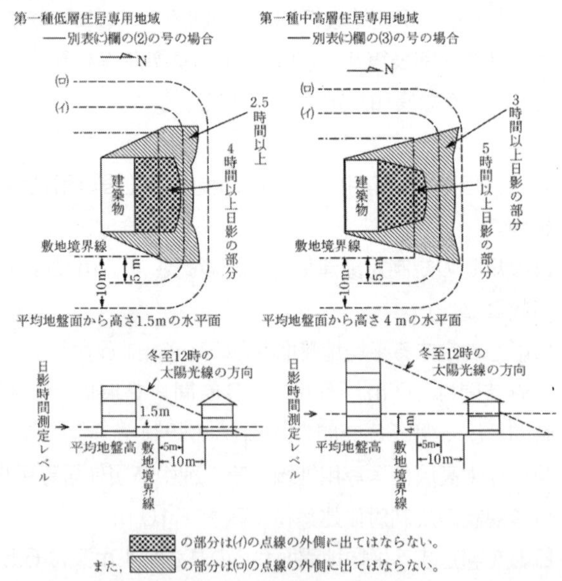

図７－80　別表第４の定義

（後掲『逐条解説　建築基準法』（ぎょうせい、2012年）932頁から引用。）

建築基準法の日影規制のポイントは、①規模が小さな建築物は日影規制の対象ではないこと、②商業地域では日影規制がそもそも課されていないこと、③新たに建築する建物自体の敷地や地盤面を基準とした規制にとどまり、被害側の建物の状況は原則として考慮されないこと、が挙げられる。

イ　斜線制限

敷地との関係で隣地境界、道路境界、北側境界との関係で斜線制限がある。

なお、斜線制限については天空率による緩和（建築基準法）のほか、それぞれ詳細に緩和規定が定められている。

㈦　北側斜線（建築基準法 56 条 1 項 3 号）

北側隣地に対する日照の悪化を防ぐため、北側に課せられる規制。

※第一種低層住居専用地域、第二種低層住居専用地域、田園住居地域、第一種中高層住居専用地域、第二種中高層住居専用地域のみが対象（後 2 者は日影規制の対象区域外の場合のみ）。

※高さに関する階段室等の緩和規定は適用されない（建築基準法施行令 2 条 1 項 6 号参照）。

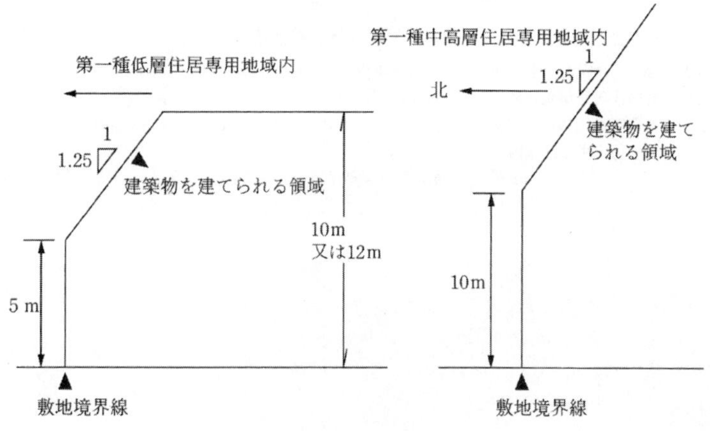

図 7 －42　北側斜線制限

（後掲『逐条解説　建築基準法』（ぎょうせい、2012 年）889 頁から引用。）

㈨　隣地斜線（建築基準法 56 条 1 項 2 号）

建築物の高さを、隣地境界線からの距離に応じて、一定限度に制限する規制。

第11章　日照

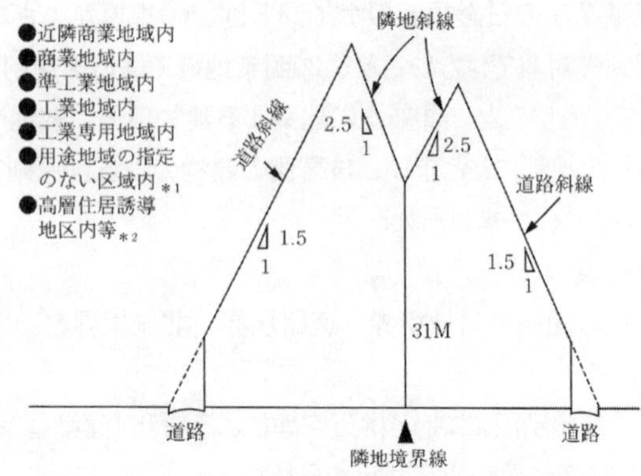

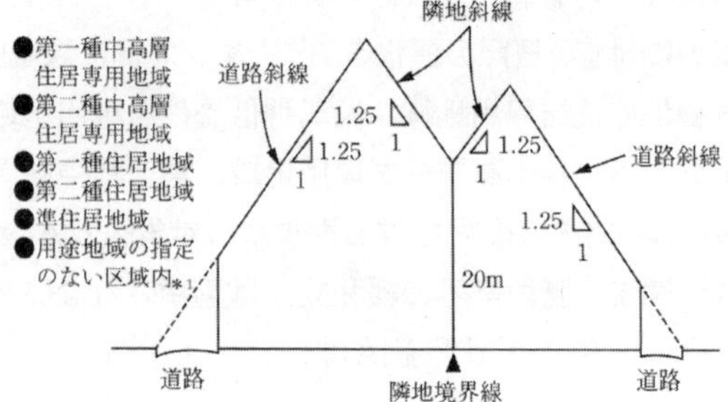

図７－36　隣地斜線制限

※１：特定行政庁が，土地利用の状況等を考慮して，都市計画審議会の議を経て定める

※２：高層住居誘導地区内で，住宅の用に供する面積が２／３以上であるもの，又は，指定容積率が30%以下である１住，２住，準住のうち特定行政庁が都市計画審議会の議を経て指定する区域内

（後掲『逐条解説　建築基準法』（ぎょうせい、2012年）884頁から引用。）

(ウ) 道路斜線（建築基準法 56 条 1 項 1 号）

建築物の各部分の高さを、前面道路の反対側の境界線までの水平距離に応じ、一定限度に押さえようとする規制。

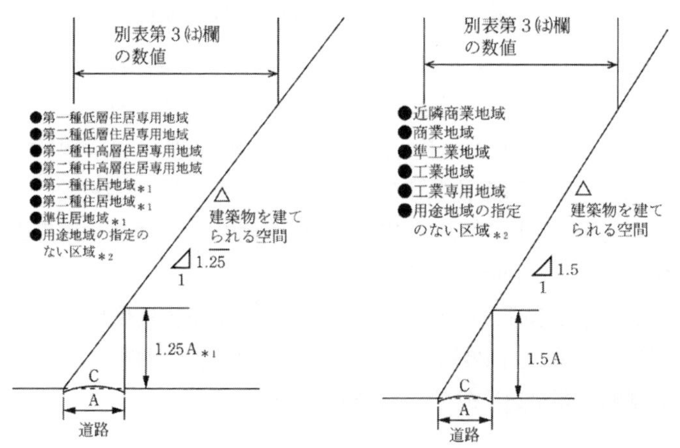

※ 1：高層住居誘導地区内の建築物であってその住宅の用に供する面積が 2 ／ 3 以上の場合は，1.5A

※ 2：用途地域の指定のない区域の場合，特定行政庁が土地利用の状況等を考慮して都市計画審議会の議を経て定める。

図 7 −20　道路斜線制限の概要

（後掲『逐条解説　建築基準法』（ぎょうせい、2012 年）867 頁から引用。田園住居地域は左図と同様。）

ウ　高さ制限

(ア) 高さ制限（建築基準法 55 条 1 項）

第一種低層住居専用地域、第二種低層住居専用地域及び田園住居地域においては、建物の高さは 10 m又は 12 m以下に制限されている（建築基準法 55 条 1 項）。

ただし、特定行政庁の認定及び許可によって緩和される場合がある（建築基準法 55 条 2 項及び 3 項）。

(イ) 高度地区（建築基準法 58 条）

都市計画において「高度地区」が定められ、高さの制限がなされている場合がある。

高度地区は、一般的に、斜線制限、絶対高さ制限、両者の組み合わせのいずれかとなっている。

エ　その他

そのほかに、建ぺい率（建築基準法 53 条）、容積率（建築基準法 52 条）なども敷地に対して建築できる建築物のボリュームを規制している。

オ　まとめ

用途地域、日影規制の規制値などはいずれも基本的には「建築計画概要書」に記載がある（入手方法は⑶ア で後述）。

これらの点については、後述するように「羈束行為」である建築確認処分がなされた場合、設計者や処分庁がチェックをしているので違法な点はないと思われるかもしれないが、実際には解釈がわかれる点も多く、審査請求等を通じて違法な部分が見つかるケースもある（日影規制の緩和方式について、後掲のさいたま地判平成26年3月19日判時2229号3頁）。

なお、圧迫感、風害などについては、それを直接規制する公法上の規制はない（例外的に、東京都港区では大規模開発について、ビル風対策要綱を平成25年に施行した。）。

⑵　条例等の定め

東京都では「東京都日影による中高層建築物の高さの制限に関する条例」が定められており、日影規制の内容が具体的に定められている。

また、日影規制との関係では、区などで定めている取扱基準等で、建築物のうち日影規制対象建築物の範囲などが定められている場合がある。

⑶　当該建築計画に関する資料の入手方法

ア　建築計画概要書

「建築計画概要書」は、建築主や設計に関わった建築士、用途地域、床面積、高さ、などの概要と配置図が記載された図面である。

指定確認検査機関が建築確認を行った場合でも、「特定行政庁」に建築計画概要書が提出される（建築基準法6条の2第10項）。

建築確認処分がなされた後、建築計画概要書は特定行政庁の窓口で閲覧や写しの交付が可能である。

東京都の場合、写しをその場では交付されず、情報公開請求によって写しの交付を受ける必要がある（情報公開請求なので、写しの交付には時間がかかる。その場でのＰＣでの書取りやカメラ撮影は不可との取扱い。）。

その場で急いで内容を写す必要がある場合、概要書の雛形の写しを持参して、手書きで書き取るのが便利である。

区部の場合、写しをその場でコピーさせてもらえることが多い。

≪参照≫

●東京都ホームページ「建築計画概要書の閲覧制度」
http://www.toshiseibi.metro.tokyo.jp/kenchiku/kijun/tetudu_6.htm

閲覧等には、事前に現場にある「建築計画のお知らせ」看板などをみて、建築主、地番、住所などの基本的情報を把握していくことが必要である。事前に特定行政庁の窓口に電話をして問い合わせておくとよい。

建築計画概要書や現地で掲示される建築確認の確認番号を見ることで、建築確認を出した指定確認検査機関（処分庁）がわかることになる。

イ　説明会などで建築主から建築計画の概要の図面の入手

中高層建築物紛争予防調整条例（⑷ ウ ㈠ 参照）に基づいて、一定範囲の周辺住民については説明用図面が配布され、周辺住民に対する説明会において説明用図面等が交付される。

ただし、建築主や将来の居住者のプライバシーなどを理由にして、詳細はマスキング等されており、概要しかわからないことが一般的である。

ウ　行政庁からの情報公開

建築確認を建築主事が行った場合、建築確認の申請書類及び図面が特定行政庁にあることになるので、情報公開が可能である（情報公開条例に基づきマスキングがなされる。）。

また、その他の建築基準法等の例外許可・例外認定、消防同意などで、行政庁に図面等の資料が提出されることがある。

行政に提出された資料については、情報公開請求によって、一部マスキングされた図面を入手することが可能である。

エ　まとめ

建築確認が民間の指定確認検査機関でなされた場合、指定確認検査機関から図面等の資料を開示する方法は一般的に存在せず、守秘義務等を理由に開示を拒まれるのが通例である。

実際には、建築計画にかかわる図面等は審査請求や仮処分を実際に行った上で、その手続の中で開示を求めざるをえないのが実情である。

（なお、代理人弁護士がついた場合には、図面等の資料をさらに開示しない対応を行う場合もあるので、当事者本人の交渉等の段階で開示される図面については、その時点でできるだけ開示をさせることが重要である。）

(4) 行政上の規制や手続等に関する資料の入手方法

ア　用途地域図

用途地域図において、用途地域、日影規制の指定、などが確認できる。

都市計画情報についてはインターネットに公開している自治体もある。

イ　条例の調査及び検討

各区のウェブサイト等の「建築」「まちづくり」「住宅」「住環境」などで検索すると様々な情報がでてくる。

現在では、地方自治体は一般的に例規集をインターネットに公開している。

手続規制のほか、建築物安全条例、建築基準条例、ワンルーム条例、など地域ごとに建築基準法の上乗せ横出し条例などが定められている。

また、建築基準法の解釈に関して、手引きや解釈基準等を公開している都道府県、市区町村もある。

ウ　条例における説明等の制度

(ア) 中高層建築物の建築に係る紛争の予防と調整に関する条例

上記条例によって、「お知らせ看板」の設置、周辺住民に対する説明義務等が定められている。また、あっせんや調停の手続きが定められている。

同様の条例は、東京都に定められているほか、23区や市町村ごとにそれぞれほとんどの場合定められている。

東京都の中高層建築物紛争予防調整条例の概要は下図参照

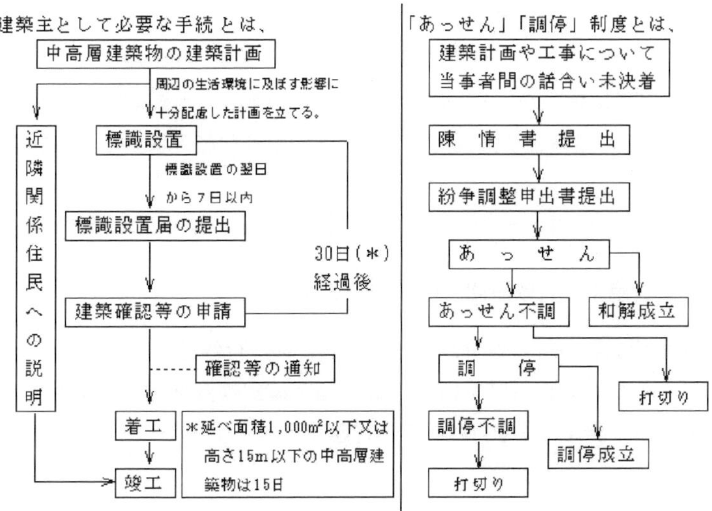

（http://www.toshiseibi.metro.tokyo.jp/kenchiku/hunsou/ から抜粋）

(イ) まちづくり条例

狛江市や国分寺市等では「まちづくり条例」を制定して、開発事業について、事前協議として公聴会や調整会等の手続きが定められている。

第3　紛争処理の方針

1　請求の内容と相手方

大きく分けると、建築主等に対する民事上の請求と処分を行った処分庁・行政庁に対する争訟が考えられる。

(1)　民事上の訴え

民事上の請求は、周辺住民側が建築主、施工業者等を相手方に訴えるのが一般的である。

①　損害賠償請求

日影が生じたことで発生した財産的な損害や精神的損害を請求

する。

② 差止・作為義務

建築主に対して建築工事の全部又は一部の差止めを求める。

すでに建築がなされた場合、建築物の撤去を求める場合もある。

（また、被害回復措置として採光器の設置などを求めることも考えられる。）

①②については、一般的に、いずれも「受忍限度論」で判断される。

⑵ 審査請求や行政訴訟（行政に対する争訟）

建築確認等の行政処分がなされた場合に、行政処分の取消し等を求めて、処分行政庁（特定行政庁又は指定確認検査機関等）を相手方・被告として審査請求や行政訴訟を提起する。

2　証拠等の評価

日影図については、等時間日影図、時刻別日影図のほか、壁面日影図、天空図などの作成が必要となる。

○時刻別日影図の例

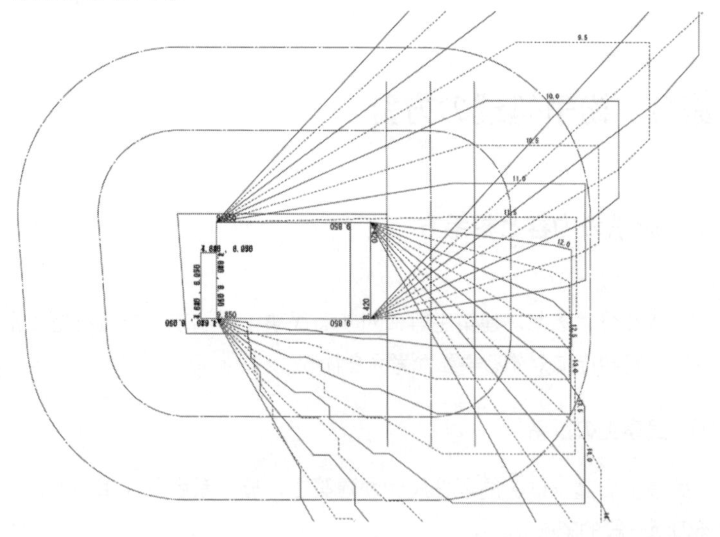

（時刻毎に建築物で生じる日影を示した日影図。）

○等時間日影図の例

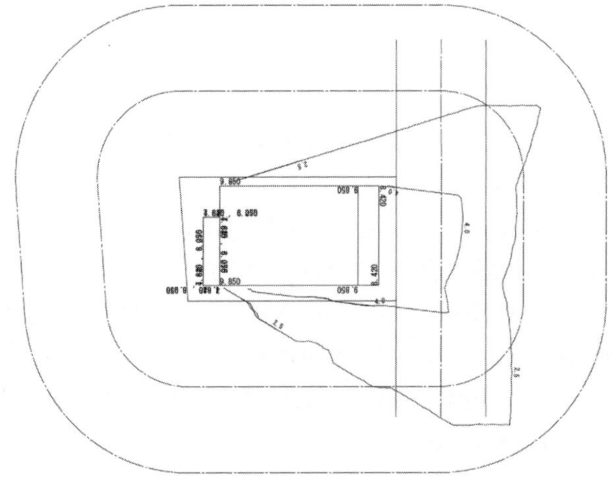

（同じ時間だけ日影になる点を結んだ日影図。仮に基準となる時間を示した線が 10 m、5 mのラインと交差すると違法となる。）

3　紛争処理の方針

① 当事者同士の話し合い

ただし、建築主によっては、一切交渉に応じない場合、説明すらも不十分な場合もある。

② 弁護士が介入しての話し合い

違法な点が明確な事例等では弁護士が介入して話し合い等を行う。

また、工事協定を作成する場合などには、弁護士が確認することが考えられる。

ただし、違法な点が明確ではない事例や違法の疑義がない事例では、弁護士が代理することの課題もある。

③ 市区町村の窓口

中高層建築物紛争予防調整条例の担当の窓口等に様々な指導を申し入れることは有効である。

説明会の実施や工事等について担当の窓口に指導を求めることが考えられる。

④ 弁護士会の紛争解決センター（仲裁センター）

申立人側から希望があれば、弁護士とともに、建築士があっせん人として選任される場合がある。建築士のあっせん人から、日照被害を具体的に軽減させる変更プランなどが提案される場合もある。

期日進行等については相当柔軟に行うことができる。

申立てとして、やや抽象的に「相当の補償を求める」「相当な対応を求める」などの形で提起することも可能である。

採光器の設置等を求めることも考えられる。

相手方には応諾義務がないことが課題である。

⑤　都道府県の公害審査会・公害等調整委員会

日照それ自体は公害紛争処理法の典型７公害には含まれないため、日照それ自体を理由に調停等の利用は難しい。ただし、マンション建設問題について地盤沈下や工事の振動、騒音などを理由に裁定申請等を行った事例はある。

専門的な調査が、申立人の費用負担がなく実施される可能性がある点が特徴的である。

⑥　簡易裁判所の調停

話し合いの１つの手段として、簡裁での調停も考えられる。

⑦　地方裁判所等への提訴

⑦－１　民事訴訟

建築禁止等を求める仮処分が一般的と思われる。本訴で争った事例もある。

東京地裁の場合、本訴も民事第22部（建築・調停専門部）の対象事件ではない。

従って、裁判所側で専門家（建築士）が入ることは原則としてないと考えられる。

⑦－２　行政訴訟（後述）

建築確認等の処分の取消しを求める訴訟

⑧　中高層建築物紛争予防条例に基づくあっせん、調停

中高層建築物の建築に係る紛争の予防と調整に関する条例に基づくあっせん、調停は、建築物が合法であることを前提に、調整をするという建前となっている。

従って、建築確認の審査請求とは両立しないという考え方をとる市区町村もある。

4　手続きの選択について―民事訴訟（仮処分と本訴）と行政訴訟

(1)　民事訴訟―仮処分と民事訴訟（本訴）

民事訴訟については、差止めと損害賠償いずれも違法性は受忍限度論に基づき判断される。

一般的に受忍限度において考慮する要素とされるのは、①被害の程度、②地域性、③加害回避可能性、④被害回避可能性、⑤建物の用途、⑥先住関係、⑦公法的規制違反の有無、⑧交渉経過、等があげられ、特に①及び②が重要とされている（後掲、高田論文ほか）。

この点、建築基準法の日影規制に適合している建築物であれば、特段の事情がない限り、原則として私法上も違法性がないとの考え方が一般的と思われる。

ただし、特殊な事例では、日影規制には違反していなくても、著しい日照阻害が生じ、受忍限度を超えると判断される場合があると考えられる。

例えば、

- 複合日影が生じる事例（とりわけ同一業者での開発の事例）、
- 日影規制が定められていない用途地域（商業地域）が指定されているが、実体の用途とは乖離している事例、
- 建物の規模が日影規制の対象外であるが、仮に日影規制を対象として日影を測定すると日影規制に違反する事例、

例：建築物の高さ 10 m以上で日影規制の対象となる近隣商業地域で高さが 9.98 mの建築物

- 加害建物と被害建物の地盤面に差があり、日影規制があるにもかかわらず、被害の程度が著しい場合、

などが考えられる。

民事訴訟での訴訟物は、物権的請求権、人格権的請求権、不法行為的差止請求権、環境権などの構成が考えられる。

(2)　行政訴訟―行政不服審査と行政訴訟

ア　審査請求

平成 28 年 4 月施行の改正行政不服審査法において、建築確認、

建築基準法の特例許可に定められていた審査請求前置は撤廃された。

審査請求を提起する場合、処分を知った日の翌日から３月以内（かつ処分の日の翌日から１年以内）に、建築審査会や開発審査会に対して、取消し等を求めて審査請求を提起する必要がある（行政不服審査法18条）。

内容の検討を提起前に行おうとすると、ほとんど時間がないこととなる。

審査請求人適格（原告適格）が必要とされる。

建築審査会等の審理は原則として書面審査である。概ね、審査会から相手方の書面及び証拠が届けられた後、２週間で反論の書面及び証拠の提出が求められる。

双方の主張がおおよそ揃ったところで公開の口頭審査が開催され（建築基準法94条３項、都市計画法50条３項）、審査請求人及び処分庁の双方が出頭して、審査会に対して主張を述べ、審査会から質問を受けることになる。

口頭審査を経た上で、審査会が裁決を行う。

なお、審査会の裁決は、審査請求の受理から１月以内（建築基準法94条２項）又は２月以内（都市計画法50条２項）にしなければならないと法文上定められている。しかし、審査請求人側に代理人がついて双方が主張を行う場合には、実際には、半年～１年程度の時間が審理にかかるケースが多い。

裁決がなされれば、判決と異なり、送達によって直ちに効力が生じる。

建築確認は、行政法学上は、裁量性のない「羈束行為」の例とされている。

建築確認取消しに関する審査請求については、争うことができる違法は「建築基準関係規定」（建築基準法６条、建築基準法施行令９条）のみとなる。

相手方は処分を行った処分庁（建築確認の場合、指定確認検査機関又は建築主事）となる。

過去の東京都及び特別区の建築審査会の裁決は、『東京都建築審査会年報』、『特別区建築審査会年報』に掲載されており、東京都庁の都民情報ルームなどで閲覧可能である。

イ　行政訴訟

裁判所に対する行政訴訟は、処分があったことを知った日から６

か月以内に提起する必要がある。審査請求があったときは、裁決を受けた後、裁決があったことを知った日から6か月以内に提起することができる（行訴法14条3項）。

「取消訴訟においては、自己の法律上の利益に関係のない違法を理由として取消しを求めることができない。」（行訴法10条1項）という主張制限が明文で定められている。

執行停止が認められない限り、行政訴訟では、判決が確定するまで判決の効力が確定しない。

ウ　審査請求と行政訴訟に共通する課題等

複数の処分がなされる場合、処分それぞれについて、審査請求及び行政訴訟を提起する必要がある。例えば、建築確認について変更確認処分がなされた場合も、変更確認処分に対して改めて審査請求を提起する必要がある。

例外として、最判平成21年12月17日民集63巻10号2631頁（たぬきの森事件）の論理があるが、この裁判例の射程については今後の裁判例の集約と検討が必要と思われる。

建築確認の取消しを求める審査請求及び行政訴訟は、いずれも建物が完成すると訴えの利益が失われることが判例上確立している（最判昭和59年10月26日民集38巻10号1169頁）。

従って、係争にかかる期間との関係で、工事期間が一定以上の期間がかかるような建築物でないと、実体的な判断を審査会や裁判所から得ることは難しい。

なお、従来、建築審査会においても執行停止はなかなか認められない傾向にあったと考えられるが、近時、建築審査会が建築確認について執行停止を認めた事例が複数現れており、執行停止（行政不服審査法34条）の利用を考える必要がある。

エ　審査請求と行政訴訟の選択について―改正行政不服審査法

平成28年4月施行の改正行政不服審査法においては審査請求前置が撤廃されたため、①まず建築審査会に対する審査請求を提起するのか、②審査請求を提起せずに裁判所に取消訴訟を直接提起するのか、という問題がある。改正後は①②のいずれかを当事者が選択できることになる。

行政訴訟では上記のとおり行訴法10条1項が存在するという問題がある。一方で、建築審査会においては審査会の委員に一級建築士や建築行政に携わった経験がある専門家がおり、建築基準法をめぐる技術的な判断に関しては特に専門的な知見を有している判断権者がいるという特徴もある。

実際には、主張する違法事由や主張できそうな違法事由の内容、完成の時期などの要素を考慮した上で、個々の事案によっていずれの方針を選択するのかを検討する必要がある。

建築審査会の裁決では建築確認の違法性が認められなかったが、裁判所が建築確認の違法を認め建築確認を取り消した事例もある（後掲のさいたま地判平成26年3月19日判時2229号3頁など）。

⑶ それぞれのメリットと問題点

ア 民事訴訟・民事仮処分

㋐ 民事訴訟のメリット

・日照に関する被害の問題を直接争うことができる

㋑ 民事訴訟の問題点

・「受忍限度」のハードルが高い

一般的な理解では、建築基準法の日影規制に適合している建築物であれば、特段の事情がない限り、原則として私法上も違法性がないとの考え方である。

とくに差止めについては最終的に判断がなされた場合には認容される数は多くない。

また、金銭賠償を求めた場合についても、当事者が考える以上に低額の賠償金になるケースが多い。

参照：第一東京弁護士会編『保全処分の実務―主文例の研究　2008』（ぎょうせい、2008年）217頁によると、平成14年から平成19年で認容決定は1件のみ（下表参照）。

㊽ 日照事件東京地方裁判所民事第9部事件処理状況。

⑴ 平成14年から平成19年までの年度別による日照妨害を理由とする建築禁止仮処分事件の受理件数とその処理結果は次のとおりである。

年度	受理件数	既済				未済
		和解	認容決定	却下決定	取下	
14	14	4	0	4	6	—
15	25	10	0	10	5	—
16	29	14	1	8	6	—
17	14	7	0	3	4	—
18	8	6	0	0	2	—
19	8	1	—	—	4	3

㊟ この期間における、日照妨害を理由とする建築妨害禁止仮処分事件の取扱いはなし。

・仮処分では、仮に認容する場合でも多額の保証金が必要となる可能性がある。ただし、保証金を低額にした事例や保証金を不要とした事例もある。

イ　行政不服審査・行政訴訟

(ア)　行政不服審査・行政訴訟のメリット

・建築基準関係規定に違反していれば直ちに処分は取り消される。違反の程度等は問題にならない。
・建築審査会の裁決で建築確認が取消しになると、直ちに効力が生じる。すなわち、直ちに工事が止まる。
・保証金は不要である。

(イ)　行政不服審査・行政訴訟の問題点

・争える違法事由は建築基準関係規定のみであり、日照等をめぐって本質的な争いができる事例は必ずしも多くない。実際には、建築計画に関する細かい違法事由を探していくことになる。
すなわち、被害側にとって日照が本来の問題であるとしても、日影規制の違法性を争うことができる事例は多くない。
本質的な争いをしうる例として、「接道」の問題、「一建築物」の問題、「地盤面」の問題がある事例などが考えられる。
・仮に裁決で違法であるとの判断がされたとしても、違法な部分を修正して再度建築確認処分を受け建築計画が進められる事例は多い。また、審査請求等の手続き中に設計内容が変更され、変更確認処分がなされることも多い。
・建築計画が建築基準関係規定に適合しているかどうかについては、専門的な建築士の協力が不可欠である。
・違反が見つからないこともある。
・審査会は行政庁から独立した委員で構成される会議体であるが、事務局は行政庁職員が行っており、独立性・公正性に問題があるとの指摘もある。
・原告（審査請求人）適格、出訴期間等の本案前の要件を満たす必要がある。
・建物が完成すると建築確認の取消しを求める訴訟は「却下」となる（最判昭和59年10月26日民集38巻10号1169頁）。
建物完成の後は、特定行政庁に対する是正命令（建築基準法9条）の義務付け訴訟等が考えられるが、行訴法上の「重大な損害」などのハードルが高く、裁判所での救済が実現する可能性は大きくない。

・行政訴訟の争訟手続の中では、相手方は処分庁・行政庁であり、建築主ではなく、和解は考えにくい。

・行政訴訟については行訴法10条1項の主張制限の問題がある。

(4) 住民運動の重要性

いずれも結論を見通すと、日照の問題について訴訟や行政不服審査という争訟手続だけで解決しようとするのは困難といえる。

周辺住民が集まることができるのであれば、反対運動などを行うことが望ましい（時に、運動が強い武器になることもある。）。

行政への働きかけについては、「処分等の求め」（行政手続法36条の3）を活用することも考えられる。

5 特徴的な裁判例など

(1) 民事訴訟

・大分地決平成9年12月8日判タ1062号133頁（日影規制が定められていない商業地域・全面差止め）

・横浜地裁小田原支決平成21年4月6日（海への眺望・真鶴町の事例）

・大阪高判平成15年10月28日判時1856号108頁（風害での損害賠償を肯定した事例）

・名古屋地判令和3年3月30日判時2518号84頁（幼稚園。損害賠償を一部認容した事例）

(2) 行政訴訟・行政不服審査

・東京都新宿区の「たぬきの森」事件
最判平成21年12月17日民集63巻10号2631頁
建築確認処分の取消訴訟において、先行する安全認定の違法を主張することが許されるとした事例。
この事例では、東京高裁が建築確認を違法であると判断した上で、処分庁の上告に伴い執行停止（行訴法25条）を認めている（執行停止を肯定したのは東京高決平成21年2月6日判例地方自治327号81頁)。

最高裁判決後、マンション業者側から、新宿区及び東京都に対して損害賠償等請求訴訟、周辺住民側からは危険な建築物を除去撤去の命令をするように義務付け訴訟が提起された。前者の訴訟はマンション業者側が地裁・高裁で敗訴し、後者の訴訟は地裁・高裁で住民側が敗訴している。

マンション業者側が提起した訴訟については、阿部泰隆「第3章　安全認定の誤りと法解釈の過失など、いわゆるたぬきの森事件」同『国家補償法の研究Ⅰ　その実践的理論』(信山社、2019年) 所収など参照。

・さいたま地判平成26年3月19日判時2229号3頁
日影規制の「発散方式」による緩和を違法と判断した裁判例。審査請求においては違法と認めなかったが、取消訴訟において法の趣旨や文言から建築確認を違法と判断した。

・東京都建築審査会裁決平成27年11月2日 (東京都文京区)
「避難階」の解釈が誤っており、東京都建築安全条例32条6号の違法があるなどとして、建築確認が取消しになった事例。工事はほぼ完成している時期に工事が停止した。東京都建築審査会は、口頭審査実施後に執行停止についても認容 (東京都建築審査会決定平成27年9月7日)。
その後、事業者が裁決取消訴訟を提起したが、東京地判平成30年5月24日判時2388号3頁が事業者の請求を棄却。控訴審、上告審もその判断が維持され、建築確認の違法が確定した。
建築審査会の裁決までの本件の経緯等については、安藤・富田・農端・北見「建築確認をめぐる諸問題と今後のあり方」『日本不動産学会誌』30巻4号 (2017年) の農端報告部分を参照。

6　特に参考となる最近の文献等

(1)　全般について

・大阪弁護士会公害対策・環境保全委員会編『建築・開発と住環境問題Q&A』(大阪弁護士協同組合、2011年)

⑵　民事訴訟について

・高田公輝「日照・日影事件—その現状と課題」『判例タイムズ』1183号（2005年9月15日号）

⑶　行政不服審査（改正行政不服審査法）について

・日本弁護士連合会行政訴訟センター編『行政不服審査法の実務と書式　第2版』（民事法研究会、2020年）（とくに「第2編」の「第5章　建築」及び「第6章　開発許可」）

⑷　建築基準法について

・建築基準法等の注釈書（逐条解説建築基準法編集委員会編著『逐条解説　建築基準法』（ぎょうせい、2012年）などがある。）
・『建築申請memo』『建築消防advice』（新日本法規）（毎年改訂される）
・『図解建築法規』（新日本法規）（毎年改訂される）
・日本建築行政会議編『建築確認のための基準総則・集団規定の適用事例2022年度版』（建築行政情報センター）（建築行政情報センターで入手可能。）
・東京都建築安全条例、東京都日影による中高層建築物の高さの制限に関する条例等については、『東京都建築安全条例とその解説』（東京都建築士会）（最新版が改訂36版(2020年)）
・そのほか、取扱基準等が各都道府県や市区町村のウェブサイトに公開されている場合があり、それを参照することが重要である。過去の自治体の取扱基準については、国立国会図書館のインターネット資料収集保存事業（https://warp.ndl.go.jp/）で自治体のウェブページを検索するのが有用である。

コラム（マンションと電波障害）

弁護士　横手　聡

マンションの建築により日照がさえぎられる場合と類似する問題として、電波障害の問題があります。家屋がマンションのビル陰になることによって、テレビ電波を受信することができなくなるという問題です。これを、不法行為の問題と考える場合には、受任限度論の適用があると考えられます。たとえば、東京地判令和２年９月29日（LLI/DB：L07531968）は、その結論部分において、「仮に、原告建物において衛星放送（BS放送）の受信障害が生じており、その原因が被告建物にあるのに、被告らが対策を講じていないとしても、原告が、社会生活上受忍すべき限度を超えて、その権利ないし法律上保護される利益を違法に侵害されているとはいえず、不法行為の成立は認められない」と判示しており、電波障害の問題に受忍限度論の適用があることを前提にしています。

ところで、マンションが建築されることによって、近隣家屋でテレビ電波の受信が妨害されるという場合、各マンションにおいて電波妨害対策設備（マンションの屋上で電波を受信し、近隣家屋まで線をつないで、近隣家屋において支障なくテレビが視聴できるようにする設備）を設置していることがあります。アナログ放送が終了し、地上デジタル放送が始まったことによって、電波障害は起こりにくくなったと言われていますので、アナログ放送の時代に設置した電波障害対策設備が不要になっていると思われる場合には、マンション管理組合としては維持管理経費削減のために設備取り外しを検討することになりますが、この際に、近隣住民との間でトラブルになる場合があります。

この点に関連して、平成18年11月27日付け情報通信政策局地域放送課長からの通達（総情域第151号）別紙「都市受信障害対策共同受信施設の地上デジタル放送対応に係る考え方」「２　費用負担の考え方」では、「受信設備の設置は一般的に受信者自ら行うことが原則であり、対策施設での受信によることでそれらに係る経費が不要になるものではないことから、個別アンテナにより直接受信する世帯との公平性を考慮し、受信者は、デジタル放送の受信に通常必要とされる経費に相当する額を負担すること」、「従って、デジタル放送を個別アンテナにより直接受信する世帯が通常必要とされる、ＵＨＦアンテナの設置費用等の経費に相当する額を受信者が負担し、それを超える額を所有者（注：受信障害の原因となった高層建築物等の所有者）が負担すること」とされています。この記述部分に書かれている考え方に基づけば、マンションの電波障害対策設備がなくてもアンテナの設置によって地上デジタル放送の受信ができるようになっている場合、アンテナの設置等に要する経費は、近隣住民が負担すべきものと考えられます。トラブル防止のためには、このような費用負担の考え方を丁寧に説明することに加え、電波を測定する機器の正確性・測定者の信頼性を担保した上で電波測定結果を示し、マンションの電波障害対策設備を取り外してもテレビ電波受信に支障がないことについて、近隣住民の理解を得ることが重要です。

なお、マンションが建築された際に、デベロッパーが近隣住民との間で電波障害対策設備の維持・管理について約束し、分譲後は、マンション管理組合にその義務を承継させる書面を作成している場合があります。しかし、マンションの管理組合がかかる義務を承継しうるのか、近隣住民が当該合意に基づく義務の履行を求める訴訟を提起した場合に、マンション管理組合が被告となりうるのかは、難しい問題です。電波障害の問題に限らず、マンションが建っていることによって何らかの被害を被っていると主張する近隣住民がマンションの管理組合を被告として訴訟を提起した場合は、管理組合の理事長に当該問題についての代表権があるのかなど、本案前の論点が生じる可能性が否定できませんので、その点に留意して検討することが必要であると思われます（東京地方裁判所プラクティス委員会第一小委員会「マンションの管理に関する訴訟をめぐる諸問題（1）」（判例タイムズ1383号29頁以下）参照）。

第12章

空き家

弁護士　　横山　丈太郎

第1　はじめに～空き家による環境問題

高齢化・人口減少や住宅のストックと需要との不釣合いを背景として、空き家の数が近年増加しており（「空家等に関する施策を総合的かつ計画的に実施するための基本的な指針」（平成27年2月26日総務省・国土交通省告示第１号、最終改正令和３年６月30日総務省・国土交通省告示第１号）（以下、「基本指針」という）２頁）[1]、こうした空き家の老朽化や不適正管理により発生する環境問題が注目を集めるようになった。

＜空き家による環境問題＞ 倒壊、崩壊、火災発生、ごみの不法投棄、動物（猫、ハクビシンなど）の生息、衛生悪化、悪臭、景観の悪化、犯罪の誘発

本章は、空き家問題の解決へのひとつの流れを示すものである。

第2　特措法及び条例の概要

空き家問題も、本マニュアルで取り上げている騒音、振動、悪臭等の環境問題と同じく、民事的解決が可能である。他方で、空き家問題の特殊性は、①空き屋の所有者が現場に居住しておらず、所有者不明事案が少なくない点と、②空き家の除却・修繕等の措置を、行政が空き家の所有者等に代わって行う代執行の仕組みが、空き家対策のための特別措置法（「空家等対策の推進に関する特別措置法」[2]、以下「特措法」という）及び条例において定められており、しかもかかる代執行が、所有者不明事案でも一定の場合に可能とされている点である。つまり、かかる特措法所定の措置が実施されるのであれば、それが地域住民にとって最も効率的である場合が多いと思われるという点である。

民法改正の施行日後は、所有者不明建物管理命令等や管理不全建物

1　2018年に総務省が実施した住宅・土地統計調査によると、賃貸用や別荘等を除く、長期不在等の空き家は349万戸にのぼる。

2　2014年（平成26年）11月27日公布。施行は特定空家等に対する措置については2015年（平成27年）5月26日、それ以外の部分は同年2月26日である。

管理命令等の制度が利用可能となるが、老朽空き家の場合、費用の予納や所有者の同意（管理不全建物管理命令の場合）がハードルになる（下記第６）。

これに対して、特措法や条例に基づく代執行その他の措置は、もし実施されるのであれば、それが近隣住民にとって最も効率的である場合が多いと思われるが、自治体の人的・財政的リソースの制約ゆえ、実施されるかどうかは不透明であるし（下記第３、3(1)）、行政訴訟も容易な途ではない（下記第５）。

そこでまず、地域住民が特措法や条例所定の措置の実施と民事的解決とのいずれを目標とすべき事案か（下記第３）、特措法や条例所定の措置の実施のためにどのようなアクションをとることができるか（下記第４）を検討する前提として、特措法及び条例の概要を以下にまとめておく。

1　特措法の概要

まず、特措法の概要は以下のとおりである。

＜特措法の概要＞

- ■目的：「空家等が防災、衛生、景観等の地域住民の生活環境に深刻な影響を及ぼしていることに鑑み、地域住民の生命、身体又は財産を保護するとともに、その生活環境の保全を図」ること（１条）。[3]
- ■「空家等」の定義：「建築物又はこれに附属する工作物であって居住その他の使用がなされていないことが常態であるもの及びその敷地」（２条１項）。
- ■「特定空家等」の定義：「空家等」のうち、
  - ①「そのまま放置すれば倒壊等著しく保安上危険となるおそれのある状態」
  - ②「そのまま放置すれば著しく衛生上有害となるおそれのある状態」
  - ③「適切な管理が行われていないことにより著しく景観を損なっている状態」

3　防犯は法案確定過程の当初には目的規定に明記されていたが、その後削除されている。北村喜宣「空家対策特措法案を読む(二・完)」自治研究90巻11号30頁、30-31頁(2014年)。

④「その他周辺の生活環境の保全を図るために放置することが不適切である状態」

にあるもの（2条2項）。

■市町村は、特定空家等の所有者又は管理者に対し、「除却、修繕、立木竹の伐採その他周辺の生活環境の保全を図るために必要な措置をとるよう助言又は指導をすることができる。」（ただし、倒壊等著しく保安上危険となるおそれのある状態（上記①）又は著しく衛生上有害となるおそれのある状態（上記②）にない特定空家等の場合（注：つまり、景観阻害の場合等）は、除却を助言・指導することはできない。）（14条1項）

↓

必要な措置を「勧告することができる」（同条2項）

↓

必要な措置を「命ずることができる」（同条3項）

■命令にかかる措置が履行されない場合、履行が不十分である場合又は期限までに完了する見込みがない場合は、市町村自ら「行為をし、又は第三者をしてこれをさせることができる」（同条9項、代執行）

■市町村長は、過失なく措置を命ぜられるべき者を確知できないときは、その者の負担において、措置を自ら行うことができる（同条10項、略式代執行）。

2 「空家等」の判断基準

「建築物」とは、建築基準法2条1号の「建築物」と同義であるとされている（基本指針8頁）。

「使用がなされていないことが常態である」の判断については、「概ね年間を通して建築物等の使用実績がないことは1つの基準となる」とされている（基本指針8頁）。

3 「特定空家等に対する措置」に関するガイドラインの概要

特措法に基づく上記「措置」（14条）に関し、ガイドライン（「『特定空家等に対する措置』に関する適切な実施を図るために必要な指針（ガイドライン）」）（以下、「ガイドライン」という）が定められており、その概要は以下のとおりである。なおこのガイドラインは、「特定空家等」の判断や「特定空家等」に対する措置の手続について、「参考となる一般的な考え方を示すもの」（ガイドライン１頁）であり、「各市町村において地域の実情を反映しつつ、適宜固有の判断基準を定めること等により特定空家等に対応することが適当である」とされていることからも（同頁）、市町村固有の判断基準を確認することが必要である。

<ガイドラインの概要>（市町村固有の判断基準もご確認ください。）

■「特定空家等」の定義である特措法２条２項所定の状態（上記<特措法の概要>の「特定空家等」の定義の①ないし④）に該当するか否かの判断に際して参考となる基準が、〔別紙 1〕から〔別紙 4〕において示されている。例えば、「そのまま放置すれば倒壊等著しく保安上危険となるおそれのある状態」であるか否かの判断に際して参考となる基準として、「1/20 超の傾斜が認められる場合」が挙げられている。（7 頁、第２章(2)）

■措置を講ずるか否かは、「特定空家等」に該当することに加え、以下の事項を勘案して総合的に判断されるべきものであるとされている。

(i)　「周辺の建築物や通行人等に対し悪影響をもたらすおそれがあるか否か」

— 「立地環境等地域の特性に応じて…判断」し、例えば、「倒壊のおそれのある空家等が狭小な敷地の密集市街地に位置している場合や通行量の多い主要な道路の沿道に位置している場合等は、…措置を講ずる必要性が高くなる」とされている。

(ii)　「悪影響の程度と危険等の切迫性」

— 「気候条件等地域の実情に応じて」、「悪影響の程度が社会通念上許容される範囲を超えるか否か、またもたらされる危険等について切迫性が高いか否か等により判断」し、例えば、「老朽化した空家等が、大雪や台風等の影響を受けやすい地域に位置する場合等は、…措置を講ずる必要性が高い」とされている。

4　条例の概要

特措法と同様に、空き家問題への対応を目的とした条例が、各自治体において制定されている（2014年（平成26年）10月時点で401の自治体）。[4] それらのうち、特措法と異なる規定内容を含む条例には、以下のようなものがある。

<特措法と異なる規定内容を含む条例>（2022年9月時点。また、網羅的ではないため、市町村の条例をご確認ください。）

- ■条例の目的に防犯を含むもの（新宿区、足立区、墨田区、八王子市、小平市など）
- ■特措法2条1項と異なり、建築物の不使用を要件としないもの（足立区、墨田区など）、常態かどうかではなく現に使用していないことを要件とするもの（八王子市など）
- ■「特定空家等」と認定した旨を所有者等に通知するとするもの（日野市など）
- ■命令や勧告に従わない者の公表措置を定めるもの（新宿区、品川区、八王子市、国分寺市、小平市など）
- ■特措法14条と異なり、措置の勧告にとどめているもの（足立区、小平市など）
- ■危険を回避するための措置（緊急安全措置）を講じられるとするもの（大田区、世田谷区、国分寺市、日野市など）
- ■所有者等を確知できない場合等を除き、所有者等の同意を得て緊急安全措置を講じられるとするもの（小平市など）
- ■所有者等の同意を得て緊急安全措置をとることができるとするもの（足立区など）
- ■支援や助成措置を定めているもの（品川区、足立区など）

特措法に、特措法と条例との調整規定は定められていない。

特措法と条例との差異で重要と思われるのは、緊急安全措置を定めている条例があるという点である。[5]

4　国土交通省「空家等対策の推進に関する特別措置法（平成26年法律第127号）の概要」
5　条例で規定することも可能と解されている。北村喜宣『自治体環境行政法（第9版）』280頁（第一法規、2021年）。

また、特措法の「空屋等」が不使用の常態を要件としているのに対し、条例が建築物の不使用や不使用の常態を要件としていない場合があるという点も重要と思われる。このような条例の場合、「横出し的に対応することになる」という指摘もあり、[6] 特措法の「空家等」に該当しなくても行政が措置を実施する可能性はある。[7] 総務省行政評価局「空き家対策に関する実態調査結果報告書」（平成 31 年 1 月）（以下、「総務省実態調査」という）によると、調査した 93 自治体のうち 88 自治体が、特措法 14 条に基づく「特定空家等」としての措置を行う前に、条例に基づく指導・助言等として、改善を求める文書を送付するなどの対応を行っていたという（45 頁）。

なお、条例が、助言又は指導、勧告を前置せずに命令を行うことを規定している場合、財産権の制約を含むことから行政指導の段階を経て不利益処分である命令へと移行することにより慎重な手続を踏むこととしたと特措法の趣旨に反することになるため、無効となるとされている（ガイドライン 3 頁）。[8]

第3　特措法や条例所定の措置の実施を目標とすべき事案か

1　「空家等」（特措法 2 条 1 項）に該当しない場合

「空家等」（特措法 2 条 1 項）に該当しない場合で、この点の「横出し」条例（上記第 2、4）の要件にも該当しない場合、行政による措置は（行政指導はともかく）実施されえない。

2　ガイドライン及び市町村固有の判断基準を参考に、措置を講ずる必要性が高い事案か否か

6　北村・前掲注 3、46 頁。

7　行政としては、所有者等にアプローチできるタイミングが、特措法より早くなる。北村・前掲注 5、285 頁。

8　対して、京都市空き家等の活用，適正管理等に関する条例 17 条 1 項は、「著しい管理不全状態」にある場合、その状態を解消するための措置を命じられる旨規定している。北村・前掲注 5、283 頁。

ガイドラインにおいて、措置を講ずるか否かは、「特定空家等」に該当することだけではなく、(i)周辺に悪影響をもたらすおそれ及び(ii)悪影響の程度と危険等の切迫性を勘案して総合的に判断すべきとされている(上記第2、3)。

特措法の文言は、「特定空家等」に該当する場合に、「助言又は指導をすることができる」、「勧告することができる」、「命ずることができる」、「自ら…行為をし、又は第三者をしてこれをさせることができる」となっており、市町村に裁量があるかのようだが、一般に、効果裁量が認められる規定になっていても、不作為は違法となりうる。[9] 特措法においても、「特定空家等」に該当するのみならず、上記(i)及び(ii)の事情から措置を講ずる必要性が高い場合には、助言・指導、勧告、命令、代執行の義務が生じ[10]、これらの権限の不行使が違法となる場合があると考えられる。ガイドラインも同主旨であろう。

そして、このような場合には、行政による権限行使の可能性が比較的高いと考えられる。仮に行政が権限行使しない場合、非申請型義務付け訴訟や国家賠償請求訴訟で敗訴する可能性が比較的高いからである。また、地域住民は、行政の権限行使を待つことなく、民事訴訟（占有に基づく妨害予防請求）その他による民事的解決を図ることもできるが、それに踏み切る前に、行政の権限行使により特措法所定の措置が実施されるという展開を探るのが効率的である場合が多いであろう。

したがって、ガイドライン及び市町村固有の判断基準を参考に、措置を講ずる必要性が高い場合には、行政の権限行使による特措法所定の措置の実施を目標とすべき場合が多いと考えられる。ガイドラインを参考にすると、措置を講ずる必要性を左右する要素としては以下のものが考えられる。

□周辺建築物の密集度、周辺建築物との位置関係その他の状況
□周辺の交通量
□地域の気候条件
□現に生じている健康被害、物的被害、それらの被害者の人数

---

9 最判H1.11.24、宇賀克也『行政法概説Ⅰ(第6版』336頁(有斐閣、2017年)。最判H1.11.24は、宅建業者に対する業務停止処分、取消処分などの規制権限の行使を解怠したことが違法であると主張して提起された国賠訴訟で、知事等に監督処分権限が付与された趣旨・目的に照らし、その不行使が著しく不合理と認められるときは国賠法1条1項の適用上違法となるとした。

10 北村喜宣「空き家の不適正管理と行政法」法社会学第81号76頁、86頁(2015年)は、「法案は、命令権限を市町村長に与え、事務の実施を義務的としている。」としている。

3　市町村の態勢

(1)　市町村の条例が、措置を勧告にとどめているか否か

市町村の条例が、代執行及びその前提となる命令について規定していなくても、代執行は可能である。[11] 実際、条例で規定しない理由を、「規定しなくても代執行が可能だからだ」と説明する自治体もある。[12] したがって、条例に代執行が規定されていなくても、特措法所定の措置の実施を目指すべき場合はありうる。

しかし、市町村のなかには、意識的に措置を勧告にとどめているものがある。その理由は、空き家は個人財産の問題であって個人の自主的対応が基本であるべきとか、費用回収が事実上無理なので適切でない公金支出となる、といったものである。[13] 実際、総務省実態調査によると、調査対象のうち代執行が行われた48件中、費用全額を回収できたのは5件のみであり、全額自治体負担が決まっているものが13件もある（57頁）。

他方で、特措法施行後の2015年度から2019年度までの実施状況をみると、代執行（14条9項）が合計69件、略式代執行（同条10項）が合計191件であり[14]、一般にコストが高過ぎるため代執行は選択肢に入らないはずの自治体行政において、極めて異例な件数の多さであるとの指摘がある。[15]

自治体がこのような異例な選択を行うかどうかは、見通しにくい。

ただ、勧告の対象となった特定空家等に係る土地は、住宅用地に係る固定資産税及び都市計画税の課税標準の特例措置（200㎡以下の場合固定資産税が1/6、都市計画税が1/3に、200㎡超の場合固定資産税が1/3、都市計画税が2/3になる）の対象から除外されることとなったので（地方税法349条の3の2、702条の3）、市町村の勧告に応じて所有者等が自主的に措置を講じることも考えられる。よって、非申請型義務付け訴訟（下記第5）か、民事的解決を視野に入れつつ、市町村による勧告の実施を目指すべき場合が多いだろう。

11　行政代執行法について、北村喜宣「自治体条例による空き屋対策をめぐるいくつかの論点」都市問題104巻4号55頁、62頁（2013年）。

12　北村・前掲注11、69頁。

13　北村・前掲注3、35頁。

14　国土交通省「空家等対策の推進に関する特別措置法の施行状況等について」2頁（2020年3月31日）

15　北村・前掲注5、279-280頁。

⑵　空家等対策計画の存否及びその内容

空家等対策計画（特措法６条）が定められているか否か及び定められている場合のその内容（重点対象地区の何如、対策を進める空き家の種類の優先順位など）が、一つの判断要素になりうる。

⑶　建築主事が置かれているか

建築主事とは、政令で指定する人口25万以上の市で、建築確認の事務のために置く必要があり、その他の市町村でも都道府県知事の同意を得て置くことができ、さらに、これらの建築主事を置く市町村の区域外における建築確認の事務のために都道府県に置かなければならないものである（建築基準法４条１、２、３及び５項）。一級建築士試験に合格した者で、建築審査会委員や大学教授等の業務について２年以上の実務経験を有する者が受験資格をもつ建築基準適合判定資格者検定に合格して国土交通大臣の登録を受けた者のうちから、命じられる（同条６項、同法77条の58、５条３項、同法施行令２条の3）。

特措法２条２項の「特定空家等」の要件（のうち、上記＜特措法の概要＞の「特定空家等」の定義の①及び②）は、実務的には、建築基準法10条３項の「著しく保安上危険」「著しく衛生上有害」と同義だと考えられている。[16]したがって、建築主事を置く市町村が「特定空家等」の認定を行うのは比較的可能性がある一方で、建築主事を置かない市町村がこの認定を行うのは容易ではない。[17]ちなみに、全国1718の市町村と23特別区の合計1741団体のなかで、建築主事を設置するもの（建築基準法97条の２及び97条の３に基づくものを含む）は、451団体である。[18]

ただし、建築主事を置く市においても、建築基準法10条３項権限を担当する部署は「総じてやる気がない」と指摘されており[19]、やはり建築主事を置いているかどうかではなく、措置を講ずる必要性の程度（上記3）が主な判断要素となるだろう。

16　北村・前掲注3、42頁。

17　北村・前掲注3、42頁。

18　北村・前掲注10、77頁、全国建築審査会協議会ホームページ（http://zenkenshin.jp/01/02.html, 2022年9月30日最終閲覧）。

19　北村・前掲注3、44頁。9条関係事務で手一杯であること等を理由として挙げている。

⑷　その他の判断要素

市町村の態勢に関するその他の判断要素として、空家等対策計画の作成及び変更並びに実施に関する協議を行うための協議会（特措法７条）が設置されているか否かも一応参考になる。こうした協議会は、空家等が「特定空家等」に該当するか否かの判断に関する協議を行う場としての役割を担いうるものであるところ（基本指針７頁）、「特定空家等」の認定は特に建築主事を置かない市町村においては容易ではないから、協議会が設置されていればかかる認定が促進される場合もあると考えられる。

さらに、都道府県が財政上の措置（特措法15条）を講じているか否か、市町村が解体補助制度を規定し、補助金を支出するための予算を確保しているか否かといった点も参考になる。補助制度は条例に規定されている場合と要綱に基づく場合とがある。

第４　特措法所定の措置の実施のための地域住民のアクション

１　行政に対する情報提供

地域住民が行政に対して空き家に関する情報提供を行うことにより、行政による権限行使が促進される可能性がある。

⑴　窓口となる部署

空き家に関する事務を所掌する部署は自治体により多様であり、防災担当部署、建築担当部署、都市計画担当部署などの場合がある。この点は空家等対策計画（特措法６条）において具体的に記載することが望ましいとされている（基本指針18頁）。

⑵　不適正管理空き家の存在自体に関する情報提供

「特定空家等」に該当する可能性のある不適正管理空き家の存在自体に関して情報提供をすることが、行政による権限行使の起点となりうる。

ただし、自治会を通じて情報提供することが必要な場合があるので（兵庫県小野市など)、条例の確認が必要である。また、条例で要求されていなくても、近隣住民が結束することで所有者の自発的対応への影響力が増すという指摘もある。[20]

⑶ 「空家等」の該当性のための情報提供

「空家等」(法2条)に該当するためには、不使用が常態である必要があるところ、この常時性の判断は容易でない場合があり、地域住民へ聞き込みを行っている自治体もある。したがって地域住民による情報提供が行政による権限行使を促進しうる。特に、概ね年間を通して(上記第2、2)不使用が常態である旨情報提供できれば望ましい。

⑷ 「特定空家等」(特措法2条)の該当性のための情報提供

行政が特措法所定の措置を講ずるか否かは、「特定空家等」に該当することに加え、措置を講ずる必要性の高さを勘案するとされている(上記＜ガイドラインの概要＞)。この判断は、特に建築主事を置かない市町村の場合、容易ではない(上記第3、3⑶)。そこで、地域住民が「特定空家等」への該当性や措置を講ずる必要性の高さを裏付ける事情を情報提供できれば、行政による権限行使を促進しうる。特に、現に倒壊や悪臭などが発生している場合、これらを写真撮影や測定などにより証拠化しておけば、行政による措置が実施されない場合も、非申請型義務付け訴訟(下記第5)や民事的解決(下記第6)において重要な証拠となりうる。

⑸ 空き家の所有者情報の提供

行政は特措法所定の権限を行使するために、所有者情報を把握する必要がある。(立入調査のための通知(特措法9条3項)のため、所有者への助言・指導、勧告、命令又は代執行(14条)のため。なお、立入調査に際して所有者等に通知することが困難であるときは通知不要であり(9条3項但書)、過失なくして所有者等を確知できないときはいわゆる略式代執行が可能である(14条10項)。)条例に基づく措置を講ずるために把握が必要な場合もある。[21]

ところが、所有者情報の把握は必ずしも容易でなく、所有者不明事案

---

20 北村・前掲注11、61頁。

21 緊急時の行政の措置に所有者の同意が必要とされている場合(足立区条例など)、立入調査のために居住者の承諾を要求している場合(京都市条例など)など。

が少なくない。登記未了のため不動産登記簿から判明しない場合、相続により複雑な関係となっている場合、固定資産課税情報（特措法10条）が正確でない場合などがあるからである。そこで、地域住民が行政に所有者情報を提供できれば、行政による権限行使を促進しうる。

2　行政指導の申出

上記のような情報提供にもかかわらず、行政が権限を行使しない可能性がある。根拠は、市町村による「空家等」や「特定空家等」の認定の困難さと建築基準法下での消極性（上記第3、3⑶）、代執行費用の徴収（行政代執行法2条）の不確実さ、ノウハウ・マンパワーの不足による強制徴収（同法6条1項）の機能不全[22]などである。

行政が権限行使しない場合、何人も行政指導の申出（行政手続法36条の3[23]）をすることができるとされている。自治体が行う行政指導について同条は直接適用されないが、ほぼすべての自治体で行政手続条例が制定されており、かかる条例において行政手続法と同様の規定が設けられている場合が多い。行政手続法上の申出は、「行政指導がされるべきであると思料する理由」など、同条2項所定の事項を記載した申出書を提出して行うものとされている。

この申出がなされた場合、行政は必要な調査を行い、その結果に基づき必要があると認めるときは、行政指導をしなければならないとされており（同条3項）、この必要性の判断はまったくの自由裁量ではないと考えられる。判例も、同条新設前から、条理上行政指導の作為義務が生ずる場合があることを認めている。いずれにしても、かかる行政指導の申出によって、行政による権限行使を促進しうる。

なお、特措法14条に基づく「特定空家等」としての措置を行う前に、条例に基づく指導・助言を行なっている自治体が多いことにつき、上記第2、4参照。

22 宇賀・前掲注7、237頁。

23 行政手続法の一部を改正する法律(平成26年法律第70号)により新設され、2015年(平成27年) 4月1日施行された。

第5　非申請型義務付け訴訟

上記のような情報提供や行政指導の申出を行ったにもかかわらず、行政が特措法所定の権限を行使しない場合（命令を出さない場合、命令を出しただけで代執行しない場合など）、非申請型義務付け訴訟（行政事件訴訟法３条６項１号）を提起することが考えられる。民事的解決と異なり、所有者不明事案でも提起することができるが、以下の要件を満たすことが必要となる。

1　重大な損害を生ずるおそれ（訴訟要件）

訴訟要件として「重大な損害を生ずるおそれ」が必要であり（同法37条の２第１項）、損害の回復の困難の程度、損害の性質・程度などが勘案される（同条２項）。これは、必ずしも回復の困難な損害に当たらない場合でも、具体的状況の下において、損害が重大であると判断されれば認められるとされている。空き家の倒壊・崩壊により近隣住民の生命・健康に危害を及ぼすおそれがあるような場合には、「重大な損害を生ずるおそれ」が認められる場合が多いであろう。[24]

なお、「重大な損害を生ずるおそれ」の要件は原告自身のものをいい、第三者にそのおそれがある場合を含まないとした判例がある（東京地判平成19年９月７日前掲注24）。

2　補充性（訴訟要件）

「その損害を避けるために他に適当な方法がない」（同条項）こと（補充性）が必要である。民事訴訟の提起が可能である場合にこの補充性の要件を満たすかどうかが問題になる。

この点、福岡高判平成23年２月７日判時2122号45頁は、民事上の請求によりある程度の権利救済を図ることが可能な場合でも、直

24 東京地判平成19年9月7日（Westlaw Japan文献番号2007WLJPCA09078005）は、接道幅が不十分で適法な接道義務を果たしていない建築物について、その火災の際の消火活動や災害時等の救急活動等に支障が生じ、周辺の建築物に火災等が拡大して身体及び生命に危険が及ぶおそれがあることを理由に、「重大な損害を生ずるおそれ」を認めた。

ちにそのことだけで「他に適当な方法」があるとはいえないとし、原因行為者の経営状態の不良ゆえ民事訴訟により損害を避けられる具体的可能性が認め難い点も考慮し、「他に適当な方法」はないと認定している。本判例によれば、所有者不明事案や所有者による義務の履行が期待できない事案では補充性の要件が認められやすいだろう。また、文献においては、損害を生じさせている直接の原因が行政庁以外の者の行為にあって、その原因者に対して措置を求めることで権利救済を図ることが可能であるというだけで補充性の要件を満たさないことにはならず、相手方の選択やその方法についての法令上の根拠の有無、要件、効果の違いなどを踏まえ、権利の実効的救済の観点から、その方法が義務付けの訴えとの対比において適切な方法であるか否かという観点から判断するものとされている。[25] この見解によれば、民事訴訟よりも義務付け訴訟の方が要件・効果の違いなどから適切な方法と言える場合である必要がある。

3　裁量の逸脱・濫用（本案勝訴要件）

「処分をしないことがその裁量権の範囲を超え若しくはその濫用となる」（同条５項）こと（裁量の逸脱・濫用）が必要である。

この点、空き家により「不特定多数の通行者」に被害が及ぶおそれがある場合と、「特定少数の隣人」に被害が及ぶおそれがある場合とが考えられるところ、前者の場合に行政の介入は正当化できそうだが、後者の場合は疑問であるという指摘がある。[26] 所論のとおり、民事訴訟と義務付け訴訟とでは要件が異なるだろう。義務付け訴訟において裁量の逸脱・濫用が認められうるのは、単に近隣住民に対する侵害のおそれがあるだけではなく、周辺に及ぼす悪影響の程度が大きい場合であると考えられる。つまり、「特定空家等」に該当するだけではなく、(i) 周辺に悪影響をもたらすおそれ及び (ii) 悪影響の程度と危険等の切迫性（上記 <ガイドラインの概要>）を勘案して、措置を講ずる必要性が高い場合であると考えられる。

---

25 南博方ほか編『条解　行政事件訴訟法〔第3版補正版〕』639-640頁（弘文堂、2009年）。塩野宏『行政法Ⅱ（第5版）』239頁（有斐閣、2010年）は、「どちらの方法により自己の利益を守るかは私人の選択に委ねられているのが原則である」としている。

26 北村・前掲注11、62頁。

4　その他の要件

特措法は、助言・指導をしたのに状態が改善されない場合に措置を勧告することができ、勧告をしたのに勧告に係る措置がとられなかった場合にその措置を命ずることができ、そして措置を命じたのに履行されなかった場合に代執行ができる、として、段階的な手続を定めている（14条）。しかもその趣旨は、財産権の制約を含むことから行政指導の段階を経て不利益処分である命令へと移行することにより、慎重な手続を踏む点にある（上記第2、4）。よって、助言・指導、勧告及び命令が行われていない段階で行政代執行の義務付けを求めることはできないだろう。福岡高判平成23年2月7日（上記2）も、主位的に廃棄物処理法19条の8第1項に基づく支障の除去等の措置の代執行を命ずることを求め、予備的にかかる措置の命令を命ずることを求めた事案で、いまだ命令がなされていないので、同条項1号に定める代執行の要件である「第19条の5第1項の規定により支障の除去等の措置を講ずべきことを命ぜられた処分者等が、当該命令に係る期限までにその命令に係る措置を講じないとき」に該当する余地はない、と判示した。

そこで、助言・指導、勧告及び命令が行われていない場合、これらを行わせるための対処が必要となる。助言・指導及び勧告が行われていれば、命令について非申請型義務付け訴訟が可能であることに問題はないが、助言・指導及び勧告が行われていない場合、これらについて行政指導の申出（上記第4、2）のみならず、非申請型義務付け訴訟が可能なのかが問題となる。非申請型義務付け訴訟は、行政庁が「処分」（行訴法3条6項1号）をすべき旨を命ずることを求める訴訟であり、義務付けを求める行政行為に処分性が認められることが要件となるところ、助言・指導や勧告は従来の処分性の定式には該当しないからである。この点、処分性が認められなければ権利救済の途が閉ざされてしまうことになり不合理と考えられるが、一応検討を要する。助言・指導や勧告に処分性を認める判例には、最判平成17年7月15日民集59巻6号1661頁等がある。

第6　所有者不明建物管理命令等、管理不全建物管理命令等

2021年民法改正（令和3年4月28日法律第24号「民法等の一部を改正する法律」）の施行日（2023年4月1日[27]）後は、所有者不明建物管理命令(民法264条の8)（や所有者不明土地管理命令）又は管理不全建物管理命令（264条の14）（や管理不全土地管理命令）の請求をする方法がある。（同民法改正前からの制度として、不在者財産管理人の選任を請求する（民法25条1項）方法がある。[28]）

1　所有者不明建物管理命令等

要件はまず、「所有者を知ることができず、又はその所在を知ることができない」場合である（264条の8第1項）。立法担当者によると、不動産登記簿及び住民票上の住所等を調査しても所在が明らかでない場合など、必要な調査を尽くしても所有者の特定ができない又は所有者の所在が不明な建物を意味する。[29]（所有者やその所在の特定方法については、下記第7、1参照。）また、請求権者は「利害関係人」とされているところ（同条1項）、立法担当者によると、適切に管理されないために不利益を被るおそれがある隣接地所有者も「利害関係人」たり得る。[30]

裁判所が所有者不明建物管理命令をおこなう場合、所有者不明建物管理人が選任される（同条4項）。

この制度を用いるうえで問題なのは、所有者不明建物管理人による管理に必要な費用や報酬の引当てが、当該建物（等）とされている（同条5項、264条の7）点である。倒壊のおそれがあるほど老朽化した空き

---

27 令和3年12月17日政令第332号「民法等の一部を改正する法律の施行期日を定める政令」。

28 不在者財産管理人の選任の申立ての際には、一定の額の予納金の納付が必要となり、不在者の財産が不在者財産管理人の報酬額に不足する場合は、申立人の負担となる。財産全般を管理する制度であるため、予納金が高額となり、合理性に乏しいという指摘があった。なお、近隣住民が請求権者である「利害関係人」（25条1項）にあたるかが問題になるが、単なる隣人はこれにあたらないとされているものの、訴訟提起をしようとする者はこれにあたるという裁判所の運用のようである。

29 村松秀樹＝大谷太編著『Q&A令和3年改正民法・改正不登法・相続土地国庫帰属法』168頁（金融財政事情研究会, 2022）。

30 村松＝大谷編著・前掲注29、172頁。（ただし、所有者不明土地管理命令について。）

家の場合、その売却等によってかかる費用や報酬を捻出しようがないからである。この点立法担当者によると、売却代金等から費用を捻出できないケースでは、申立人による裁判所への予納金から支払うことになるという。[31] また、老朽化して隣地に倒壊する危険がある建物の場合、管理人による建物の取壊しが認められ得るものの、取壊しには相応の費用がかかることから、取壊しが予定される場合には、費用相当額を申立人に予納させる必要があるという。[32] 他方で、土地と建物の所有者が同じであれば、所有者不明建物管理命令を所有者不明土地管理命令とともに申し立て、管理人が建物を解体した上で、敷地を売却して解体費用に充てることもあり得るという。[33]

これらを前提にすると、売却等できない老朽空き家について所有者不明建物管理命令を利用しようとすると、上記の土地を売却できる場合を除いては、(補修もそうだが)特に取壊しを要する状態の場合、その費用の予納という点が、近隣住民にとってのハードルになるだろう。

また、所有者不明建物管理命令をおこなうには、1か月を下らない公告期間が必要である(改正後の非訟事件手続法90条16項、2項)。

2　管理不全建物管理命令等

要件はまず、「所有者による建物の管理が不適当であることによって他人の権利又は法律上保護される利益が侵害され、又は侵害される恐れがある場合」(264条の14第1項)である。立法担当者によると、建物の倒壊、屋根や外壁の脱落・飛散のおそれがあり、他人に財産上・身体上の被害を及ぼすおそれがある場合がこれに当たり得る。[34] また、請求権者は「利害関係人」とされているところ、隣地所有者もこれに当たり得る。[35]

裁判所が管理不全建物管理命令をおこなう場合、管理不全建物管理人が選任される(264条の14第3項)。

---

31 村松=大谷編著・前掲注29、184頁。
32 村松=大谷編著・前掲注29、195頁。法制審議会民法・不動産登記法部会の資料も同旨(法制審議会民法・不動産登記法部会「部会資料44 財産管理制度の見直し(所有者不明建物管理制度)」2-3頁(令和2年9月15日)(https://www.moj.go.jp/content/001329289.pdf))。
33 村松=大谷編著・前掲注29、195-196頁。
34 村松=大谷編著・前掲注29、216頁。
35 村松=大谷編著・前掲注29、201頁。(ただし、管理不全土地管理命令について。)

この制度を用いる上で問題なのは、第一に、管理不全建物管理人による建物の取壊しには裁判所の許可が必要で、その許可のためには建物所有者の同意を要する（264条の14第4項、264条の10第3項）点である。所有者不明の場合も管理不全建物管理制度の利用自体は可能だが[36]、建物の取壊しのために必要な所有者の同意は得られない。また、所有者が住宅用地に係る固定資産税及び都市計画税の課税標準の特例措置（上記第3、3(1)）を勘定している場合も見込みがない。

第二の問題は、所有者による妨害が予想される場合、それを排除する権限を管理人は有しないため、管理不全建物管理命令ではなく、訴訟による対応が適切であるとされている点である。[37]

第三の問題は、所有者不明建物管理命令の制度と同様に、管理不全建物管理人による管理に必要な費用や報酬の引当てが、当該建物（等）とされており（264条の14第4項、264条の13）、倒壊のおそれがあるほど老朽化した空き家の場合、それらを捻出しようがないという点である。この点立法担当者によると、売却代金等から費用を捻出できない場合は、申立人による裁判所への予納金から支払うことになるという。[38]

第7　民事的解決

1　空き家所有者に関する情報の把握

所有者不明では民事的解決は不可能なので、所有者情報の把握の方法が重要な問題である。

(1)　所有者の特定

まず、不動産登記簿により把握するのが基本である。建物の登記簿謄本（登記事項証明書）又は登記情報を入手する方法は以下のとおりである。

① 空き家の家屋番号を特定する。ブルーマップ（ゼンリンの住宅地図の上に、登記所備付の公図の内容を重ねあわせて印刷したも

---

36 村松＝大谷編著・前掲注29、218頁。法制審議会民法・不動産登記法部会の資料も同旨（法制審議会民法・不動産登記法部会「部会資料39 管理不全土地への対応」16頁（令和2年8月25日）（https://www.moj.go.jp/content/001327454.pdf））。
37 村松＝大谷編著・前掲注29、200頁。（ただし、管理不全土地管理命令について。）
38 村松＝大谷編著・前掲注29、207頁。

ので、地番・家屋番号が青字で記載されているもの）が作成されている市町村の場合は、これを法務局、国会図書館、弁護士会図書館などで閲覧し、ブルーマップが作成されていない市町村の場合は、住宅地図と法務局の公図とを照合する。

② 登記情報提供サービス（一般財団法人民事法務協会が提供するサービス）を利用できる場合は、家屋番号を入力し、登記簿の存在を確認する。

③ 登記簿謄本（登記事項証明書）又は登記情報を取得する。

しかし、融資を受けずに建てた建物などは、登記未了の場合がある。この場合、土地の登記簿謄本（登記事項証明書）又は登記情報を確認し、土地所有者に問い合わせる。また、近隣住民、自治会、管理会社・管理組合などから聴き取る方法もある。

さらに、固定資産課税情報を利用する方法も考えられる。固定資産課税台帳の閲覧請求者に近隣住民は含まれないが（地方税法382条の2、同法施行令52条の14）、固定資産評価証明の交付請求権者には訴訟提起をしようとする者も含まれる（同法382条の3、同法施行令52条の15第4号）。交付請求は、「固定資産評価証明書の交付申請書」(日弁連ホームページ等で入手できる。）によって行う。ただ、訴状を添付して請求しなければならないという市町村の運用もあるようであり、またそうでなくとも、物件の所有者氏名を不明として申請できない可能性もある。これらの点について、市町村の運用を確認する必要がある。また、市町村に対する弁護士照会（弁護士法23条の2）によって、固定資産税納税義務者の住所・氏名の回答を求めるという方法も考えられる。ただし、自治体によっては回答が拒否されることもあるようである。[39]

⑵ 所有者の所在の特定

上記⑴により所有者が特定された場合、住民票の写し又は住民票記載事項証明書により所在を確認する。2014年6月19日以前[40]に消除又は改製されているために住民票の除票の写し又は除票記載事項証明

39 東京弁護士会調査室編『弁護士照会制度（第6版）』60頁（商事法務、2021年）。

40 住民基本台帳法施行令等の一部を改正する政令（令和元年6月12日政令第26号）附則1条、情報通信技術の活用による行政手続等に係る関係者の利便性の向上並びに行政運営の簡素化及び効率化を図るための行政手続等における情報通信の技術の利用に関する法律等の一部を改正する法律1条2号（「公布の日（筆者注：2019年5月31日）から起算して20日を経過した日」）。

書を取得できなかったり、取得しても所在が特定できない場合がある。

⑶ 所有者が死亡している場合

上記⑴により特定された所有者が死亡している場合は、戸籍により法定相続人の有無を調査し、相続人が判明すれば、住民票の写し又は住民票記載事項証明書により相続人の所在を確認する。

法定相続人の全部が戸籍廃棄等により不明又は相続放棄をしている場合は、相続財産清算人の選任を請求する（民法952条1項）方法がある。近隣住民が請求権者である「利害関係人」（同条項）にあたるかが問題になるが、「利害関係人」には被相続人に対して債権債務を有していた者も含まれるとされている。

なお、戸籍上相続人が存在するが、その相続人が所在不明又は生死不明の場合は、上記第6の方法を検討することになる。

⑷ 近隣住民等から聴き取るべき情報

以上と並行して、空き家の近隣住民、空き家の存する地域の自治会、空き家が共同住宅である場合の管理会社・管理組合などから、空き屋所有者に関する情報を聴き取ることが考えられる。聴き取るべき情報は、近隣住民が空き家所有者を知っているのか否か、事業者か否か、空き家に出入りする又は立ち寄る人物の有無とその頻度、その者との面識の有無、その者の風貌などである。また、過去の空き家所有者との交渉の有無・経緯や、過去に空き屋所有者により何らかの措置が講じられているか否かも把握すべきである。

2 侵害行為又は侵害のおそれのある状態の特定

空き家と周辺建築物等との位置関係、空き家の状況等を把握する。

差止請求や妨害予防請求において勝訴するためには、侵害のおそれは高度の蓋然性がなければならない。[41] 空き屋問題が本マニュアルで取り上げている騒音、振動、悪臭等の他の環境問題と異なるのは、他の環境問題では侵害が過去から現在まで継続している場合が多いのに対し、空き家問題の場合は侵害が未だ発生していない場合があり、「高度の蓋然

41 川島武宜ほか編『新版注釈民法（7）』261頁（有斐閣、2007年）

性」の要件の充足を吟味しなければならない点であろう。この点、生命・健康に対する侵害のおそれがあるが、蓋然性が高いとは言い難い場合について、一般の差止めの法理では救済されないが、①科学的不確実性、②損害の深刻さ、③証拠の遍在という要件が備われば、原告は平穏生活権侵害について相当程度の可能性を証明すれば足りるとする文献もあり[42]、これが空き家問題にも当てはまると主張することも可能だろう。

なお、この判断は、非申請型義務付け訴訟において裁量の逸脱・濫用が認められるか否かの判断とは異なると思われる（上記第5、3参照）。

証拠収集は、空き屋の敷地内に立ち入らなければ難しい場合も考えられる。空き家が施錠されているなど、事実上管理・支配されていれば、「人の看守する邸宅、建造物」（刑法130条）への立入りとして住居侵入罪が問題となり、「看守していない邸宅、建造物」（軽犯罪法1条1号）への立入りであれば軽犯罪法の対象となる。空き屋の場合、現に居住や使用がなされている建築物に比してプライバシー侵害の程度は相対的に軽微であるが（ガイドライン7頁）、慎重な判断を要するだろう。

3　比較衡量

判例は、侵害行為の態様と侵害の程度及び被侵害利益の性質と内容と、侵害行為のもつ公共性の内容と程度とを、比較衡量する立場をとっている。ただし、空き家の場合、その公共性は皆無である場合がほとんどだろう。

4　妨害回避のための手段の検討

解体、修繕、防護ネットの設置、清掃、動物の生息を防ぐ措置などが考えられる。

---

42 大塚直「環境民事差止訴訟の現代的課題」淡路剛久古稀『社会の発展と権利の創造』537頁、545頁（有斐閣、2012年）。

5　紛争処理の方針

(1)　闘争型か協調型か

自治体が解体補助制度（上記第3、3(4)）を定めている場合、協調型の民事的解決を促進しうる。なお、土地を寄付することを条件に解体を補助する自治体もある。また、店舗の場合補助率が異なりうる。

(2)　請求の内容

①　損害賠償請求
②　占有に基づく妨害予防請求（民法199条）（又は所有権に基づく妨害予防請求、人格権侵害に基づく差止請求若しくは不法行為に基づく差止請求[43]）

第8　その他の法律構成

1　建築基準法

建築基準法に基づき、特定行政庁は、建築物が「著しく保安上危険」又は「著しく衛生上有害」な場合、当該建築物の除却、修繕等を命ずることができ、命令が履行されない場合や命ずべき者を過失なく確知できない場合は行政代執行が可能である（同法10条3項、4項、9条11項、12項)。ただし、自治体の消極性について上記第3、3(3)参照。

2　消防法

消防法に基づき、消防長等は、火災の予防に危険であると認める物件の所有者等に対し、燃焼のおそれのある物件の除去等を命じることができ（同法3条1項）、命令が履行されない場合や所有者等を確知でき

43 差止めの法律構成の詳細には立ち入らない。内田貴『民法II（第3版）』478頁（東京大学出版会、2011年)、大塚直「差止根拠論の新展開について」前田庸喜寿『企業法の変遷』45頁、47頁（有斐閣、2009年）ほか参照。

ない場合は行政代執行が可能である（同条２項、４項）。ただし、空き家が火災の予防に危険であると判断できる場合は限られるだろう。

3　道路法

道路法に基づき、道路管理者は、交通の危険を防止するために特に必要があると認める場合、工作物の管理者に対し、危険を防止するため必要な措置を講ずべきことを命ずることができる（同法 44 条）。

4　事務管理

近隣住民が事務管理（民法 697 条）により空き家の修繕等の措置を講じ、後に所有者に対して費用償還請求や代弁済請求を行うことが考えられる。

しかし、事務管理は、本人の意思に反することが明らかな場合は、本人の意思が違法でない限り、成立しない（同法 700 条参照）。したがって、所有者が空き家を放置する意思であることを近隣住民が知っている場合、放置が違法でなければ事務管理は成立しないことになる。しかし、放置が違法であると近隣住民が判断するのは難しいだろう。つまり、既に空き家が倒壊・崩壊して近隣住民に損害を与えたような場合は、放置したのは違法であると事後的に評価することができるが、倒壊・崩壊のおそれがあると近隣住民が感じているに過ぎない事前の段階で、放置するのは違法であると近隣住民が一方的に判断するのは難しいだろう。[44]

他方で、所有者の放置意思が明らかではない場合、事務管理は成立しうる。しかし、費用償還請求や代弁済請求ができるのは「有益な費用」「有益な債務」であり、また、事務管理が本人の意思に反する場合は、「現に利益を受けている限度においてのみ」（同法 702 条）費用償還請求・代弁済請求できる。しかし、これらの要件に該当するかどうかを、近隣住民が事前の段階で一方的に判断するのも、やはり難しいだろう。

このように、いずれにしても後に費用償還請求や代弁済請求ができない可能性が残り、また、所有者から逆に損害賠償請求される可能性も

---

44 北村・前掲注 11、65 頁参照。

あるので、事務管理の開始可能性を判断するのは難しいだろう。よって、事務管理を開始するよりも、特措法所定の措置の実施を目指すか、占有に基づく妨害予防請求など、他の手段をとるべき場合が多いと思われる。[45]もっとも、後に費用償還請求や代弁済請求ができない可能性などを覚悟の上で事務管理に踏み切る、という判断も、場合によってはありうるだろう。

5 緊急避難

近隣住民が空き家の解体などを行った場合に、「急迫の危難」(民法720条2項)を避けるためであったと認められれば、損害賠償責任を負わないが、所有者に求償できない。

45 空き家を除去することが所有者の利益となることから、事務管理として空き家を除去することが考えられるという見解もある(小池知子「崩れかけた空き家に対する対応」判例自治383号123頁、123頁(2014年))。

第13章

ゴ　ミ（廃棄物）

弁護士　長崎　玲

第1 ゴミ（廃棄物）

1 廃棄物処理法の構造

ゴミ（廃棄物）を指定場所以外で捨てると違法である（一般用語では「不法投棄」と言われたりする）、という知識は多くの人が持っているが、かかるルールを定めているのが廃棄物の処理及び清掃に関する法律（「廃掃法」）である。廃掃法では、事業活動から排出される廃棄物を「産業廃棄物」（廃掃法２条４項１号）、それ以外の廃棄物を「一般廃棄物」とし、両者の処分について異なるルールを定めている。

なお、厳密には、廃掃法上の産業廃棄物は事業活動から生じた廃棄物の全てをカバーするものではなく、限定列挙であるが、それについては「３」で説明する。

2 廃棄物とは？

では、そもそも「廃棄物」とは何であろうか。これも廃掃法で定義されていて、「ごみ、粗大ごみ、燃え殻、汚泥、ふん尿、廃油、廃酸、廃アルカリ、動物の死体その他の汚物又は不要物であつて、固形状又は液状のもの（放射性物質及びこれによつて汚染された物を除く。）をいう。」とされている（廃掃法２条１項）。

この定義のポイントは「不要物」にあるが、「不要物」の定義については、「おから事件」判決が有名である。「おから事件」は、豆腐を作る際に出る「おから」を有償で収集、運搬、処分していた業者に行為が刑事事件として摘発され、最高裁まで争った事件であるが、業者側は「おから」はそもそも食用であるから、「不要物」ではないと主張した。これに対し最高裁は、「不要物」は「自ら利用し又は他人に有償で譲渡することができないために事業者にとって不要になった物をいい、これに該当するか否かは、その物の性状、排出の状況、通常の取扱い形態、取引価値の有無及び事業者の意思等を総合的に勘案して決するのが相当である」とし（最判 H11.3.10）、不要物については客観的側面と主観的側面から総合的に判断すべきとした（いわゆる「総合判断説」）。そして、おからは、実態として食用として有償で取引されている量はわずかであり、大部分は有償で廃棄を委託しているのであるから、「不要物」であって、「産業廃棄物」（事業活動から生じているから）であると判断した原審の高裁判決を維持した。

> 廃棄物性（不要物性）のポイント
>
> ①客観的要件と②主観的要件の総合判断で決める（おから事件判決）
>
> 客観的要件～その物の性状、排出の状況、通常の取扱い形態、取引価値の有無など
>
> ※例えば、事業者が有償で売却しても、それだけで取引価値が認められるわけではない。実際は運送費やその後の処理費用が売却費以上かかり、排出事業者がそれを負担している場合は、取引価値はないといえ、「不要物」といえる。
>
> ※また、保管当初は有価物であっても、放置することで廃棄物（つまりゴミ）になる場合も考えられる。その場合、例え自分の敷地内であっても、「処理基準」を満たしていない場合は廃掃法違反になりえる。
>
> 主観的要件～これは、客観的要件から合理的に推認される、物の占有者本人の意思とされている（本人がゴミではない、有価物を言い張れば済む話ではない）。

3　産業廃棄物と一般廃棄物

(1)　産業廃棄物

1では、説明を容易にする観点から、産業廃棄物は事業活動から排

出された廃棄物としたが、実際は、法律により限定列挙された事業活動により生じた廃棄物が産業廃棄物である。すなわち、廃掃法は、「産業廃棄物」を「事業活動に伴つて生じた廃棄物のうち、燃え殻、汚泥、廃油、廃酸、廃アルカリ、廃プラスチック類その他政令で定める廃棄物」としている（廃掃法２条４項１号）。ここの「政令」は「廃棄物の処理及び清掃に関する法律施行令」のこととであるが、同２条は、以下を産業廃棄物として定めている（東京都のホームページ https://www.kankyo.metro.tokyo.lg.jp/resource/industrial_waste/about_industrial/about_01.html を参考）。

区分	種類
あらゆる事業活動に伴うもの	(1)燃え殻
	(2)汚泥
	(3)廃油
	(4)廃酸
	(5)廃アルカリ
	(6)廃プラスチック類
	(7)ゴムくず
	(8)金属くず
	(9)ガラス・コンクリート・陶磁器くず
	(10)鉱さい
	(11)がれき類
	(12)ばいじん
排出する業種等が限定されるもの	(13)紙くず
	(14)木くず
	(15)繊維くず
	(16)動物系固形不要物
	(17)動植物性残さ
	(18)動物のふん尿
	(19)動物の死体
その他	(20)汚泥のコンクリート固形化物など、(1)～(19)の産業廃棄物を処分するために処理したもので、(1)～(19)に該当しないもの

(2)　一般廃棄物

一般廃棄物は、「産業廃棄物以外の廃棄物」を意味する（廃掃法２条２項）。家庭から排出されるゴミは一般廃棄物の典型例である。また、事業活動から排出される廃棄物であっても、産業廃棄物に該当しないものは、一般廃棄物になる(「事業系一般廃棄物」と呼ばれる)。例としては、レストランが出す生ごみや、企業が出す不要となった書類等がある。

4　処理のルール

(1)　産業廃棄物

ア　基本ルール

産業廃棄物は、排出した事業者が自ら処理することが原則となっている(廃掃法11条)。そして、他人に廃棄物の処理を委託するときは、政令で定める基準(「委託基準」)に従わなければならないとされている(廃掃法12条6項)。

イ　　事業者が気をつけるべきポイント

産業廃棄物の処理を他人に委託するケースが多いと思われるが、そこで守るべき委託基準とは、要するに、①許可を持つ産業廃棄物運搬・処分業者に委託すること、②政令の定める内容を含んだ委託契約書を締結すること、③紙のマニフェストを交付するか電子マニフェストを使用することを大きな内容とする。

気をつけるべきポイントとしては、以下のようなものがある。

・処理を頼もうとしているものが産業廃棄物であるか確認すること(都道府県のウェブサイト等で確認できる)。
・委託先が許可業者であることを確認すること。運搬であれば産業廃棄物収集運搬業、処分であれば産業廃棄物処分業など。特に、産業廃棄物収集運搬業許可を持っている場合は、車両(運搬トラック等)に表示義務があるので、それをチェックすべきであろう。
・委託契約が法令に従ったものであるか確認すること。都道府県で雛形を公開しているので、それに照らし合わせ、場合によっては専門家(弁護士)に確認を依頼すること。
・マニフェストを確認すること。最近は電子マニフェストの使用が多いようである。

詳しくは、各都道府県に問い合わせるのが確実である。東京都などでは、詳細なチェックリストをホームページ上で公開している（https://www.kankyo.metro.tokyo.lg.jp/resource/industrial_waste/on_waste/itaku.files/list.pdf）。

⑵ 一般廃棄物

一般廃棄物は、市町村が処理をすることとされている（廃掃法６条の２第１項）。民間事業者も一般廃棄物処理業の許可を取得することは、法律上は可能であるが、要件が厳しく（例えば市町村による一般廃棄物の処理が困難であることが必要である）、市町村の裁量が大きいため、一般的には難しい。それ故、住宅街を巡回して家庭の不用物を回収する業者は許可を持っていないことがある（これに関連する住環境上の問題は、次の箇所で説明する）。

5 廃棄物をめぐる住環境の諸問題

⑴ 野焼きの問題

住宅街で家庭ゴミを燃やす「野焼き」は、その煙が近隣純民にとって迷惑となる場合があるが、そもそも住宅街での「野焼き」は、廃掃法違反の可能性がある。廃掃法では、廃棄物の焼却は、一定の場合を除き行なってはならないとするが（廃掃法 16 条の２）、一般廃棄物である家庭ゴミを燃やす行為は、その例外には該当しないからである。

すなわち、住宅街で家庭ゴミを燃やす行為は、法令上、以下の例外に該当することが必要である（廃掃法施行令 14 条）が、下記のいずれにも該当しないため、廃掃法 16 条の２違反になる。

法律の定める例外	具体例
・国又は地方公共団体がその施設の管理を行うために必要な廃棄物の焼却	河川敷や湿地で行われる草木の焼却など
・震災、風水害、火災、凍霜害その他の災害の予防、応急対策又は復旧のために必要な廃棄物の焼却	震災がれきの焼却など
・風俗慣習上又は宗教上の行事を行うために必要な廃棄物の焼却	どんと焼きや、破魔矢や門松などの正月飾りを神社で燃やす行事など

・農業、林業又は漁業を営むためにやむを得ないものとして行われる廃棄物の焼却	農家が稲わらや籾殻を田んぼで焼く行為など
・たき火その他日常生活を営む上で通常行われる廃棄物の焼却であつて軽微なもの	キャンプファイヤーなど

よって、住宅街で違法な野焼きが行われ、その煙などにより迷惑を被っている場合は、自治体に相談することが考えられる。受忍限度を超えるとして民事訴訟を求めることも考えられるが、その具体的方法については「受任限度」及び「悪臭」の箇所を参照されたい。

⑵ ゴミ集積所の問題

住宅街において、ゴミ集積所を固定化する場合がるが（ステーション方式）、自宅の前が長年に渡り、ゴミ集積所として使われていると、ゴミによる生活上の不便（悪臭、カラス等）が一軒に集中するという問題がある。

実際、ゴミ集積所の設置方法を巡り裁判になった事例が幾つかある。東京高判Ｈ8.2.28は、輪番制を採用していた自治会において、輪番制は受忍限度を超えるものとして差し止めと求めた事案について、輪番制は受忍限度を超えるものではないとして差止めを認めなかった。横浜地判H8.9.27も、ゴミ集積所について使用の差止めを求めたものであるが、裁判所は、「原告の受けている被害が何人にとっても同様の不快感、嫌悪感をもたらすものであるところ、輪番制を採って、本件集積場を順次移動し、集積場所を利用する者全員によって被害を分け合うことが容易に可能であり、そうすることがごみの排出の適正化について市民の相互協力義務を定めた前記条例の趣旨にもかなうことよりすれば、そのような方策をとることを拒否し、本件集積場に一般廃棄物を排出し続けて、特定の者にのみ被害を受け続けさせることは、当該被害者にとって受忍限度を超える」と判断した。

これらの判決が示すように、ゴミ集積所問題の解決方法としては、裁判所は輪番制の導入が妥当と考えており、ゴミ集積所の設置場所に関して近隣樹民と紛争になった場合は、輪番制、すなわち、ゴミ集積所の場所を定期的に変え、住民全員で負担を分かち合うことが解決方法であろう。

また、上記二つの裁判例のように、個人への過度の負担が問題にならなくても、ステーション方式では、自治会に非加入の者の住民は使えないのが原則であり（自治会費でまかなっているためである）、自治会を退会した者や、そもそも加入していない者、自治会費を払っていない者とのトラブルも発生しているようである。

なお、近年は自治体による家庭ゴミの個別収集が増えているようであり、そうするとステーション方式で生じた問題は解消されるが、他方で、収集のための手間や費用が増大し、社会的な負担が増加するという、別の問題が生じ得るので、悩ましい問題である。

⑶　不要品回収業者の問題

住宅街に、不要となった家電製品等を無料で回収すると拡声器で宣伝する小型トラックが巡回していることがある。しかし、家庭で不要となった家電製品は一般廃棄物であり、市町村から許可を取得した業者しか回収ができない。この許可はなかなか取得できるものではなく、実際、これらの回収業者は、無許可営業であることが多いようである。さらに、このような業者は古物商の許可を持っていると宣伝することもあるが、古物商は、廃棄物を取り扱うことはできない。その上、このような回収業者は、無料で回収するとして人を勧誘しながらも、回収作業後に高額な料金を請求するという悪質なケースも報告されており、注意が必要である。

家庭で不要になった物は、一般廃棄物であり、その処分は市町村の仕事であることは説明したとおりである。よって、処分方法については、市町村に問い合わせるのが望ましく、無許可の回収業者に任せるべきではない。

なお、「家電４品目」と呼ばれるエアコン、テレビ、冷蔵庫、洗濯機は家電リサイクル法（正式名称：特定家庭用機器再商品化法）の対象であり、小売店を通じて回収してもらう方法が一般的である。またそれらを除く多くの家電製品は小型家電リサイクル法（正式名称：使用済小型家電電子機器等の再資源化の促進に関する法律）の対象であるため、国から認定を受けた認定事業者または市町村に引き渡して、適切な処分、リサイクルを図るべきといえる。

(4) ゴミ屋敷

いわゆる「ゴミ屋敷」の問題は厄介である。ゴミ屋敷に住んでいる本人はゴミ（廃棄物）とは認識していないであろうが、前記の総合判断説に当てはめると、廃棄物（家庭ゴミなので、「一般廃棄物」）に該当することもあろう（かかる環境省通達もある。環廃対060605004号「廃棄物の処理及び清掃に関する法律解釈上の疑義について」公布日平成18年6月5日、url: https://www.env.go.jp/hourei/11/000403.html）。そして、廃棄物を放置することは、不法投棄（廃掃法16条）に該当する可能性もあるが、これを不法投棄として取り締まった例はないようである。仮に廃掃法で取り締まったとしても（そもそも廃掃法違反になるか議論の余地がある）、相手方は個人であり、ゴミを撤去させることも難しく、ゴミ屋敷が近隣にかけている迷惑の解消にはならない。

結局、一部の自治体が条例によって対応しているのが現状であり、自治体（市町村）に相談することが望ましい。市町村によっては、勧告や命令を超えて、行政自身がゴミを撤去できる代執行や、即時執行を可能にする条例が制定されている場合がある。

なお、ゴミ屋敷については、その悪臭がひどい場合や、その他の環境上の問題が生じる場合は、受忍限度を超えるという訴えを提起できるものと考えられる。

コラム（コンビニ袋の有料化）

弁護士　長崎　玲

2020年7月1日からコンビニ袋が有料化されているが、これは廃棄物のルールとどういう関係があるのだろうか。

コンビニ袋の有料化は、環境中に廃棄されるコンビニ袋を減らすことが目的であり、廃棄物の減少を目指すものであるが、その根拠は、容器包装に係る分別収集及び再商品化の促進等に関する法律（容器包装リサイクル法」又は「容リ法」）7条の4第1項の「主務大臣は、容器包装廃棄物の排出の抑制を促進するため、主務省令で、その事業において容器包装を用いる事業者であって、容器包装の過剰な使用の抑制その他の容器包装の使用の合理化を行うことが特に必要な業種として政令で定めるものに属する事業を行うものが容器包装の使用の合理化により容器包装廃棄物の排出の抑制を促進するために取り組むべき措置に関して当該事業者の判断の基準となるべき事項を定めるものとする。」である。

これを受けて、省令（小売業に属する事業を行う者の容器包装の使用の合理化による容器包装廃棄物の排出の抑制の促進に関する判断の基準となるべき事項を定める省令）を改正し、事業者による排出抑制促進の枠組みを活かしつつ、コンビニ袋についてはその排出抑制の手段として の有料化を必須とする旨を規定したものである。

この点、プラスチックに係る資源循環の促進等に関する法律（「プラスチック資源循環法」）の制定（2021年）の動きと重なっているように見えるため（実際、コンビニ袋はプラスチック製の買物袋にほかならない）、同じ文脈で語られることがあるが、実際は別の規制によるものである。プラスチック資源循環法は、コンビニ袋の量を減らすというよりは、コンビニ弁当で使われているプラスチックのスプーンやフォークの使用を減らす（有料化したり、「マイスプーン」などの携帯を促進したりすることにより）ことを目指すものである。

第14章

アスベスト
近隣の建物解体等

弁護士　　牛島　聡美

第1　はじめに

建物を取り壊す（解体）工事や、改修工事によるアスベスト粉じんの大気汚染

建物建材には、昭和30年代頃から平成10年代頃まで多くのアスベストが用いられてきました。水道管にも昭和10年頃から昭和60年代頃まで、アスベスト入りのモノが多用されてきました。それらの一部は今も残っており、解体、改修、取り換え作業時には丁寧に行わないと大気中にアスベストが飛散することがあります。

アスベストは、鉱物ですが、繊維状に崩れていく形であり、安価なことから、鉄骨回りに吹き付ける吹付材（レベル1）やダクト回りの断熱用の保温材などの布など（レベル2）にしたり、セメントや水に混ぜて板状の建築材料（レベル3）にしたり、水道管などにも多く使われてきました。

工場労働者・建設作業者・水道取替補修業者やその監督の公務員などに多くのアスベスト疾患発症者がおり、厚生労働省のホームページで被害発症事業場名や疾病名が公表されております。

アスベスト工場周辺住民にもアスベスト疾患被害者がいることなどが分かって、労災・公務災害とは別に、石綿健康被害救済法ができるなどしました。

現在でも古い建物の中には昔に備え付けられたアスベスト建材が残っていることがあるため、建物を取り壊したり改修したりする工事などで、アスベストが大気中に飛散することがあり、大気汚染防止法が規制をしております。

第2　大気汚染防止法（施行規則を含む）のアスベスト規制

1　大気汚染防止法

大気汚染防止法は、①煙突からのばい煙（2条1項1号　いおう酸

化物、窒素酸化物)、②自動車排出ガス、③粉じん(土石堆積場など)などによる大気汚染から人の健康を保護し、生活環境を保全しようとしておりますが、③「粉じん」の中でも石綿を人の健康に掛かる被害を生じるおそれがある物質として、「特定粉じん」(同法2条8項など)として、その作業基準などの規制がされていますが、その規制が強化されています。また、労働者の安全等のための厚生労働省の石綿障害予防規則も改正され、環境省と厚生労働省が統合した「建築物等の解体等に係る石綿ばく露防止及び石綿飛散漏えい防止対策徹底マニュアル」(令和3年3月)を作成しました。 https://www.env.go.jp/air/asbestos/post_71.html(※環境省ホームページ)

2 建物所有者などの工事発注者に対して

事前のアスベストの有無の調査義務、工事計画の報告義務があります。

レベル1、2、3のいずれも対象です。

そして、施工業者に義務付けられている事前調査の結果、石綿が使用されていることが明らかになった場合、石綿除去等の工事に必要な費用、工期、作業方法等の発注条件について、施工業者が法令を遵守して工事ができるように配慮することが発注者に求められています。また、事前調査が適切に行われるよう、石綿の有無についての情報がある場合に、その情報を施工業者に提供するなどの配慮も求められます。さらに、石綿除去等の工事を行う場合に、施工業者に義務付けられる作業の実施状況についての記録が適切に行われるよう、写真の撮影を許可する等の配慮も求められます。

3 工事業者(元請け)・下請け業者、自主工事をする所有者に対して

アスベスト使用の有無の調査義務(罰則なし)(同法18条の15第1項)があり、調査方法の法定(書面調査・目視/分析)(同条項、同法規則16条の5)、発注者への書面による調査結果説明義務(罰則なし)(同法18条の15第1項)、調査に関する記録の作成・保存義務(罰則なし)(同条3項)、調査結果の現場掲示義務(罰則なし)(同条5項)、

床面積80㎡以上の場合の調査結果の知事への報告義務（無報告や虚偽報告に30万円以下の罰金あり）（同条6項、同法規則16条の11、同法35条4項）が定められています。

また、アスベストのレベル1、2について、養生、前室、負圧など詳細な飛散防止の作業基準が定 められその遵守が義務付けられています。レベル3は、石綿障害予防規則での湿潤化と手ばらしが義務付けられています。また、事前調査については調査の資格者によることが2023年10月施行予定とされています。調査者の人数が増えることが望まれています。

4　都道府県知事（政令指定都市など）ができること

立入検査はいつでもできることとなっております。

5　罰則　直罰規定を含む

改善命令に従わない違反行為者に1年以下の懲役又は100万円以下の罰金に処せられることがあり得ます（同法33条）。

作業基準を遵守していない場合（同法18条の21）、改善命令を待たずに、直罰として、6カ月以下の懲役又は50万円以下の罰金に処せられることがあり得ます（同法33条の2第1項第2号）。

特定粉じん排出等作業を伴い発注義務を負う発注者等（同法18条の17）も届出しなかった場合に、3月以下の懲役又は30万円以下の罰金を科させることがあり得ます（同法34条）。

事業者や自主施工者は、除去時に隔離養生、集じん・排気装置を使用することが義務付けられており（同法18条の19　但し建築物が倒壊するおそれがある場合などは除く）、これに違反する場合も3月以下の懲役又は30万円以下の罰金を科させることがあり得ます（同法34条）。

法人の代表者、又は、法人、若しくは人の代理人、使用人その他の従業者が、その法人又は人の業務に関し、同法33条から35条の違反をしたときは、違反行為者だけではなく、法人又は人に対して各条文の罰金刑を科すこととなっています（同法36条）。

第3　近隣で建物解体・改修工事を見つけたら

1　現場に、公衆に見やすい場所の掲示がされているかを見ます。

2　県（政令指定都市なら市。東京都23区なら各区など）に、アスベスト使用建物の場合の発注者による知事への届出（同法18条の17）が出ているかの確認をします。行政が現地の立入調査をしたかも問い合わせて、教えてもらいましょう。

3　2、3階の鉄骨の場合は、鉄骨回りに吹き付けアスベストなどもあることが多いので、掲示や届け出が出ていなければ、役場に、調査義務違反、掲示義務違反、届出義務違反ではないかと伝えるとともに、現地の立入調査をしてもらい、適切な行政指導を求めましょう。

4　労働者保護のための労基署への届け出の有無も確認すると良いでしょう。

5　掲示がされていれば、その事業者に電話連絡を直接してみることも有効です。

建築物紛争防止条例などで、近隣への説明が必要とされていたり、説明会開催が求められれば行うべきことなどが記載されている場合があります。

6　工事計画で、レベル1、2は、隔離養生が必要ですが、そのような計画になっているかを質問しましょう。

レベル3を手ばらしすることは、古いネジなどを回すなど、さびついていて、現実的にはなかなか難しいので、バールなどを差し込んで破砕することも多く、レベル3の取り除きの場合も、養生の中で行われるのが望ましいので、要望してみましょう。

第4　ポイント

1，解体工事前　囲いのビニールシートや衝立がされ、掲示が出ていたら見てみましょう。早めに工事業者や発注者に連絡して調査をどのようにしたかを聞いてみましょう。届け出は終わっているかも確認したら良いでしょう。不十分な調査しかおこなわれていないと疑われる場合、調査記録等の開示請求が可能です。

2，解体工事中　工事は、数日で終わってしまうこともありますので、早めに、会社に電話して1の点を問い合わせましょう。役場、労基署にもどうぞ。

3．工事後　工事の動画撮りなどの義務付けがあると良いのでしょうが、今のところ、そのような規定にはなっておらず、故意犯（違反事実を認識して行ったこと）を前提とする罰則がほとんど活用されていない実態があります。

第5　事後の対応

事後的には、情報開示手続きなどをして、実体解明をし、役場の対応の確認をすることもできます。警察への告発等もありえます。

第6　相談窓口

いずれの段階でも、住民から頼まれれば弁護士が発注者、事業者、行政などに問い合わせることが可能です。東京の弁護士会では、月2回の電話相談（公害環境・何でも110番）を受け付けていますので、ご活用下さい。

以上

相談事例

大気汚染による建物被害

弁護士　河野壮志

【相談事例の概要】

相談者の所有する一戸建て住宅の屋根、外壁に、黒いスス状の物質αが付着するようになった。同様の物質は、近所にあるＹ工場の屋根にも付着しており、Ｙ工場が発生源である可能性が高い。

相談者は工場の担当者に対して連絡をし、対応を求めたが、Ｙ工場からは具体的な回答がない。Ｙ工場に対し、自宅の外壁の洗浄代を負担してもらうことを求めたいが、どうしたらよいか。

【弁護士からのアドバイス】

まずは、物質がＹ工場から発生していることの特定が不可欠である。そのためにも、再度Ｙ工場の担当者に連絡し、物質αの発生原因について説明を求めるべきである。自力での調査が難しい場合は、民間の業者に調査を依頼したり、公害等調整委員会の原因裁定手続を活用したりすることが考えられる。

【帰結】

相談者は、自力で原因を特定することができなかったため、公害等調整委員会による原因裁定を申請した（その後、周辺住民複数名からも同一原因による被害を主張する参加の申立があり、同人らも手続に加わることとなった）。公害等調整委員会は、専門委員２人を選任し、同委員会の負担で現地調査等を実施した。その結果、同委員会は、相談者らの建物の外壁に付着した物質αは、Ｙ工場から排出された物質に起因するものと判断し、因果関係が認められると認定した。その後、同委員会は、話合いによる解決が可能と判断し、職権で調停に付した上（公害紛争処理法42条の24）、同調停において、Ｙ工場が一定額の洗浄費用を負担することを内容とする和解案を提示したところ、相談者ら及びＹ工場はこれを受け入れ、本件は解決した。

第3部
巻末資料

5-1

騒音の目安（都心近郊）

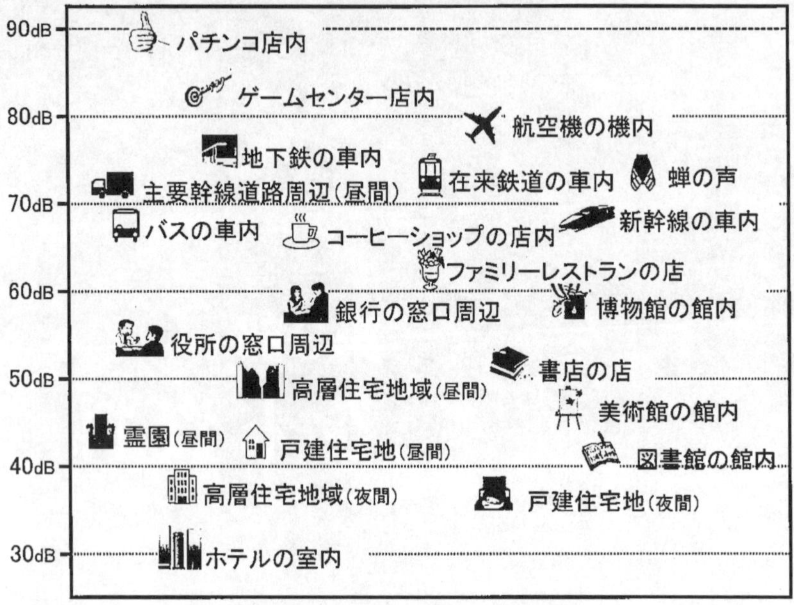

図1　騒音の目安（都心・近郊用）
（出典「全国環境研協議会　騒音小委員会）

騒音の目安（地方都市山村）

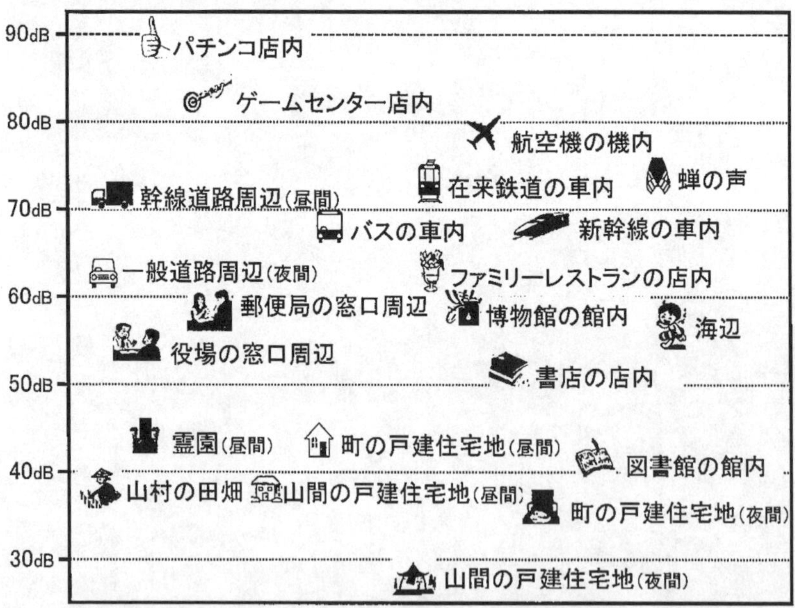

図2　騒音の目安（地方都市・山村部用）
（出典「全国環境研協議会　騒音小委員会）

8-1 相談の際の設問例

自宅近隣の受動喫煙被害のご相談に当たり、以下をお分かりになる範囲でご記入ください。

分類	No.	設 問
貴方について	1	貴方の氏名をお知らせください。
	2	貴方のメールアドレスを記入ください
	3	貴方の連絡先となる電話番号をお知らせください
	4	お住まいはどちらですか（都道府県・市町村）
	5	居住形態をお知らせください。 ・集合住宅（賃貸 or 所有） ・一軒家（賃貸 or 所有） ・その他
被害について	6	加害者がどこで喫煙することにより被害を受けていますか？ （例：ベランダ／自室の換気扇の下／自室内／共用部分の廊下・階段／庭　等）
	7	どこで被害を受けていますか？ （例：ベランダ／自室内　等） 被害は、貴方の家の窓を開けている時ですか？ 窓を閉めても入ってきますか？ （例：洗濯物が外に干せない／窓が開けられない・換気ができない／窓を閉めていても臭いが入ってくる　等）
	8	貴方の自宅／ベランダへはどのように煙が流れてきますか？ （例：ベランダ越しに／通気孔から／換気扇から／窓の隙間から／マンションの換気システムから　等） 空気の流れをなるべく特定して書いてください。
	9	被害を受けているのは誰ですか？ （貴方自身、ご家族等具体的に、夫・妻・子供も） 他の近隣住民でほかに苦しんでいる人もいれば書いてください。
	10	被害を受けている時間帯はいつですか？
	11	被害を受けて身体症状は出ていますか？ どのような身体症状が出ていますか？ （被害を受けている人毎に）
	12	診断書がある場合には、症病名・診断医師名も。
加害者について	13	加害者の家はどこにありますか？ （西隣・東隣等／階下／隣のマンション／隣接の家　等、あるいは加害者不明）
	14	加害者の家族構成を把握している範囲でお知らせください。 結婚しているか（夫婦ともに喫煙、夫喫煙・妻非喫煙）、 何歳の子どもがいるか（未成年の子どもがいるためベランダ喫煙している、子供も喫煙している）
	15	加害者の年齢はいくつくらいですか？
	16	加害者の職業はわかりますか？ 職業が分からなければ業務形態や社会的地位について。 （例：無職／定年退職／自宅で仕事／夜間の仕事／スーツを着ている・着ていない、等）

分類	№.	設問
規約について	17	管理規約や細則にはどのような記載がありますか？ 役に立ちそうな規定がないか確認してください。 （例：ベランダは禁煙とする / 共用部分は禁煙とする / ベランダ以外の共用部分は禁煙とする / 悪臭の発生をしないこと、他の居住者の迷惑となる行為をしないこと、等）
自衛策	18	自衛策の状況は？ ・窓を閉め切っていて、換気できない ・ベランダに業務用の扇風機を設置したが、うまく風が流れない
交渉状況について	19	加害者に対して直接交渉を行いましたか。 交渉した人、交渉する予定の人についてお知らせください。 ・貴方自身（年齢・性別も） ・家族（年齢・性別も） ・管理会社の担当者、その他
	20	加害者に対する交渉状況など「いつ、どのように、何をしたか」を詳細にお知らせください。 話した内容、それに対する反応、その後の喫煙状況、書面で送った場合にはその内容、それに対する反応、その後の喫煙状況、等
望む解決方法	21	貴方はどのような解決を望みますか？ 例） ・ベランダではなく自室内で喫煙してもらいたい ・自室内換気扇下の喫煙をやめてもらいたい ・ベランダや自室以外の屋外で喫煙するようにしてもらいたい ・何時から何時までの時間帯はベランダ喫煙しないでもらいたい ・タバコを辞めさせたい・禁煙させたい ・当該喫煙者に損害賠償請求したい、タバコ会社を訴えたい
伝えたいこと	22	その他、伝えたいことをご記入ください。
協力	23	上記相談内容を、タバコ対策に取り組むNPOの相談サポーターに、協力依頼・対策検討のために情報共有してもよいですか？ （全ての内容について提供してよい / 1～3以外提供してよい / 弁護士にのみ情報提供してよい）
	24	新聞・ラジオ・マスコミ等から、受動喫煙問題についての取材依頼があった場合に、ご紹介してもよいですか。 （連絡先を伝えてよい / その時点で検討したい / 取材は受けたくない）
その他	25	禁煙団体・嫌煙団体への相談・参加・所属の有無

■■■■　殿

通　知　書

当職は、通知人■■■■（以下「通知人」といいます。）の代理人弁護士として、以下のとおり通知いたします。

第一、通知人及び被通知人の住居

通知人は、東京都■■■区■■■■■■■■■■所在の集合住宅408号室に居住しておりますが、貴殿の居室409号室から発生するタバコ煙の受動喫煙により、健康上の被害を受けています。

第二、受動喫煙による一般的な健康被害

非喫煙者の7割以上が受動喫煙に不快感を覚えるとの調査結果が報告されています。また、受動喫煙は、不快感や迷惑感にとどまらず、重大な健康障害を引き起こすことが医学的に明らかにされています。

受動喫煙との関連が確定している疾病及び関連が指摘されている疾病として、その一部を列挙すれば、次のとおりです。

がん：　肺がん・副鼻腔がん・脳腫瘍・大腸がん・膵臓がん・白血病・悪性リンパ腫・膀胱がん・子宮頚がん・乳がん

呼吸器疾患：　慢性気管支炎、呼吸機能低下、気管支ぜんそく

循環器疾患：　動脈硬化、狭心症、心筋梗塞

アレルギー：　化学物質過敏症（シックハウス症候群）、アレルギー性鼻炎

などが指摘されています。

1

　さらに、小児については、上記に加え、受動喫煙が乳幼児突然死症候群の主要な危険因子であることが明らかにされています。また、子どものアトピー性皮膚炎、小児ぜんそく、学習能力の低下との強い関連性も示されています。

　喫煙や受動喫煙に対する感受性・過敏性については、個人差があり、こうした疾病に直ちに罹患しない人もいますが、他方、通知人に限らず、受動喫煙によって身体的症状が出る者、受動喫煙を強い苦痛に感じる者も現に多数います。

　少量・低濃度の受動喫煙であっても危険性があり、受動喫煙に無害なレベルがないことが医学的に結論づけられています（２００６年：米国公衆衛生総監報告書）。

　また、屋外であっても半径７ｍはタバコ煙のにおいと発癌物質が届くことが示されています（２００５年Ｒｅｐａｃｅ、２００６年日本禁煙学会）。

第三、受動喫煙による通知人の健康被害

　貴殿の居室の喫煙から発生するタバコ煙が通知人の居室に流入しており、当該煙を吸わされることで、通知人には以下の身体症状が生じています。なお、貴殿居室から通知人宅に流れてくるタバコ臭について、通知人のみならず、その訪問者もこれを現認し、その程度が到底我慢できないものであることを確認しています。

- 頭痛
- 吐き気
- 喉の痛み、咳
- 熱、倦怠感
- 呼吸苦
- 不眠　等

第四、貴殿に以下の事項を要請します。

要請事項

【事案によって異なる】

①ベランダで喫煙しないこと。

②貴殿の居室内でタバコを吸うときは、窓や玄関の扉を締め、換気扇の下でタバコを吸うこと。

③貴殿の居室内のタバコ臭が消えるまでは、ベランダ側の窓を開けないこと。貴殿の居室内のタバコ臭を換気するときは、換気扇によって排気すること。

④貴殿自身及びその家族のためにも、空気清浄機等（その効果は十分ではありませんが）を居室内に設置されることも検討ください。

第五、不法行為責任

タバコ（ニコチン）は有害な依存性薬物ですが、法律上、禁制品にはなっておらず、製造・販売が続けられています。

しかしながら、喫煙者において他人の健康を害してまで喫煙する権利は認められません（平成20年3月4日、内閣府日本学術会議提言）。

たとえ貴殿の居室内の行為といえども、他人の健康を害するような行為は認められず、権利の濫用（民法1条3項）として、不法行為（民法709条）となるものと解されます。

名古屋地裁平成24年12月13日判決は、「マンション専有部分及びこれに接続する専用使用部分における喫煙であっても、他の居住者に著しい不利益を与えていることを知りながら、喫煙を継続し、何らこれを防止する措置をとらない場合には、喫煙が不法行為を構成することはあり得る」と判示し、不法行為責任を認定しています。

貴殿のタバコ煙によって通知人が健康被害を被っているという事実を貴殿が知った後もなお受動喫煙を引き起こす行為を継続すれば、貴殿には故意過失があるものとして不法行為責任を負うこととなります。

したがって、上記要請事項に従って、通知人に受動喫煙を起こさないように行動してください。要請事項を守って頂けない場合には、不法行為として貴殿に損害賠償請求いたしますので、御承知おき下さい。

第六、禁煙について

受動喫煙には、上記のとおり健康被害があり、日本で年間約3万人が受動喫煙によって超過死亡していると推計されていますが、喫煙者自身の健康被害はさらに大きく、年間約10万人が能動喫煙によって超過死亡していると推計されています。

タバコは依存性薬物であり、禁煙は困難を伴うことが多いと言われますが、現在は、ニコチンパッチが薬局で販売され、また病院の禁煙外来において飲み薬（チャンピックス）を用いた禁煙治療も行われるなど、かつてに比べれば、禁煙は容易になっています。ニコチン依存症は、既にそれ自体が健康保険等の適用される「精神疾患」とされています。

これを機会に、貴殿ご自身の健康のため、また家族の健康のために禁煙されてはいかがでしょうか。

依存症を治療すれば、喫煙欲求も解消され、ストレスも減ります。

第七、最後に

共同住宅においては、相互の思いやりにより、相互の生活が成り立っているものであることを付言させて頂きます。

宜しくご理解の上、上記要請事項を遵守してください。

以上

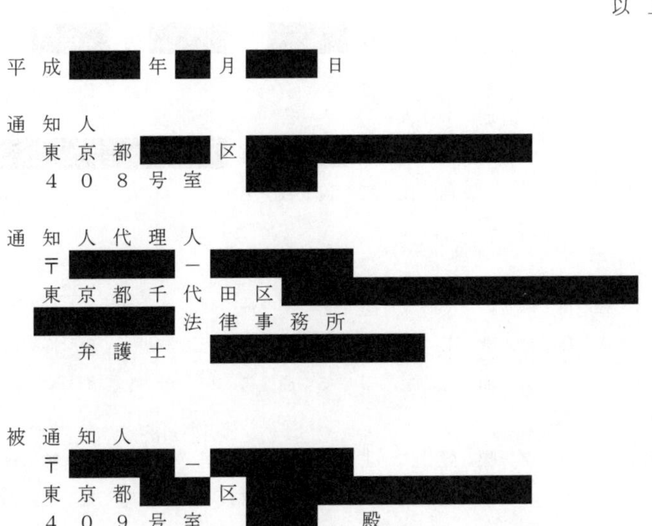

平成　年　月　日

通知人
東京都　区
408号室

通知人代理人
〒　－
東京都千代田区
法律事務所
弁護士

被通知人
〒　－
東京都　区
409号室　殿

8-3 当事者から送付した通告書の例

1003号室居住者　殿

通告書

平成　年　月　日

通知人
東京都　区
居住者複数名

これまでも貴殿のベランダ喫煙については、前々から苦痛に感じておりましたが、我慢の限界なので、書面をもって通告いたします。

貴殿のベランダ喫煙による周辺居住者の被害

貴殿のベランダ喫煙によるタバコ臭気について、通知人らは大変苦痛に感じています。

当マンションは、24時間換気システムのため、窓を開けていなくても、常にベランダ側の空気を居室内に取り込んでいます。そのため、貴殿がベランダで喫煙することによって、そのタバコ煙が、通知人らの居室内に取り込まれ、窓を閉め切っていても、苦痛に感

1

じています。

また、通知人らが窓を開けている場合には、さらに大量のタバコ煙が居室内に流入し、とても窓を開けていられません。

ベランダに干した洗濯物類も、貴殿の喫煙によって汚されています。

貴殿のベランダ喫煙は、周囲の居住者に大変な苦痛を与えていることを、認識ください。

貴殿に以下の事項を要請します。

要請事項

ベランダで喫煙しないこと。

特に、休日（土曜・日曜・祝日）は、ベランダで喫煙しないこと。

不法行為責任

喫煙者において他人の健康を害してまで喫煙する権利は認められません（平成２０年３月４日、内閣府日本学術会議提言）。

貴殿のベランダの行為といえども、他人を害するような行為は認められず、権利の濫用

（民法１条３項）として、不法行為（民法７０９条）となると考えられます。

名古屋地裁平成２４年１２月１３日判決は、「マンションの専有部分及びこれに接続する専用使用部分における喫煙であっても、他の居住者に著しい不利益を与えていることを知りながら、喫煙を継続し、何らこれを防止する措置をとらない場合には、喫煙が不法行為を構成することはあり得る」と判示し、不法行為責任を認定しています。

貴殿が今後もベランダで喫煙を継続すれば、当方としては厳然たる対応をとらせて頂く所存です。

禁煙について

タバコは依存性があり、禁煙は困難を伴うことが多いと言われますが、現在は、ニコチンパッチが薬局で販売され、また病院の禁煙外来において飲み薬（チャンピックス）を用いた禁煙治療も行われるなど、かつてに比べれば、禁煙は容易になっています。

これを機会に、貴殿ご自身の健康のため、また家族の健康のために禁煙されてはいかがでしょうか。依存症を治療すれば、喫煙欲求も解消され、ストレスも減ります。
貴殿が禁煙されるのであれば、当方としても貴殿の禁煙を応援したいと思っています。禁煙治療薬及び禁煙外来に関するパンフレットを郵便受けに入れておきますので、ご検討ください。

宜しくご理解の上、ベランダの喫煙はお控えください。

以上

8-4　世界的に著名な報告書・勧告書の概要

⑴　アメリカ合衆国公衆衛生総監報告

アメリカ合衆国　公衆衛生総監報告
Surgeon General Report 2006年6月27日

The Health Consequences of Involuntary Exposure to Tobacco Smoke
A Report of the Surgeon General
U.S. PUBLIC HEALTH SERVICE 1798
Department of Health and Human Services

- 受動喫煙は、タバコを吸わない子供と成人の生命と健康を奪う。
- 子供が受動喫煙に曝露されると、乳幼児突然死症候群、急性呼吸器感染症、耳の疾患、喘息悪化のリスクを高める。
- 成人が受動喫煙に曝露されると、ただちに心臓血管系に有害影響を及ぼし、冠動脈心疾患や肺ガンを引き起こす。
- **受動喫煙に安全無害なレベルのないことが科学的証拠により示されている。**
- 屋内における喫煙の禁止により、非喫煙者を受動喫煙から保護することができる。分煙、空気清浄機、換気などを実施しても、非喫煙者の受動喫煙を完全に防ぐことはできない。

http://www.surgeongeneral.gov/library/reports/（原文 英語）
http://www.ncc.go.jp/jp/who/sg/index.html（日本語訳　国立がんセンター他）
http://www.nosmoke55.jp/data/0606hhs.html（日本語訳　日本禁煙学会）

⑵ 世界保健機関（WHO）「受動喫煙防止のための政策勧告」の概要

WHO Policy recommendations
「受動喫煙防止のための政策勧告」
（世界保健機関　2007年）

- **科学的に，受動喫煙には安全レベルが存在しないことが証明されている。**
- 受動喫煙の有害な影響をなくすには屋内完全禁煙（100% smoke-free environments）という方法以外ありえないと反論の余地なく証明されている。
- 換気と空気清浄機を組み合わせたとしても，許容レベルまでタバコ煙の臭いや濃度を減らすことはできない（7頁）。
- 「喫煙室」の設置でも受動喫煙を防ぐことはできない（9頁）。
- **換気や分煙を勧めることはできない**（2頁，19頁）。

World Health Organization
PROTECTION FROM EXPOSURE TO SECOND-HAND TOBACCO SMOKE
Policy recommendations

http://www.who.int/tobacco/resources/publications/wntd/2007/pol_recommendations/en/index.html（原文　英語）
http://www.nosmoke55.jp/data/0706who_shs_matuzaki.html（日本語訳）

WHO 2007年5月31日　世界禁煙デー

室内は禁煙　完全禁煙環境を実現しよう

タバコの煙のない環境　SMOKE-FREE ENVIRONMENTS

- **受動喫煙はたんなる迷惑問題ではなく，健康破壊の問題である**（タバコ産業のウソ　その１より）。
- 換気で受動喫煙問題を解決することは非現実的であり不可能である（タバコ産業のウソ　その３より）。
- **非喫煙者が汚染されていない空気を吸う権利は，喫煙者のいかなる権利にも優越する根本的に重要な権利である**（タバコ産業のウソ　その６より）。

http://www.who.int/tobacco/communications/events/wntd/2007/en/index.html（原文）

http://www.nosmoke55.jp/wntd2007.html（日本語訳）

(3) たばこ規制枠組条約第８条ガイドラインの概要

たばこ規制枠組条約第８条ガイドライン

平成19年（2007年）7月　第２回締約国会合COP2において採択

- **１００％禁煙以外の措置（換気、喫煙区域の使用）は、不完全である。**
- すべての屋内の職場、屋内の公共の場及び公共交通機関は禁煙とすべきである。
- たばこの煙にさらされることから保護するための**立法措置は、責任及び罰則を盛り込むべきである。**

（以上、厚生労働省のHPより引用）

- 24.　条約第8条は、すべての屋内の公衆の集まる場所、すべての屋内の職場を完全禁煙として**「例外なき受動喫煙からの保護universal protectionを実施する義務」**を課している。健康か法律かという次元の論議においては、例外を認めることはできない。すべての締約国は、その国における**条約発効後5年以内（日本は平成22年2月27日まで。既に経過した。）に例外なき保護を実現**するよう努力しなければならない。
- 25.　**受動喫煙に安全レベルはない。**また、第1回FCTC締約国会議で承認されたように、換気、空気清浄装置、喫煙区域の限定、などの工学的対策は、受動喫煙防止対策にならない。

WHO FRAMEWORK CONVENTION ON TOBACCO CONTROL

Guidelines for implementation

FCTC

http://www.who.int/fctc/protocol/guidelines/adopted/en/ （原文）
http://www.nosmoke55.jp/data/0707cop2.html （日本語訳　日本禁煙学会）
http://www.ncc.go.jp/jp/cis/divisions/tobacco_policy/files/GL_article8.pdf（日本語訳　国立がん研究センターほか）
厚生労働省サイト http://www.mhlw.go.jp/topics/tobacco/jouyaku/071107-1.html （概要）

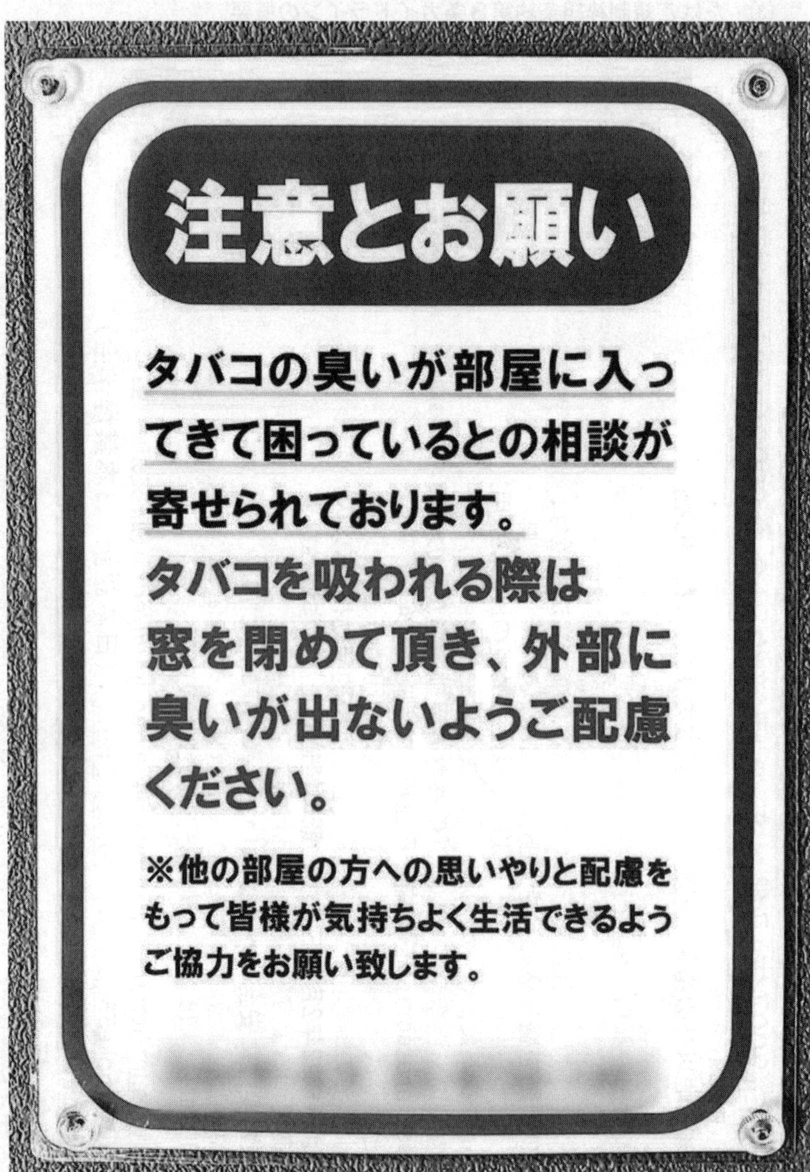
注意とお願い
タバコの臭いが部屋に入ってきて困っているとの相談が寄せられております。
タバコを吸われる際は
窓を閉めて頂き、外部に臭いが出ないようご配慮ください。
※他の部屋の方への思いやりと配慮をもって皆様が気持ちよく生活できるようご協力をお願い致します。

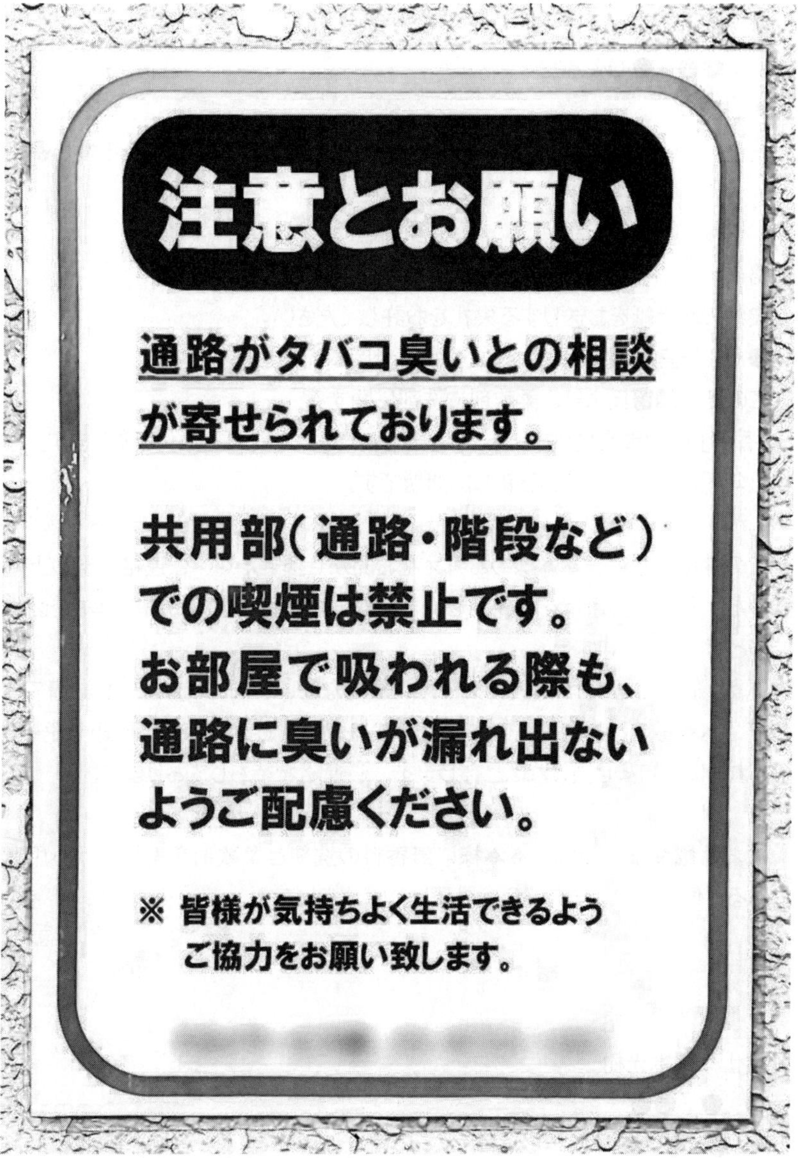

注意とお願い

通路がタバコ臭いとの相談
が寄せられております。

共用部（通路・階段など）
での喫煙は禁止です。
お部屋で吸われる際も、
通路に臭いが漏れ出ない
ようご配慮ください。

※ 皆様が気持ちよく生活できるよう
ご協力をお願い致します。

9-1 弁護士から送付した書面の文例　1通目

〒●-●
住所：●●　●04号室
▲▲　様

●年●月●日

ご連絡

前略

突然のお手紙をお送りする失礼をお許しください。

●03号室の■■氏の代理人の弁護士岡本光樹と申します。

この度、■■氏より、柔軟剤や洗剤に関する
「香害」の相談を受けました。「香害」について、資料を添付いたします。

近年相談が増加している新しい問題です。

この件に関して、▲▲様のお考えをお聞かせ頂きたく、ご連絡を申し上げました。双方の御事情をお聞かせ頂き、双方が納得できる円満な解決を図れたらと考えております。

電話、面談、Zoom面談、メール、書面など、いずれの方法でも結構ですので、▲▲様のご都合の良い方法で連絡を取らせて頂きたく、下記連絡先のいずれかにお知らせ頂ければと存じます。ご連絡お待ちしております。

なお、■■氏からは、▲▲様に無香料の洗剤と柔軟剤を差し上げる用意もあると伺っております。ご検討頂ければ、幸いです。

草々

記

弁護士　岡本光樹
〒●-●　●●
Tel：●-●-●
Fax：●-●-●
メール　●@●

添付資料
・国民生活センター　柔軟仕上げ剤のにおいに関する情報提供（2020 年）
http://www.kokusen.go.jp/news/data/n-20200409_2.html
【消費者へのアドバイス】
「自分にとっては快適なにおいでも、他人は不快に感じ、中には体調を崩すという申し出もあるということを認識しておきましょう。」

・国民生活センター　柔軟仕上げ剤のにおいに関する情報提供（2013 年）
http://www.kokusen.go.jp/news/data/n-20130919_1.html
【危害に関する主な相談事例】「せきが止まらなくなった。」
「隣人の洗濯物のにおいがきつ過ぎて頭痛や吐き気があり、窓を開けられなく換気扇も回せない。」

・東京くらしＷＥＢ　とらぶるの芽（2019 年 9 月）
https://www.shouhiseikatu.metro.tokyo.jp/trouble/trouble80-juunannzai-20190902.html
自分にはいい香り、隣りでは気分が悪くなる人も？！
　～「柔軟剤のにおい」の苦情・相談が寄せられています～
「衣服や洗濯物につけられたにおいは、自分が思っている以上に他人にはにおっていることもあり、中には具合が悪くなる人もいる」

9-2 弁護士から送付した書面の文例　2通目

住所：●●　●０４号室
▲▲　様

通知書（２回目）

●年●月●日

弁護士　岡本　光樹

当職は，●●　●03号室に居住する■■氏（以下「通知人」という。）の代理人弁護士として，以下のとおり通知いたします。

第一，これまでの経緯

弊職は今年●月●日に▲▲様宛てに「ご連絡」と題する書面を送付し，▲▲様のお考えをお聞かせ頂きたい旨通知しました。

しかし，残念ながら▲▲様からはそのような対応は頂けませんでした。

▲▲様に改めて以下のとおりご通知いたしますので，ご検討のほどお願い申し上げます。

第二，要望事項

通知人は，現在も▲▲様がベランダに干す洗濯物のにおいに苦痛を受けています。

そのため，以下の事項を要望し，お願いを申し上げます。

＜要望事項＞

1．洗剤等の変更

▲▲様が現在洗濯に使用している洗剤及び柔軟剤の使用を取り止めて頂き，通知人に「香害」を及ぼさないものとして通知人が許容する製品へ変更するようお願い申し上げます。

通知人としては，ベランダのみならず，廊下やエレベーター付近においても●04号室から発生するにおいを苦痛に感じているため，できれば，上記をお願いする次第です。

（上記要望を受け入れて頂けない場合，次善の策として）
２．洗濯物をベランダに干すことに関する配慮

▲▲様が香り付きの洗剤及び柔軟剤を使用して洗濯したときは，その洗濯物をベランダに干さないようお願い申し上げます。洗濯物をベランダに干す場合は，通知人が許容する製品を使用して洗濯して頂きますようお願い申し上げます。

この方法であれば，全面的に洗剤等の変更をお願いするものではなく，また全面的に室内干しをお願いするものでもなく，折り合いがつきやすいのではないかと考えております。

なお，上記１と２いずれも，通知人に「香害」を及ぼさない製品を，通知人から▲▲様に提供させて頂く用意があります。

第三，「香害」の苦痛

においに対する感受性・過敏性については，個人差があり，洗濯用洗剤又は柔軟剤のにおいによって強い苦痛を感じる者もいます。通知人に限らず，そうした苦痛を感じる人々が社会に一定数存在します。

こうした「においによる健康被害」は「香害」と呼ばれており，その情報を●年●月●日に，通知人から▲▲様に資料を送付させて頂きました。

通知人は，本年●月●日付で「化学物質過敏症（国際疾病分類ＩＣＤ10　Ｔ65．９)」との診断を受けました。「微量な化学物質に鋭敏に反応して体調が著しく不良となる疾患」であり，「関係者の配慮が望まれる」と診断されました。そのことも踏まえて，改めて配慮をお願い申し上げる次第です。

第四，法的責任について

家庭内の行動について，一見合法・適法にみえる行為といえども，個別具体的な状況次第では，他人の健康や権利を害するような行動は認められず，権利の濫用（民法１条３項）として，不法行為（民法７０９条）となるものと解されます。

建物区分所有法第６条には「区分所有者は，・・建物の管理又は使用に関し区分所有者の共同の利益に反する行為をしてはならない。」と規定されています。

近隣住居間の「香害」について直接判断した裁判例はいまだ見当たりませ

んが，ベランダ喫煙について判断した名古屋地裁平成24年12月13日判決が参考となります。「自己の所有建物内であっても，いかなる行為も許されるというものではなく，当該行為が，第三者に著しい不利益を及ぼす場合には，制限が加えられることがあるのはやむを得ない。」「マンションの専有部分及びこれに接続する専用使用部分における喫煙であっても，他の居住者に著しい不利益を与えていることを知りながら，喫煙を継続し，何らこれを防止する措置をとらない場合には，喫煙が不法行為を構成することがあり得るといえる。このことは，当該マンションの使用規則がベランダでの喫煙を禁じていない場合であっても同様である。」と判示し，不法行為責任を肯定しました。

第五，話し合いについて

通知人は自身の防御策を尽くしたものの依然現在も苦痛が継続しておりますため，▲▲様の上記回答書面を踏まえてもなお，▲▲様にご対応をお願いする必要があり，やむをえず本書面をお送りするに至った次第です。通知人の苦渋の判断をお察し頂ければ，幸いです。

本書面の要望事項にそった対応をして頂けるか，頂けないか，当職宛てにご返答を頂戴したく存じます。もしご対応頂けない場合は，何故ご対応頂けないのか，特に貴殿が現在使用中の香り付き洗濯用洗剤又は柔軟剤にこだわる理由，通知人の提供する洗濯用洗剤又は柔軟剤を拒否する理由等について，お聞かせください。

電話，ＦＡＸ，書面の郵送，いずれの方法でも結構ですので，ご連絡を頂きたく存じます。

第六，結語

共同住宅においては，相互の思いやりにより，相互の生活が成り立っているものであることを付言させて頂きます。

上記法的責任の如何にかかわらず，できれば相互理解と話し合いによって解決策を見出せたらと考えております。

宜しくご理解の上，通知人の要望事項についてご検討をお願い申し上げます。

以上

通知人
●●　●03号室
■■

通知人代理人
〒101－0024
東京都千代田区神田和泉町１－９－１
菱和パレス秋葉原駅前906
岡本総合法律事務所
　弁護士　岡　本　光　樹
電　話　●●
ＦＡＸ　●●

被通知人
●●　●04号室
▲▲　殿

9-3 弁護士から送付した書面の文例　3通目

住所：●●　●04 号室
▲▲　様

通知書（3回目）

●年●月●日

弁護士　岡本　光樹

当職は，●●　●03 号室に居住する■■氏（以下「通知人」という。）の代理人弁護士として，以下のとおり通知いたします。

第一，これまでの経緯

●年●月●日付け回答書（以下「回答書」という。）を頂きました。

回答書をお書きくださったことに，まず感謝申し上げます。

もっとも，その内容については承服できるものではありませんので，改めて本通知をお出しすることといたしました。

また，通知人は，現在も▲▲様の洗濯物のにおいによる苦痛を受け続けており，この間ずっと我慢を続けて参りましたが，耐えられず，再度苦渋の判断で，要望事項に対する再考を求めるため，やむを得ず本通知をお出しすることといたしました。

第二，総論　要望事項に対する結論について

当職は●年●月●日付け通知書（以下「前回通知書」といいます。）において，<要望事項>として
1．洗剤等の変更　又は
2．香り付き洗剤等使用時はベランダに干さない配慮
をお願い申し上げました。通知人から製品を提供させて頂くことも申し添えました。

しかし，▲▲様からの回答は，いずれも受容できないというものでした。

他人に苦痛を与えてもそれを顧みることなく，縷々正当化を主張して己の行動を変えようとしない頑なな▲▲様の態度を知り，通知人も当職も甚だ残

念で悲しく感じております。このような状況が続くことは，双方にとって不幸なことと思います。

第三，各論

▲▲様が回答書に書かれた内容について，以下，個々に回答いたします。

1　原因となる臭気について

通知人が苦痛に感じている匂いは，▲▲様の洗濯物及び居室が発生元であることは，容易に確認できる明らかなものです。

通知人は，▲▲様の洗濯物がベランダに干されている時は，干されていない時に比べて顕著に，ベランダを通じた匂いに強い苦痛を感じることから，その因果が明らかです。また，▲▲様の居室から同様の匂いが外廊下にも放出されていることから，原因は，▲▲様居室が発生元であると同定されています。

このことは，通知人のみならず，その同居人も日常的に体感していますし，また当職も訪問して確認しました。

当職も，▲▲様の洗濯物がベランダに干されている時に当該洗濯物の匂いが通知人のベランダに到達していること，同様の匂いが▲▲様の居室から外廊下に放出されていることを，直接確認いたしました。

なお，▲▲様が問題視していたベランダの覗き見に関しては，他人の室内を覗き見ない範囲で（軽犯罪法第1条23号参照），屋外ベランダの洗濯物を見るだけであれば，法的な問題はないものと当職は解釈しております。本件では，臭気の発生源を特定するため「正当な理由」があるとも解釈しております。

通知人は，▲▲様からの指摘に畏怖して，ベランダ越しの覗き見を自ら控えておりましたが，当職は，法的な問題はない旨助言しましたことを，ご承知おきください。

2　管理規約について

管理規約の性質については，▲▲様の理解は誤っています。管理規約に規定されていないことは，何でも無制限に自由にしてよいということではありません。管理規約に規定されていないことでも，他の居住者に不利益を与える行為は認められません。

前回通知書にも書いた名古屋地裁平成24年12月13日判決がその点も判示しています。「自己の所有建物内であっても，いかなる行為も許されるというものではなく，当該行為が，第三者に著しい不利益を及ぼす場合には，制限が加えられることがあるのはやむを得ない。」「他の居住者に著しい不利益を与えていることを知りながら，喫煙を継続し，何らこれを防止する措置をとらない場合には，喫煙が不法行為を構成することがあり得るといえる。このことは，当該マンションの使用規則がベランダでの喫煙を禁じていない場合であっても同様である。」として不法行為責任を肯定しました。

管理規約及びそれに付随する使用規則等には，代表的な禁止事項が規定されていますが，そこに規定のないものであっても，他の居住者に不利益を与える行為は認められません。

3　室内干について

室内干の弊害については，まさに通知人が被っていることです。

通知人には不自由を強いながら，自らは歩み寄りを示さない▲▲様の態度は，あまりに自己中心的ではないでしょうか。

前回通知書で当方が要望した内容は，香り付き洗剤等を使用したときはベランダに干さないようお願いし，ベランダに干す場合は別の洗剤使用をお願いしたものです。常時全面的に室内干しをお願いしたのではなく，折り合いがつきやすいように提案した次第です。

にもかかわらず，一切歩み寄りを示さない▲▲様の態度は，とても残念です。

4　管理組合について

回答書で▲▲様は，マンション管理組合から，市販の洗濯洗剤等を適量に使用してベランダに洗濯物を干す行為は全く問題ないとの見解をいただいた旨記述していますが，事実誤認あるいは曲解です。

理事会は，「全く問題ない」などといった積極的な承認を回答したものではなく，理事会として「禁止」をお願いできない旨の消極的な回答をしたにすぎません。

むしろ，管理組合は，匂いへの取扱いに対する配慮を▲▲様に求めており，また，当事者間で話し合って妥協点を見つけることを求めています。▲▲様は，通知人との話し合いを拒否しようとする態度をとっており，管理組合の方針にも反するものです。

5　科学的知見について

「科学的知見」をどのレベルで評価するかにもよりますが，香料成分が健康被害を引き起こす可能性・懸念を示す知見は既にいくつも示されています（これまでに送付した資料)。香料が健康被害や苦痛を引き起こすことは社会的に認知・認識されています。

また，医学的な知見として，前回通知書にも書いたとおり，通知人は，「化学物質過敏症」「関係者の配慮が望まれる」と診断されました。

追加で資料を添付いたします。

消費者庁はじめ関連五省庁が連名で「その香り　困っている人がいるかも？」との啓発ポスターを作成し公表しています。「柔軟剤などの香りで頭痛や吐き気がするという相談があります。」「自分にとって快適な香りでも，不快に感じる人がいることをご理解ください。」と書かれています。

https://www.caa.go.jp/policies/policy/consumer_safety/other/index.html#other_002

また，●●市も，健康を害する可能性を指摘の上，周囲への配慮を注意喚起しています。

また，「香害をなくす連絡会」が近時公表した資料：「香害」アンケート集約結果発表～ 9000 人の声を届けます～を添付します。同会が実施したアンケートによれば，香りつき製品のにおいで体調不良になった人々(7136 件)の中で，原因製品の 1 位は柔軟剤(86%)，2 位は香りつき合成洗剤(74%)でした。また，被害を受けた場所として「隣家から洗濯物のにおい」を挙げた人が 47% に上りました。

https://nishoren.net/wp/wp-content/uploads/2020/06/a1e79d761ab1852698798cc92b172db8-1.pdf

6　法的規制について

法的規制は，我が国における様々な公害の歴史からも明らかなように遅きに失する場合が多く，喫緊の被害防止のためには法的規制に先んじて，当事者間での話し合いや司法を通じた解決が必要であると理解しています。

7　裁判例について

▲▲様が回答書に引用している東京地裁平成 26 年 4 月 22 日判決文の引用は，一部のみを断片的に抜粋し，判決理由の重要な部分を脱漏したもので，恣意的です。

当該事件は，原告の被告に対する抗議行動後に被告はベランダ喫煙を止めたという事案ですので，本件とは全く異なります。

▲▲様は，通知人からの度重なる申し入れに応じることなく，香り付き洗剤等の使用及びベランダ干しを継続していますので，上記判決の事案とは全く異なり，上記裁判例を援用するのは不適切です。

なお，当職が引用した上記名古屋地裁判決もまた原告の申し入れ後，被告がベランダ喫煙を止めたという事案ですが，期間が異なります。

これを対比・整理すると次のように言えます。

東京地判：被告は，原告の抗議を知った後，すみやかにベランダ喫煙を止めた。→請求棄却

名古屋地判：被告は，原告の申し入れ後，４か月半後にベランダ喫煙を止めた。→４か月半について慰謝料５万円を命じる判決

本件：▲▲殿は，通知人の書面による申し入れ後，●年●か月以上経過した現在もベランダ干しを止めない

8　現在使用中の洗濯用洗剤等について

▲▲様が現在ご使用中の香り付き洗濯用洗剤又は柔軟剤等にこだわる理由及び通知人が提供する洗濯用洗剤等の使用を▲▲様が拒否する理由について再度回答を求めます。

通知人としては，匂いの我慢を強いられている状況下で，その理由すらも開示されないことについて到底納得できるものではありません。

また，併せて，現在使用中の洗剤及び柔軟剤のメーカー名及び製品名についても，開示いただきますようお願いいたします。

これらを開示されない▲▲様の頑な態度に接してしまうと，よほど強いこだわりがおありなのか，あるいは，通知人には言いにくいような何か合理的ではない理由がおありなのか，と余計不審に思ってしまいます。

9　その他

通知人としては，これまで▲▲様に丁寧かつ謙抑的・抑制的に申し入れしてきたつもりです。

当職としては，むしろ，通知人の要望を「一方的な自己主張」と決めつけた▲▲様に問題があると考えます。

今後，場合によっては司法機関の公平な第三者に見て頂き，「一方的な自己主張」と言われる筋合いのものか判断して頂くことも必要ではないかと考えております。

▲▲様が，洗濯物をベランダに干す回数については配慮をしているとの点は，この度，初めて知りました。それが事実であるならば，そのような配慮をしてくださっていることには感謝を申し上げます。

第四，結語

冒頭でも述べましたが，通知人は，現在も▲▲様の洗濯物のにおいによる苦痛を受け続けており，この間ずっと我慢を続けて参りましたが，耐えられず，再度苦渋の判断で，要望事項に対する再考を求めるため，やむを得ず本通知をお送りする次第です。

＜要望事項＞１又は２について再考のほど，何卒お願い申し上げます。また，上記第三９項で求めた「理由」及びメーカー・製品名の開示を求めます。

●月末日までにご回答を頂ければ幸いです。

以上

通知人

●03 号室　■■

通知人代理人

弁護士　岡　本　光　樹

被通知人

●04 号室　▲▲　殿

索引

■凡例■

第１章....紛争の傾向	第６章....振動	第11章....日照
第２章....特徴と機関	第７章....悪臭	第12章....空き家
第３章....受忍限度	第８章....タバコ煙害	第13章....ゴミ(廃棄物)
第４章....測定	第９章....香害	第14章....アスベスト
第５章....騒音	第10章....化学物質	

さ

し

あとがき

住環境や職場で、騒音を始めとする公害・環境トラブルが発生したとき、生活のなかで大半を過ごす場所・時間に関するトラブルのため、精神的にも財産的にも大きな懸念・負担となります。

そして、住環境トラブルの解決のため、市区町村に苦情を述べたり、トラブルの発生源となる事業者等と交渉をします。

ただ、重要なのは、住環境トラブルが何故発生したのか、その原因と理由を慎重に考えることではないかと思います。

事業者については、きちんとした公害対策をせずに工場を建築し、機械を設置したことに計画の甘さがなかったか、地元住民を軽視し経済活動しか念頭になかったのではないか、住民については、町会などの組織が形骸化し事前に有効な交渉ができなくなっていたのではないか、地域に無関心の住民が多くを占めているのではないか、隣人同士であれば、背景事情に過去の軋轢があったのではないか、友好な隣人関係を構築することに無関心であったのではないか、行政については、事業者に対する指導に甘さはなかったのか、経済活動重視になっていなかったかなど、各個人・事業者・行政が自らの過去・現在を真剣に考えることが肝要と思います。

そして、将来におけるより快適な生活環境・職場環境を構築するため、住民・事業者・行政その他関係者が、相互に連携し、協力しあって公害・環境トラブルの原因を除去ないし軽減し、解決を図っていくべきです。

良好な住環境、職場環境は、自然に成立するものではなく、多くの関係者の日々の協力・連携のうえで構築されていることを認識する必要があります。

本書籍は、住環境トラブルにつき、各執筆者が法令・裁判例、過去の経験をもとに解説し、至るところに解決のヒントがあります。

本書籍は、総論・各論と構成されていますが、読者の皆様におかれましては、自分の関心のある個所だけでなく、是非すべての章を読んでいただき、より多くの解決のヒント、解決のための視点を得ていただければと思います。

最後に、本書籍出版のため、的確なご指導をいただきました株式会社大学図書代表取締役井田隆様、弁護士会館ブックセンター出版部LABOの渡邊豊様、株式会社キリシマ印刷取締役石田昌久様、大澤英昭様に心から感謝いたします。

2016年2月

弁護士　高橋 邦明

【執筆者弁護士紹介（50 音順）】

岩田　浩　牛島聡美　岡本光樹　河野壮志
佐藤穂貴　高橋邦明　高橋美和　長崎　玲
農端康輔　藤田城治　松原志乃　丸山高人
山崎ふみ　横手　聡　横山丈太郎

【初版の執筆者（50 音順）】
岩田　浩　岡本光樹　榊原　功　佐藤穂貴
高橋邦明　高橋美和　農端康輔　三浦忠司
横山丈太郎

住環境トラブル解決実務マニュアル［改訂版］
傾向、紛争解決機関、受忍限度、測定、騒音、振動、悪臭、タバコ煙害、香害、化学物質、日照、空き家、ゴミ廃棄物、アスベスト、相談事例、コラム

2016年2月24日　初　版　第1刷発行
2016年6月22日　初　版　第2刷発行
2023年3月31日　改訂版　第1刷発行

著　者　東京弁護士会
　　　　第一東京弁護士会
　　　　第二東京弁護士会
発行者　東京弁護士会・第一東京弁護士会・第二東京弁護士会
　　　　〒100-0013　東京都千代田区霞が関 1−1−3
　　　　電話　03（3581）2255（第二東京弁護士会代表）
印　刷　株式会社キリシマ印刷

ISBN978-4-904497-52-4